Mélina Watters

exam. wend.

D0987681

Couverture
Gilbert Bochenek

© 1989
Les Éditions Le Griffon d'argile
7649, boulevard Wilfrid-Hamel
Sainte-Foy (Québec) G2G 1C3
(418) 871-6898 Télécopieur : (418) 871-6818

Machiavel sur les princes
Le Prince, La Vie de Castruccio Castracani, Description
ISBN 2-920922-28-9

DÉPÔT LÉGAL
Bibliothèque nationale du Canada
Bibliothèque nationale du Québec
4ᵉ trimestre 1989

IMPRIMÉ AU CANADA

MACHIAVEL (1500)
sur les princes

Nicolas Machiavel

LE PRINCE
LA VIE DE CASTRUCCIO CASTRACANI
DESCRIPTION

Gérald Allard

TRADUCTION DES ŒUVRES
ET COMMENTAIRE

Collection PHILOSOPHIE

les éditions
Le Griffon d'argile

Du même auteur aux Éditions Le Griffon d'argile :

La Boétie et Montaigne sur les liens humains
Rousseau sur le cœur humain
Rousseau sur les sciences et les arts

à qui aime Sophie

TABLE DES SUJETS

PRÉFACE

Depuis la traduction de Guillaume Cappel faite en 1553, *Le Prince* a été traduit en français de nombreuses fois, et les éditions et rééditions se sont succédé presque sans arrêt jusqu'à nos jours : tous les francophones, tout le monde connaît ce petit livre de la Renaissance italienne. Devant une telle richesse de traductions et d'éditions, on est en droit de se demander pourquoi on en offre une autre aujourd'hui. La réponse la plus vraie serait dans ce cas la plus personnelle : expliquer ce que le traducteur a découvert en lisant, traduisant et travaillant ce texte, plus reconnu qu'il n'est connu.

Le hasard, ou la fortune, a mené le traducteur, il y a près de dix ans, à une première lecture du *Prince*. La plus importante de ces circonstances était la renommée de Machiavel, coulée depuis toujours dans l'adjectif universellement utilisé : *machiavélique*. À un homme d'études et de réflexion, qu'un nom propre devienne monnaie courante des conversations est source d'étonnement ; cela peut même provoquer une investigation : qu'a pu faire, qu'a pu dire Machiavel pour se fixer si bien dans l'imaginaire de tout un chacun ? Or vouloir connaître Machiavel, c'est vouloir connaître

Le Prince [1]. Les premières lectures du traducteur furent nécessairement assez naïves. Non pas qu'il n'avait aucune idée préconçue sur le texte qu'il abordait – cela est impossible – mais parce qu'il n'en tira qu'une impression vague et, tout compte fait, dépréciante : le livre lui semblait peut-être brillant, bouillonnant, mais il n'y voyait rien de plus que le fruit des efforts d'un homme, voire d'un penseur, tentant de codifier l'action politique.

Malgré tout, il était impossible d'en rester là : le contraste entre la renommée et la première évaluation de son objet était trop marqué. Il a donc fallu relire. Le retour au livre supposait qu'on serre le texte de plus près, en l'interrogeant et en s'interrogeant sur son propos et son intention. Le traducteur crut découvrir dans le retour incessant d'un terme ou d'une expression, dans le choc que provoquait une image, dans certaines syllepses, que Machiavel est de ces auteurs qui refusent les cadres de la clarté ordinaire (définition, divisions, analyse par élimination) ou qui les épousent mal ; les convenances du « beau style » et de la grammaire plient devant la force de la vision qu'ils tentent d'exprimer, préférant, pour ainsi dire, laisser les choses elles-mêmes parler. Parallèlement, le traducteur découvrait que Machiavel était de ceux pour qui le fait de penser embrasse la passion de la vie et de l'action : penser les objets, c'est-à-dire l'objectivité, est d'abord un besoin qui ne peut pas ne pas s'exprimer. Questionnante et juge de toutes les passions humaines, la raison est pour lui une forte passion.

En relisant ainsi *Le Prince* à maintes reprises, le traducteur se surprenait à se souvenir de Jean-Jacques Rousseau, un penseur qu'on taxe fréquemment d'inconséquence, d'incohérence et de confusion d'esprit. Ses propres lectures de Rousseau l'avaient conduit à croire que, comme le philosophe l'écrit lui-même, il avait assez souvent été la victime de lecteurs qui ne savent pas lire avec sympathie. Peut-être faudrait-il aborder le secrétaire florentin comme devait être abordé le citoyen de Genève. Or ce dernier affirme au livre second de son *Émile* : « J'ai fait cent fois réflexion, en écrivant, qu'il est impossible, dans un long ouvrage, de donner toujours les mêmes sens aux mêmes mots. Il n'y a point de langue assez riche pour fournir autant de termes, de tours et de phrases que nos idées peuvent avoir de modifications... Malgré cela, je suis persuadé qu'on peut être clair, même dans la pauvreté de notre langue ; non pas en donnant toujours les mêmes acceptions aux mêmes mots, mais en faisant en sorte, autant de fois qu'on emploie chaque mot, que l'acception qu'on lui donne soit suffisamment déterminée par les idées qui s'y rapportent et que chaque période où ce mot se trouve lui serve, pour ainsi dire, de définition [2]. » Il fallait donc relire *Le Prince* quelques fois encore, en en scrutant le texte, en cherchant parfois à deux et trois reprises si ce qui paraissait un oubli ou une pétition de principe de l'écrivain ne venait pas plutôt de l'inattention ou de la simplicité du lecteur.

Cette nouvelle tâche exigeait, évidemment, de remonter au texte italien original. C'est alors que se révéla pleinement ce qu'on peut appeler la richesse des *parole*, ou mots, de l'italien du Grand Secrétaire. En terminant la lecture du *Prince*, des mots comme *virtù, fortuna, arme, governo, modo, ordine, stato, pietà* se sont enrichis de significations nouvelles et complexes, nées de multiples exemples, de maints problèmes résolus, de plusieurs aspects différents d'un problème toujours inchangé. La merveille la plus grande était sans conteste qu'en conséquence de ces lectures, les choses politiques et morales, si ordinaires parce que mille fois connues, présentaient soudain des côtés jusqu'alors ignorés : elles n'avaient pas changé, c'était le lecteur du *Prince* qui devenait capable de voir ce qui était là depuis toujours. Ne sont-ce pas les noms des couleurs qui nous permettent de voir enfin les teintes déjà perçues autrefois, mais immédiatement oubliées parce qu'innommées ? N'est-ce pas l'enrichissement du vocabulaire qui enrichit l'expérience ou, plutôt, porte celle-ci à la conscience ? Machiavel s'était ainsi prouvé très *vertueux* (lire *efficace*) prince des mots et, c'était une crainte légitime, risquait de devenir le prince de l'esprit et du cœur du lecteur.

Quoi qu'il en soit, en plus d'être une œuvre brillante, *Le Prince* se révélait un texte puissant et profond. On rejoignait ainsi les mots de Nietzsche : « Mais comment la langue allemande... pourrait-elle imiter le *tempo* de Machiavel, qui dans son *principe* nous fait respirer l'air sec et subtil de Florence et qui ne peut s'empêcher d'exposer les questions les plus sérieuses au rythme d'un indomptable *allegrissimo*: peut-être non sans prendre un malin plaisir d'artiste à oser ce contraste – des pensées longues, pesantes, dures, difficiles, et un *tempo* de galop et d'insolente bonne humeur [3]. » Cette impression fut confirmée par les interprétations magistrales de Leo Strauss et de Claude Lefort.

Homme d'études, le traducteur est aussi professeur, ce qui signifie que la découverte qu'il peut faire d'un auteur mène inévitablement au désir de la partager. Dans ce cas, cela signifiait de traduire les deux discours du *Prince*. Deux discours, à savoir celui de Machiavel et celui d'un de ses lecteurs. L'écriture prit donc la forme d'une traduction, dont il continuera d'être question dans cette préface, et d'un travail de réflexion qu'on pourra trouver après la traduction.

Fort de sa propre expérience le traducteur cherchait à coller au texte de Machiavel pour permettre autant que possible de suivre à la piste certaines expressions clés, le ton intellectuel du texte et si possible le rythme même des phrases. Or les Italiens ont un proverbe : *tradutore, traditore* ; ce qui signifie : les traducteurs sont tous des traîtres (en le traduisant, on prouve une fois encore la sagesse du dicton). Devant l'impossibilité d'être parfaitement fidèle au texte, il fallait bien définir la cible qu'on visait sans pouvoir l'atteindre afin de pouvoir mieux juger des mille décisions qui composent l'acte de traduction.

Une première règle s'imposait d'elle-même : par une traduction aussi littérale que possible, être scrupuleusement fidèle à certains mots importants qui sont pour ainsi dire les catégories verbales de Machiavel. Donnons deux exemples de ces mots jugés fondamentaux : *virtù, stato*. Si un comportement politique faisant abstraction de la moralité porte le nom de *machiavélisme*, c'est que, bien qu'il soit vieux comme le monde, il a reçu de Machiavel une expression particulièrement percutante. Ce qui tient sans doute, entre autres, à son utilisation du mot *virtù*, qui, constamment, rappelle au lecteur la dimension morale, pour ne pas dire religieuse, de l'action humaine, dimension qui est, presque aussi constamment, niée par les exemples et l'analyse machiavélienne. « Presque aussi constamment », dit-on, parce qu'il arrive à Machiavel d'employer le mot *virtù* dans son acception ordinaire, non sans un certain effet comique [4]. Les traducteurs choisissent ordinairement de rendre le mot problématique par plusieurs termes différents, selon les contextes. À sa première apparition, le lecteur est averti dans une brève note qu'il s'agit dans l'italien d'un mot clé qui pouvait signifier *vertu* dans son sens ordinaire, mais que Machiavel a fait servir à une autre fin, remontant ainsi à la notion de vertu dans le sens de pouvoir ou puissance. Cela est sans doute honnête, mais il serait mieux, de l'avis du présent traducteur, de pouvoir saisir à chaque page ce qui est dit une fois au bas d'une page. Sans parler du fait que la *virtù* machiavélienne est un concept fort complexe, comme en font foi les cinq ou six mots qu'on utilise ordinairement pour la rendre en français.

Le mot *stato* signifie, évidemment, l'État politique ; mais ce seul mot signifie à peu près tous les aspects du gouvernement politique, allant du territoire jusqu'au régime. Une seule fois, dans la lettre dédicatoire, le mot *stato* est employé pour signifier état ou statut ou condition: « Et je ne veux pas qu'on trouve présomptueux le fait qu'un homme d'un état bas et infime ose examiner les gouvernements des princes et en donner les règles [5]... » Cependant, il devient assez clair à force de lire les pages de Machiavel que l'état du prince est lié pour toujours à l'État à acquérir ou à conserver ; on en arrive bientôt à conclure que, parlant par exemple de la conservation de l'État, l'auteur veut englober cet État et la condition sociale : on est prince du fait de posséder et de conserver un État. On peut penser qu'il connaissait bien et exprimait ainsi cette tendance qu'ont tous les princes de dire :« L'État, c'est moi. » Cette ambiguïté se retrouve dans les deux titres qu'on donne à l'œuvre de Machiavel : *De principatibus* et *Il principe* : on balance entre l'étude d'un type de régime politique et celle d'un statut politique et social.

Le traducteur a voulu pousser son scrupule professionnel très loin : respecter autant que possible certains aspects du texte qui pouvaient faire un peu difficulté sur le plan grammatical ou stylistique. Il arrive à Machiavel de faire quelques erreurs d'accord entre les mots, ou d'organisation de la structure de sa phrase : regardant au sens d'une expression plutôt qu'à ses qualités grammaticales, il passe par exemple du singulier au pluriel ou du féminin au masculin, et vice versa ; il lui arrive d'employer un verbe au singulier avec un sujet composite au pluriel [6]. Lorsqu'il a paru que de telles syllepses pouvaient être significatives et être rendues en français, le traducteur à préféré coller au texte italien. De plus, il a préféré, par exemple, laisser les mots-chevilles de l'italien qui n'ont peut-être plus leur place en français, ajouter parfois à la traduction quelques mots jugés nécessaires pour comprendre l'idée de Machiavel, mais en les mettant entre parenthèses pour bien indiquer qu'ils venaient du traducteur, respecter autant que possible la phrase longue et parfois enchevêtrée de Machiavel, que célèbre Nietzsche, en refusant de la sous-diviser pour la rendre plus *maniable*.

Machiavel est reconnu comme un homme de grande expérience politique : son livre regorge d'exemples tirés du monde politique italien de la Renaissance. Par ailleurs, Machiavel est un homme d'études et de lectures : il fait constamment référence aux historiens, philosophes et écrivains de l'Antiquité. Une autre règle de traduction s'impose donc : enraciner le texte du *Prince* dans son contexte historique et philologique, en faisant connaître au lecteur les sources qui ont inspiré Machiavel et en situant au moins brièvement les nombreux noms propres qu'il rencontrera. Plusieurs notes furent ainsi ajoutées au texte pour indiquer certaines sources de Machiavel, pour renvoyer le lecteur à une autre œuvre du Grand Secrétaire ou pour exposer un fait historique plus ou moins obscur. De plus, on créa une section qui est comme un index des noms propres accompagnés de notices biographiques.

On sent bien que cette dernière règle commence à sortir du champ propre du traducteur pour entrer dans celui de l'interprète ou du commentateur. « Traducteur et traître », avons-nous dit plus haut. Il est évident qu'on trahit principalement du fait qu'on a sa propre vision des choses et qu'on s'est formé au fil de ses lectures un jugement personnel sur l'auteur et son message, sur la validité des faits qu'il propose et des raisonnements qu'il développe ; à chaque moment, on veut faire sentir ce qu'on croit vrai et souligner à double trait ce qu'on juge important : c'est ainsi qu'on s'approprie en toute bonne foi le sens de l'œuvre et finalement les mots du texte lui-même. Ne serait-ce que pour affaiblir la tentation de faire passer sa propre opinion dans le tissu du texte de Machiavel, le traducteur a tenté de se transformer, mais dans une autre section, en commentateur : à la suite de la traduction, il a exposé ce qu'il pensait à la suite de Machiavel, et parfois contre lui.

On trouvera donc dans ce volume les parties suivantes :

une section intitulée *Textes*, comportant une traduction du *Il principe* de Nicolas Machiavel, et de deux textes du même auteur qui accompagnèrent les premières éditions du *Prince* en 1532, à savoir *La Vie de Castruccio Castracani* et la *Description de la façon dont le duc Valentinois s'y est pris pour tuer Vitellozzo Vitelli, Oliveretto de Fermo, le seigneur Paul et le duc de Gravina Orsini*. L'édition Sansoni des œuvres complètes (*Tutte le opere*, a cura di Mario Martelli, Firenze, Sansoni, 1971) a fourni les textes italiens, mais deux autres éditions, (*Opere*, vol. I, Biblioteca di classici italiani, Milano, Feltrinelli, 1960-1965 et *Il principe*, a cura di Luigi Rossi, Firenze, Sansoni, 1974) ont été consultées constamment ;

une section intitulée *Commentaires*, comportant cinq analyses, de divers types, portant sur chacun des trois textes traduits et sur la pensée qu'ils incarnent et proposent ;

une section intitulée *Notes*, qui regroupe les notes qui accompagnent les textes de Machiavel et celles qui appartiennent aux commentaires ;

un index de noms propres accompagnés de brèves notices biographiques des personnages historiques ou mythiques mentionnés par Machiavel ;

une bibliographie.

TEXTES

LE PRINCE

il commence une
avec coutume

Nicolas Machiavel au magnifique
Laurent de Médicis [7]

D'habitude, ceux qui désirent acquérir faveur [8] auprès d'un prince, dans la plupart des cas, s'avancent vers lui avec ce qu'ils ont de plus cher parmi leurs choses ou ce dont ils le voient se délecter le plus ; c'est pourquoi on voit qu'on leur présente souvent des chevaux, des armes, des tissus en or, des pierres précieuses et des ornements semblables dignes de leur grandeur.

Désirant donc m'offrir à Votre Magnificence avec quelque témoin de ma servitude envers Elle, je n'ai pas trouvé, parmi mes affaires, quelque chose qui me soit plus cher ou que j'estime autant que la connaissance des actions des grands hommes, apprise par une longue expérience des choses modernes et une lecture continuelle des choses anciennes : ayant réfléchi sur elles et les ayant examinées longuement et avec diligence, puis les ayant réduites en un petit volume, je les envoie à Votre Magnificence.

Et bien que je juge cette œuvre indigne de Sa présence, cependant j'ai assez confiance qu'elle doit être acceptée par Elle en raison de Son humanité, étant considéré que je ne peux Lui faire de don plus grand que de Lui donner la faculté de pouvoir en un temps très bref comprendre tout ce que j'ai connu et compris en tant d'années et avec tant d'embarras et de dangers personnels.

Je n'ai orné ni rempli cette œuvre d'amples périodes et de mots ampoulés et magnifiques ou de quelque autre artifice ou embellissement extrinsèque, par lesquels beaucoup d'auteurs décrivent et ornent leurs choses d'habitude, parce que j'ai voulu ou bien que rien ne l'honore, ou bien que seulement la variété de la matière et la gravité du sujet la rende agréable.

Et je ne veux pas qu'on trouve présomptueux le fait qu'un homme d'un état [9] bas et infime ose examiner les gouvernements des princes et en donner les règles ; parce que de même que ceux qui dessinent les paysages se placent en bas dans la plaine pour considérer la nature des monts et des hauts lieux et se placent en haut sur les monts pour considérer celle des lieux bas, de même pour bien connaître la nature des gens du peuple, il faut être prince et pour bien connaître celle des princes, il faut être du peuple.

Donc, que Votre Magnificence prenne ce petit don dans l'esprit [10] dans lequel je l'envoie ; s'il est considéré et lu diligemment par Elle, Elle y connaîtra, à l'intérieur, mon désir extrême qu'Elle parvienne à cette grandeur que la fortune et ses autres qualités Lui promettent. Et si Votre Magnificence, du sommet de Sa hauteur, tourne quelquefois les yeux vers ces lieux bas, Elle connaîtra combien indignement je supporte une grande et continuelle malignité de fortune.

DES PRINCIPAUTÉS [11]

I

Combien il y a de genres de principautés et de quelles façons elles sont acquises [12]

il ne parle pas de la cause finale

Tous les États, tous les pouvoirs qui ont eu et qui ont contrôle sur les hommes, ont été et sont soit des républiques soit des principautés. Les principautés sont soit héréditaires – celles dont la lignée de leur seigneur en a longtemps été prince – soit nouvelles. Les principautés nouvelles sont ou bien toutes nouvelles, comme fut Milan pour François Sforza, ou bien comme des membres ajoutés à l'État héréditaire du prince qui les acquiert, comme est le royaume de Naples pour le roi d'Espagne [13]. Ces domaines [14] ainsi acquis sont ou bien accoutumés à vivre sous un prince ou bien habitués à être libres, et ils s'acquièrent soit par les armes d'autrui soit par les armes propres [15], ou par fortune ou par vertu [16].

II

Des principautés héréditaires [17]

Moi[18] je laisserai de côté les républiques, parce que j'en raisonnai en long une autre fois[19]. Je tournerai mon attention seulement vers la principauté et j'irai tissant sur la trame écrite plus haut, et j'établirai comment ces principautés peuvent se gouverner[20] et se maintenir.

Je dis donc que dans les États héréditaires et habitués [d'être gouverné] par la lignée de leur prince, il y a bien moins de difficultés à les maintenir que dans les États nouveaux, parce qu'il suffit de ne pas négliger l'institution [21] de ses ancêtres et ensuite de temporiser avec les accidents de parcours ; de sorte

que, si un prince semblable est d'ingéniosité [22] ordinaire, il se
maintiendra toujours dans son État s'il n'y a pas une force extraordinaire et excessive qui l'en prive ; et en supposant qu'il en soit
privé, il le réacquiert au premier accident funeste que connaisse
l'occupant.

Nous, nous avons en Italie, par exemple [23], le duc de Ferrare,
qui n'a soutenu les attaques des Vénitiens en 1484 et celles du
pape Jules en 1510 pour autre raison que l'ancienneté de son
pouvoir. Car le prince naturel a moins de raisons et moins de
nécessité de faire du tort [à son peuple] ; c'est pourquoi il faut
qu'il soit plus aimé, et si des vices extraordinaires ne le font haïr,
il est raisonnable que les siens aient naturellement de la bien-
vaillance envers lui. Et dans l'ancienneté et la continuation de son
pouvoir sont éteints [24] les souvenirs et les causes des innova-
tions ; parce qu'un changement laisse toujours la pierre d'attente [25] pour l'édification d'un autre changement.

III
Des principautés mixtes

Mais les difficultés résident dans la principauté nouvelle. Et
d'abord, si elle n'est pas toute nouvelle, mais comme un membre
[ajouté à une principauté héréditaire], – ce qui tout ensemble peut
s'appeler, pour ainsi dire, mixte –, ses variations naissent en
premier lieu d'une difficulté naturelle qui réside dans toutes les
principautés nouvelles : c'est que les hommes changent volontiers de seigneur, croyant améliorer leur sort, et cette croyance
leur fait prendre les armes contre lui ; en quoi ils se trompent,
parce qu'ils voient ensuite par expérience qu'ils ont empiré leur
sort. Ce qui dépend d'une autre nécessité naturelle et ordinaire :
c'est qu'il faut toujours faire du tort à ceux dont on devient prince
nouveau, à cause des soldats et des autres outrages sans nombre
que la nouvelle acquisition entraîne ; de sorte que tu as comme ennemis tous ceux à qui tu as fait du tort en occupant cette
principauté ; et tu ne peux te maintenir comme amis ceux qui t'y
ont mis, parce que tu ne peux pas les satisfaire comme ils avaient
présupposé et parce que tu ne peux non plus, étant leur obligé,

utiliser contre eux des remèdes forts ; car toujours, même quand on est très fort pour ce qui est des armées, on a besoin du soutien des gens de la province pour entrer dans une province. Pour ces raisons, Louis XII de France occupa tout de suite Milan et tout de suite la perdit ; et pour la lui enlever la première fois il a suffi des forces propres de Ludovic ; parce que les gens du peuple qui lui avaient ouvert les portes, trouvant qu'ils s'étaient trompés dans leur opinion et au sujet du bien futur qu'ils avaient présupposé, ne pouvaient supporter les ennuis qui leur venaient du prince nouveau.

Il est bien vrai qu'ayant acquis une deuxième fois les pays révoltés, on les perd avec plus de difficulté ; parce que le seigneur, ayant pris occasion de la révolte, craint [26] moins de s'assurer en punissant les coupables, en découvrant les suspects, en se munissant quant aux points les plus faibles. De sorte que si, pour faire perdre Milan à la France, il a suffi la première fois d'un duc Ludovic qui grondait aux frontières, pour la lui faire perdre la seconde fois, il a fallu soulever contre lui tout le monde et que ses armées soient anéanties ou chassées de l'Italie, et ce pour les raisons susdites.

Néanmoins, et la première et la seconde fois, elle lui fut enlevée. On a examiné les causes universelles de la première fois ; il reste maintenant à dire celles de la seconde et à voir quels remèdes il avait ou pourrait avoir quelqu'un qui serait en sa situation afin de pouvoir se maintenir dans son acquisition mieux que ne le fit la France. Par conséquent, je dis que ces États, nouvellement acquis, s'ajoutant à un État ancien appartenant à celui qui acquiert, ou sont de la même province et de la même langue ou ne le sont pas. Quand ils le sont, il y a grande facilité à les tenir, surtout quand ils ne sont pas habitués à vivre libres : pour les posséder en toute sûreté il suffit d'avoir anéanti la lignée du prince qui avait pouvoir sur eux. Parce que comme, pour le reste, on maintient leurs anciens avantages et qu'il n'y a pas de différence de coutumes, les hommes vivent calmement : comme on a vu faire la Bourgogne, la Bretagne, la Gascogne et la Normandie [27], qui sont demeurées si longtemps sujettes de la France ; bien qu'il y ait quelque différence de langue, néanmoins les coutumes sont semblables et elles peuvent facilement se tolérer les unes les autres. Celui qui les acquiert, lorsqu'il veut les tenir, doit avoir deux craintes : l'une, d'anéantir la lignée de leur prince ancien, l'autre de n'altérer ni leurs lois ni leurs impôts ; ainsi, après un temps très bref, elles feront un seul corps avec la principauté ancienne.

Mais quand on acquiert des États dans une province différente quant à la langue, aux coutumes et aux institutions, il y a ici des difficultés et il faut avoir alors une grande fortune et une grande ingéniosité pour les tenir. Un des remèdes les plus grands et les plus vifs serait que le conquérant en personne aille y habiter ; ceci rendrait cette possession plus sûre et plus durable : comme le Turc [28] a fait pour la Grèce. Avec toutes les autres règles observées par lui pour tenir cet État, s'il n'y était pas allé habiter, il n'aurait pu le tenir. Parce qu'en s'y tenant, on voit naître les dérèglements et tu peux y remédier rapidement ; en ne s'y tenant pas, on les perçoit quand ils sont grands et qu'il n'y a plus de remède. En plus de ceci, la province n'est pas dépouillée par tes officiels ; les sujets se satisfont du recours qu'ils ont auprès du prince ; c'est pourquoi ils ont plus de raisons de l'aimer s'il est dans leur intention d'être bons, et autrement de le craindre. Un étranger qui voudrait attaquer cet État en aurait plus de crainte ; si bien qu'en y habitant, le prince ne peut le perdre que très difficilement.

L'autre remède, qui est meilleur, est d'envoyer, en un endroit ou deux, des colonies qui soient comme les entraves de l'État, parce qu'il est nécessaire soit de faire cela soit d'y tenir beaucoup de soldats et de fantassins. Il ne dépense pas beaucoup avec des colonies : avec peu ou point de dépenses, il les y envoie et les y tient ; il fait du tort seulement à ceux à qui il enlève leurs champs et leurs maisons pour les donner aux nouveaux habitants, qui représentent une petite partie de l'État ; ceux à qui il a fait du tort, comme ils demeurent dispersés et pauvres, ne peuvent jamais lui nuire. D'un côté, tous les autres ne connaissent aucun tort, et à cause de cela ils devraient se calmer ; de l'autre côté, ils ont peur de faire une erreur par crainte qu'il ne leur arrive à eux ce qui est arrivé à ceux qui ont été dépouillés. Je conclus que ces colonies ne coûtent pas cher, sont plus fidèles, font moins de tort, et ceux à qui on fait du tort ne peuvent pas nuire, étant pauvres et dispersés, comme on a dit. Là-dessus, on doit noter que les hommes doivent être ou bien cajolés ou bien anéantis ; parce qu'il se vengent des torts légers, alors qu'ils ne peuvent pas se venger des graves ; si bien que le tort qu'on fait à l'homme doit être fait de façon à ne pas en craindre la vengeance. Mais en y tenant des soldats au lieu de colonies, on dépense bien plus, ayant à détourner pour la garde toutes les entrés de l'état, si bien que l'acquisition se transforme en perte ; cela fait aussi beaucoup plus de tort, parce qu'on nuit à tout l'état en déplaçant son armée avec ses cantonnements : tout un chacun sent cet embarras et chacun devient son ennemi, et ce sont des ennemis qui, demeurant ainsi battus dans leur maison, peuvent lui nuire. De tous les points de vue donc, cette garde [armée] est aussi inutile que celle des colonies est utile.

Celui qui est dans une province différente, comme on a dit, doit encore se faire chef et défenseur des voisins plus faibles, s'ingénier à affaiblir les puissants de cette province et se garder de ce que, par quelque accident, il n'y entre un étranger aussi puissant que lui. Il arrivera toujours qu'il y sera mis par ceux qui, en cette province, seront mécontents soit par trop d'ambition soit par peur, comme autrefois on vit que les Étoliens mirent les Romains en Grèce [29] ; et en toutes les autres provinces où ils entrèrent, ils y furent mis par les gens de la province. L'ordre des choses veut qu'aussitôt qu'un étranger puissant entre dans une province, tous ceux qui y sont plus faibles adhèrent à sa cause, mus par l'envie qu'ils ressentent contre celui qui leur a manifesté sa puissance, si bien que, par rapport à ces faibles, il n'a aucune peine à les gagner, parce qu'aussitôt ensemble ils font bloc avec l'État qu'il y a acquis. Il doit seulement penser à ce qu'ils n'acquièrent pas trop de forces et d'autorité ; et il peut facilement avec ses forces et avec leur soutien abaisser ceux qui sont puissants, pour demeurer en tout l'arbitre de cette province. Celui qui ne maîtrisera pas bien cet aspect des choses perdra rapidement ce qu'il aura acquis et, pendant qu'il le tiendra, il aura des difficultés et des ennuis sans nombre à l'intérieur.

Les Romains, dans les provinces qu'ils prirent, observèrent bien cette conduite : ils envoyèrent des colonies, entretinrent les plus faibles sans accroître leur puissance, abaissèrent les puissants et ne laissèrent pas les étrangers puissants y acquérir une réputation. Je veux que seule la province de la Grèce me suffise comme exemple : les Achéens et les Étoliens furent entretenus par eux, le royaume des Macédoniens fut abaissé, Antiochus en fut chassé ; jamais les mérites des Achéens et des Étoliens ne firent qu'ils leur permettent d'accroître en rien leur État, les persuasions de Philippe ne les induisirent jamais à être amis avec lui sans l'abaisser, la puissance d'Antiochus ne put pas faire qu'ils consentent à ce qu'il tienne un État en cette province. Parce que les Romains firent en ce cas-là ce que tous les princes sages doivent faire : avoir égard non seulement aux scandales présents, mais aussi aux scandales futurs, et y obvier avec toute leur ingéniosité ; car, en les prévoyant bien à l'avance, on peut facilement y remédier, mais, en attendant qu'ils s'approchent de toi, la médecine ne vient pas à temps, parce que la maladie est devenue inguérissable.

Il en arrive ici comme les médecins disent qu'il en arrive pour la phtisie : au début du mal, elle est facile à guérir et difficile à connaître, mais avec le temps, si on ne l'a ni connue ni soignée au début, elle devient facile à connaître et difficile à guérir. De même en est-il dans les affaires d'État, parce qu'en connaissant à l'avance les maux qui naissent en lui – ce qui n'est donné qu'à un homme prudent – on les guérit rapidement ; mais quand, pour ne pas les avoir connus, on les laisse croître au point où tout un chacun les connaît, il n'y a plus de remède.

C'est pourquoi les Romains, prévoyant les inconvénients, y remédièrent toujours et ne les laissèrent jamais se développer pour éviter une guerre ; parce qu'ils savaient que la guerre ne s'évite pas, mais qu'elle se diffère à l'avantage des autres. C'est pourquoi ils voulurent faire la guerre avec Philippe et Antiochus en Grèce, pour ne pas devoir la faire contre eux en Italie ; ils pouvaient pour le moment éviter l'une et l'autre, mais ne voulurent pas. Et ce qui est chaque jour dans la bouche des sages de notre temps, *de jouir de l'avantage du temps*, ne leur plut jamais ; mais [ils préféraient] jouir de l'avantage de leur vertu et de leur prudence ; parce que le temps chasse tout devant lui et peut transporter avec soi le bien comme le mal et le mal comme le bien.

Italiens: manque de courage

Mais retournons à la France et examinons si elle a fait une des choses que j'ai dites ; je parlerai de Louis, et non de Charles : il est celui dont on voit mieux l'histoire, parce qu'il a tenu une possession plus longtemps en Italie ; vous verrez qu'il a fait le contraire de ce qui doit se faire pour tenir un État dans une province différente de celle qu'on possède déjà.

Le roi Louis fut mis en Italie par l'ambition des Vénitiens, qui voulurent par sa venue gagner la moitié de l'État de la Lombardie. Moi je ne veux pas blâmer ce parti pris par le roi ; parce que, voulant commencer à mettre pied en Italie et n'ayant pas d'amis en cette province – au contraire toutes les portes lui étant barrées à cause des menées du roi Charles –, il fut forcé de nouer les amitiés qu'il pouvait. Et ce parti, bien pris, lui aurait réussi, s'il n'avait fait aucune erreur dans les autres manœuvres. Donc, ayant acquis la Lombardie, le roi se regagna aussitôt la réputation que lui avait enlevée Charles : Gênes céda, les Florentins devinrent ses amis, le marquis de Mantoue, le duc de Ferrare, Bentivogli, Madame de Forli, les seigneurs de Faenza, de Pesaro, de Rimini, de Camerino, de Piombino, les Lucquois, les Pisans, les Siennois, tout un chacun s'avança vers lui pour être son ami. Les Vénitiens purent alors considérer la témérité du parti qu'ils avaient pris : pour acquérir deux terres en Lombardie, ils firent du roi le seigneur des deux tiers de l'Italie.

Qu'on examine maintenant avec combien peu de difficulté le roi pouvait garder sa réputation en Italie, s'il avait observé les règles susdites et s'il avait tenu tous ses amis sûrs en les défendant, lesquels, pour être en grand nombre, faibles, et pour avoir peur celui-ci de l'Église, celui-là des Vénitiens, étaient toujours obligés de se tenir avec lui ; et par leur moyen, il pouvait facilement s'assurer de qui restait grand. Mais il ne fut pas plus tôt à Milan qu'il fit le contraire, en aidant le pape Alexandre à occuper la Romagne. Il ne s'aperçut pas qu'il s'affaiblissait par cette décision, en se détachant de ses amis et de ceux qui s'étaient jetés dans ses bras, et qu'il étendait le pouvoir de l'Église en ajoutant une telle puissance temporelle au pouvoir spirituel qui lui donne tant autorité. Et ayant fait une première erreur, il fut contraint de poursuivre ; au point que, pour mettre fin à l'ambition d'Alexandre et pour éviter qu'il ne devienne seigneur de la Toscane, il fut contraint de venir en Italie. Il ne lui suffit pas d'avoir étendu le pouvoir de l'Église et de s'être détaché de ses amis : parce qu'il voulait le royaume de Naples, il le divisa avec le roi d'Espagne ; alors qu'il était auparavant arbitre de l'Italie, il y mit un compagnon, afin que les ambitieux de cette province et ceux qui étaient mécontents de lui aient à qui faire requête ; alors qu'il pouvait laisser en ce royaume un roi qui fût son tributaire, il l'en retira, afin d'y mettre quelqu'un qui puisse l'en chasser.

C'est une chose vraiment très naturelle et ordinaire de désirer acquérir [par la force] ; et toutes les fois que les hommes qui le peuvent le feront, ils seront toujours loués ou ne seront pas blâmés. Mais lorsqu'ils ne le peuvent pas et qu'ils veulent le faire quand même, il y a ici erreur et blâme. Donc si la France pouvait attaquer Naples avec ses forces, elle devait le faire ; si elle ne le pouvait pas, elle ne devait pas la diviser. Et si elle fit la division de la Lombardie avec les Vénitiens, elle mérite excuse pour avoir mis pied en Italie par ce moyen ; mais cette dernière division mérite le blâme puisqu'elle n'est pas excusée par cette nécessité.

Louis avait donc commis ces cinq erreurs-ci : il avait anéanti les moins puissants, avait accru la puissance d'un puissant en Italie, y avait mis un étranger très puissant, n'était pas venu y habiter et n'y avait pas installé de colonies. Ces erreurs, de son vivant, pouvaient encore ne pas lui faire de tort, s'il n'avait pas fait la sixième, à savoir d'enlever l'État aux Vénitiens ; parce que s'il n'avait pas étendu le pouvoir de l'Église ni mis l'Espagne en Italie, il était bien raisonnable et nécessaire de les abaisser ; mais ayant pris ces premiers partis, il ne devait jamais consentir à leur perte ; parce que les Vénitiens, en étant puissants, auraient toujours retenu les autres de s'embarquer dans l'entreprise de la Lombardie, autant parce que les Vénitiens n'y auraient pas consenti sans en devenir seigneurs eux-mêmes que parce que les autres n'auraient pas voulu l'enlever à la France pour la leur donner, et ils n'auraient pas eu le cœur de les renverser tous les deux.

Et si quelqu'un disait : « Le roi Louis céda la Romagne à Alexandre et le royaume de Naples à l'Espagne pour éviter une guerre », je réponds avec les raisons que j'ai dites plus haut qu'on ne doit jamais laisser se développer un désordre pour éviter un guerre ; en effet, tu ne l'évites pas, tu la diffères à ton désavantage. Et si quelques autres alléguaient la foi que le roi avait promise [30] au pape, de faire cette entreprise pour lui, en échange de la dissolution de son mariage et du chapeau de Rouen, je réponds avec ce que je dirai plus bas au sujet de la foi des princes et comment elle doit être conservée [31]. Donc le roi Louis a perdu la Lombardie pour n'avoir pris aucune des précautions prises par les autres qui ont acquis des provinces et ont voulu les tenir. Ceci n'est nullement un miracle, mais quelque chose de très ordinaire et raisonnable.

Je parlai de cette matière à Nantes avec le cardinal de Rouen, quand le Valentinois – car César Borgia était appelé ainsi par le peuple –, fils du pape Alexandre, occupait la Romagne. Comme le cardinal de Rouen me disait que les Italiens ne comprenaient pas [la conduite] de la guerre, moi je lui répondis que les Français ne comprenaient pas [la conduite] de l'État, parce que s'ils la comprenaient, ils ne laisseraient pas l'Église en arriver à autant de grandeur. Et on a vu par expérience qu'en Italie la grandeur de l'Église et de l'Espagne a été causée par la France, dont s'ensuivit sa propre perte. D'où on tire une règle générale, qui ne souffre jamais ou rarement d'exceptions, d'après laquelle celui qui est cause que quelqu'un devienne puissant se perd ; parce que cette puissance est générée par lui soit par ingéniosité soit par force, et l'une et l'autre de ces deux choses est suspecte à celui qui est devenu puissant.

IV

Pourquoi le royaume de Darius qu'Alexandre avait occupé ne manqua pas de fidélité envers les successeurs d'Alexandre après sa mort [32]

Ayant considéré les difficultés qu'il y a à tenir un État récemment acquis, quelqu'un pourrait s'étonner [et demander] comment il se fait qu'Alexandre le Grand devint seigneur de l'Asie en peu d'années et, ne l'ayant qu'à peine occupée, mourut, d'où il paraissait raisonnable que tout cet État se révolte ; néanmoins, les successeurs d'Alexandre s'y maintinrent et n'eurent d'autre difficulté à le tenir que celle qui leur vint de leur propre ambition [33].

Je réponds que les principautés dont on a mémoire se trouvent avoir été gouvernées de deux façons différentes : soit par un prince, et alors tous les autres sont des serviteurs, qui lui aident à gouverner le royaume en tant que ministres par sa faveur et son consentement ; soit par un prince et des barons, qui tiennent ce rang non par la faveur du seigneur, mais par l'ancienneté de leur lignée. Ces barons ont des États et des sujets propres qui les reconnaissent pour seigneurs et qui ont pour eux une affection naturelle. Les États qui se gouvernent par un prince et par des serviteurs concèdent à leur prince plus d'autorité, parce qu'en toute sa province, il n'y a personne qu'on reconnaisse comme supérieur à lui et, s'ils obéissent à un autre, ils le font comme à un ministre et à un officiel et ne lui portent pas d'amour particulier.

Le Turc et le roi de France offrent, de nos jours, les exemples de ces deux sortes de gouvernements. Toute la monarchie du Turc est gouvernée par un seigneur, les autres sont ses serviteurs ; divisant son royaume en sandjaks [34], il y envoie différents administrateurs, et il les change et varie comme bon lui semble. Mais le roi de France se trouve, dans cet État, au milieu d'une multitude de seigneurs de vieille date, reconnus et aimés de leurs sujets ; ils ont leurs privilèges ; le roi ne peut pas les leur enlever sans danger pour lui. Donc celui qui considère l'un et l'autre de ces États trouvera difficile d'acquérir l'État du Turc, mais une fois qu'il est vaincu, il trouvera très facile de le tenir. Inversement, vous trouverez, sous certains aspects, plus facile d'occuper l'État de la France, mais très difficile de le tenir.

Les causes des difficultés à occuper le royaume du Turc sont de ne pas pouvoir être appelé par les princes du royaume et de ne pas espérer pouvoir faciliter l'entreprise par la révolte de ceux qu'il a autour de lui. Et ce pour les raisons susdites : comme ils sont tous ses esclaves et ses obligés, on peut les corrompre plus difficilement ; et quand bien même on les corromprait, comme ils ne peuvent, pour les raisons données, entraîner les gens du peuple, on peut espérer d'eux peu d'utilité. C'est pourquoi il est nécessaire que celui qui attaque le Turc pense le trouver uni ; il faut qu'il espère plus en ses forces propres qu'en les dérèglements des autres. Mais une fois que le Turc est vaincu et défait en campagne de façon à ne pouvoir faire d'armées, on ne doit craindre rien d'autre que la lignée du prince ; celle-ci anéantie, comme les autres n'ont pas de crédit auprès des gens du peuple, il ne reste personne de qui on doive craindre quoi que ce soit : de même que le vainqueur, avant la victoire, ne pouvait espérer en eux, de même, après elle, il ne doit pas les craindre.

Le contraire arrive dans les royaumes gouvernés comme celui de la France, parce que tu peux y entrer avec facilité en te gagnant quelque baron du royaume ; parce qu'on trouve toujours des mécontents et des gens qui désirent innover ; ceux-là, pour les raisons dites, peuvent t'ouvrir la voie à l'État et te faciliter la victoire. Celle-ci entraîne ensuite, pour te maintenir, des difficultés infinies et auprès de ceux qui t'ont aidé et auprès de ceux que tu as opprimés. Et il ne te suffit pas d'anéantir la lignée du prince, parce que demeurent les seigneurs qui se font les chefs de nouveaux changements ; ne pouvant ni les contenter ni les anéantir, tu perds l'État chaque fois qu'en vient l'occasion.

Maintenant, si vous considérez quelle était la nature du gouvernement de Darius, vous le trouverez semblable au royaume turc ; c'est pourquoi il fut nécessaire à Alexandre d'abord de le renverser tout à fait et de lui enlever la campagne [35]. Après cette victoire, Darius étant mis à mort, cet État demeura sûr pour Alexandre pour les raisons examinées plus haut. Ses successeurs, s'ils avaient été unis, auraient pu en jouir calmement : il n'y eut, en ce royaume, que les tumultes qu'ils suscitèrent eux-mêmes.

Mais il est impossible de posséder avec autant de calme les États organisés comme celui de la France. C'est pour cela, à cause des nombreuses principautés qu'il y avait en Espagne, en France et en Grèce, qu'il y eut de nombreuses révoltes contre les Romains dans ces États : pendant le temps que dura leur souvenir, les Romains ne furent jamais assurés de leur possession ; mais une fois leur souvenir éteint en raison de la puissance et de la longue durée de l'Empire, ils en devinrent de sûrs possesseurs [36]. Et aussi, lorsqu'ils se combattirent, chacun put entraîner à soi une partie de ces provinces selon l'autorité qu'il y avait prise à l'intérieur ; la lignée de leur ancien seigneur était anéantie et elles ne reconnaissaient personne si ce n'était les Romains. Tout ceci étant donc considéré, personne ne s'étonnera de la facilité qu'eut Alexandre à tenir l'État d'Asie et des difficultés qu'eurent les autres, comme Pyrrhus et beaucoup d'autres, à conserver leur acquisition. Cela n'est pas né de la plus ou moins grande vertu du vainqueur, mais du fait que la situation était différente.

V

Comment administrer les cités ou les principautés qui vivaient selon leurs lois avant d'être occupées [37]

Quand ces États qu'on acquiert sont, comme il est dit, accoutumés à vivre sous leurs lois et en liberté, il y a trois façons de les tenir : la première est de les détruire ; l'autre, d'aller y habiter personnellement ; la troisième, de les laisser vivre sous leurs lois, y tirant un tribut et y créant à l'intérieur un État de peu d'hommes qui te conservent les cités amies. Parce que, étant créé par ce prince, cet État sait qu'il ne peut s'y tenir sans son amitié et sa puissance et qu'il doit faire tout ce qu'il peut pour maintenir le prince : une cité qui est habituée à vivre libre se tient plus facilement par ses citoyens que de quelque autre façon, si on veut la préserver.

Par exemple, il y a les Spartiates [38] et les Romains [39]. Les Spartiates tinrent Athènes et Thèbes en y créant un État de peu d'hommes ; cependant ils les perdirent à nouveau. Les Romains, pour garder Capoue, Carthage et Numance, les détruisirent et ne les perdirent pas ; mais ils voulurent tenir la Grèce presque comme les Spartiates la tinrent, la laissant libre et lui laissant ses lois ; cela ne leur réussit pas, de sorte qu'ils furent contraints de détruire beaucoup de cités de cette province pour la tenir.

Parce qu'en vérité il n'y a pas d'autre façon sûre de les posséder que de les détruire. Et celui qui devient maître d'une cité accoutumée à vivre libre et qui ne la détruit pas, qu'il s'attende à être détruit par elle, parce qu'elle a toujours pour refuge dans la révolte le nom de la liberté et ses institutions anciennes, qui ne s'oublient jamais, que ce soit par la longueur des temps ou par les bienfaits. Quoi qu'on y fasse ou quelle que soit la manière dont on s'arme, si on ne désunit pas les habitants et si on ne les disperse pas, ils n'oublient pas ce nom ni ces institutions ; à chaque accident, ils y ont aussitôt recours, comme fit Pise [40] après les cent ans où elle avait été mise en servitude par les Florentins.

Mais quand les cités ou les provinces sont habituées à vivre sous un prince et que sa lignée est anéantie, d'un côté étant habitués à obéir, de l'autre n'ayant pas l'ancien prince, les États ne s'accordent pas pour en établir un parmi eux et ne savent pas vivre libres ; de sorte qu'ils sont plus lents à prendre les armes et qu'un prince peut plus facilement se les gagner et s'assurer d'eux. Mais dans les républiques, il y a une vie plus grande, une haine plus grande, davantage de désir de vengeance ; le souvenir de leur ancienne liberté ne les quitte pas, ni ne leur permet le repos ; si bien que la voie la plus sûre est de les anéantir ou d'aller y habiter.

VI

Des principautés nouvelles qui sont acquises par armes propres et par vertu [41]

Que personne ne s'étonne si moi, en parlant des principautés toutes nouvelles, c'est-à-dire quant au prince et quant à l'État, j'allègue de très grands exemples ; parce que comme les hommes cheminent presque toujours par des voies battues par d'autres et qu'ils procèdent dans leurs actions par imitation, comme tu ne peux ni totalement tenir les voies des autres ni atteindre la vertu de ceux que tu imites, un homme prudent doit toujours suivre les voies battues par des grands hommes et imiter ceux qui ont été les plus excellents, afin que si sa vertu n'arrive pas à la leur, au moins elle en rende quelque odeur ; il doit faire comme les archers prudents, qui, lorsque la cible où ils ont dessein de frapper leur paraît trop lointaine, connaissant jusqu'où va la portée de leur arc, visent bien plus haut que le lieu voulu, non pas pour atteindre une telle hauteur avec leur flèche, mais pour pouvoir parvenir de cette façon à leur but.

Je dis donc que dans les principautés toutes nouvelles, où il y a prince nouveau, on trouve plus ou moins de difficulté à les maintenir, selon que celui qui les acquiert est plus ou moins vertueux. Et parce que cet événement, devenir prince après avoir été citoyen privé, présuppose soit de la vertu soit de la fortune, il paraît que l'une ou l'autre des deux lève en partie beaucoup de difficultés ; cependant celui qui a moins compté sur la fortune s'est maintenu davantage. Le fait que le prince, parce qu'il n'a pas d'autres États, soit contraint de venir y habiter personnellement facilite encore les choses.

Mais pour en venir à ceux qui sont devenus princes par vertu propre et non par fortune, je dis que les plus excellents sont Moïse, Cyrus, Romulus, Thésée et d'autres semblables. Puisque Moïse a été exécuteur pur et simple de ce qui était établi pour lui par Dieu, on ne doit pas raisonner à son sujet ; cependant il doit être admiré seulement pour cette faveur qui le rendait digne de parler avec Dieu. Mais considérons Cyrus et les autres qui ont acquis ou fondé des royaumes : vous les trouverez tous admirables ; et si on considère leurs actions et leurs institutions particulières, elles paraîtront ne pas être incompatibles avec celles de Moïse, qui eut un si grand précepteur.

En examinant leurs actions et leur vie, on ne voit pas qu'ils aient reçu autre chose de la fortune que l'occasion, laquelle leur donna une matière pour pouvoir y introduire la forme qu'il leur parut bonne ; sans cette occasion la vertu de leur cœur se serait éteinte, et sans cette vertu l'occasion se serait présentée en vain. Il était donc nécessaire pour Moïse de trouver le peuple d'Israël en Égypte esclave et opprimé par les Égyptiens, afin que les Israélites se disposent à le suivre pour sortir de la servitude. Il fallait que Romulus n'ait pas assez de place en Albe, qu'il ait été abandonné à la naissance, pour vouloir devenir roi de Rome et fondateur de cette patrie. Il fallait que Cyrus trouve les Perses mécontents de l'empire des Mèdes et les Mèdes mous et efféminés par la longue paix. Thésée n'aurait pu démontrer sa vertu s'il n'avait trouvé les Athéniens dispersés. Par conséquent, ces occasions firent qu'ils

- par volonté, force + vertue
les 4 pers. ont créé une occasion
de changer le régime

furent heureux, et leur vertu excellente fit que cette occasion fut connue ; à la suite de quoi, leur patrie fut ennoblie et devint très heureuse.

Ceux qui, comme eux, deviennent princes par des voies vertueuses, acquièrent difficilement la principauté, mais la tiennent facilement ; les difficultés qu'ils ont à acquérir la principauté viennent en partie des institutions et des façons nouvelles qu'ils sont forcés d'introduire pour fonder leur État et leur sécurité. On doit considérer qu'il n'y a rien de plus difficile à traiter, ni plus douteux quant à la réussite, ni plus dangereux à manœuvrer, que de se faire chef pour introduire de nouvelles institutions ; parce que l'introducteur a pour ennemis tous ceux qui tirent profit des vieilles institutions et a pour défenseurs tièdes tous ceux qui bénéficieraient des nouvelles institutions. Cette tiédeur vient, en partie, de la peur des adversaires qui ont les lois de leur côté et, en partie, de l'incrédulité des hommes qui ne croient pas, en vérité, aux nouveautés s'ils n'en voient réalisée une expérience ferme ; c'est pourquoi chaque fois que ceux qui sont des ennemis ont l'occasion d'attaquer, ils le font avec un esprit de parti, tandis que les autres se défendent tièdement, si bien qu'on périclite avec eux.

Par conséquent, voulant bien examiner cet aspect de la chose, il est nécessaire de remarquer si ces innovateurs se tiennent par eux-mêmes ou s'ils dépendent des autres, c'est-à-dire si, pour conduire leur œuvre à terme, il leur faut prier ou bien s'ils peuvent user de la force. Dans le premier cas, ils tombent toujours mal et ne conduisent rien à terme ; mais quand ils dépendent d'eux-mêmes et qu'ils peuvent user de la force, c'est alors qu'ils périclitent rarement. C'est pourquoi tous les prophètes armés vainquirent et les prophètes désarmés se perdirent. Parce qu'en plus de ce que j'ai dit, la nature des gens du peuple est changeante : il est facile de les persuader d'une chose, mais difficile de les maintenir dans cette persuasion ; c'est pourquoi il faut être organisé de façon à pouvoir les faire croire de force quand ils ne croient plus. Moïse, Cyrus, Thésée et Romulus n'auraient pas pu longtemps leur faire observer leurs constitutions, s'ils avaient été désarmés. Ce qui arriva de notre temps au frère Jérôme Savonarole, qui se perdit avec ses nouvelles institutions, lorsque la multitude

Machiavel introduit un new régime

commença à ne pas y croire : il n'avait pas de façon de tenir fermes ceux qui avaient cru ni de faire croire les incrédules. C'est pourquoi des gens semblables ont une grande difficulté à se conduire : tous leurs dangers sont en chemin et il faut qu'ils les surmontent par la vertu ; mais une fois qu'ils les ont surmontés et qu'ils commencent à être vénérés, comme ils ont anéanti ceux qui par leur qualité manifestaient de l'envie à leur égard, ils demeurent puissants, en sécurité, honorés, heureux.

À de si hauts exemples, moi je veux ajouter un exemple plus petit, mais il aura bien quelque proportion avec eux; et je veux qu'il me suffise pour tous les autres semblables : cet exemple est Hiéron le Syracusain. Celui-ci devint prince de Syracuse après avoir été citoyen privé. Lui aussi ne connut rien d'autre de la fortune que l'occasion ; parce que, lorsque les Syracusains furent opprimés, ils l'élurent comme capitaine, par quoi il mérita d'être fait leur prince. Il fut d'une telle vertu, même dans la condition de fortune privée, que celui qui en écrit dit : « Il ne lui manquait que le royaume pour régner [42]. » Il anéantit la vieille milice et en organisa une nouvelle ; il laissa les anciennes amitiés et en prit de nouvelles ; et lorsqu'il eut des amitiés et des soldats qui fussent siens, il put sur un tel fondement bâtir tout édifice qu'il voulait : si bien qu'il eut bien de la peine à acquérir son État et peu à le maintenir.

VII

Des principautés nouvelles qui sont acquises par armes et fortune d'autrui

Ceux qui, de la condition de citoyens privés, deviennent princes seulement par fortune, le deviennent facilement mais se maintiennent avec beaucoup de peine : ils n'ont aucune difficulté en chemin parce qu'ils y volent ; mais les difficultés s'accumulent lorsqu'ils sont établis.

Et il y a des princes semblables quand un État est donné à quelqu'un soit en raison de l'argent, soit par la faveur de celui qui le concède ; comme il arriva à plusieurs en Grèce, dans les cités d'Ionie et de l'Hellespont où ils furent faits princes par Darius, afin qu'ils les tiennent pour sa sécurité et sa gloire ; comme aussi étaient faits empereurs ceux qui, de la condition de citoyens privés, parvenaient au [sommet de] l'Empire par la corruption des soldats.

Ceux-ci se maintiennent simplement par la volonté et la fortune de celui qui leur a concédé le pouvoir, qui sont des choses très inconstantes et instables ; ils ne savent ni ne peuvent garder ce rang. Ils ne le savent pas, parce que, s'il n'est pas un homme de grand génie et de grande vertu, il n'est pas raisonnable qu'ayant toujours vécu dans la condition d'un citoyen de fortune privée, il sache commander ; ils ne le peuvent pas, parce qu'ils n'ont pas de forces qui peuvent leur être amies et fidèles. Ensuite, les États qui viennent à l'existence tout d'un coup, comme toutes les autres choses de la nature qui naissent et qui croissent rapidement, ne peuvent pas avoir leurs racines et leurs parties correspondantes[43], de sorte que le premier temps adverse les anéantit. À moins que des hommes semblables, comme il est dit, qui sont devenus princes si soudainement, ne soient d'une vertu si grande que ce que la fortune leur a mis dans les bras, ils sachent tout de suite se préparer à le conserver et que ces fondements que les autres posent avant qu'ils ne deviennent princes, ils les posent après.

À propos de devenir prince par vertu ou par fortune moi je veux, pour l'une et l'autre de ces deux façons que j'ai dites, alléguer deux exemples de notre temps : François Sforza et César Borgia. François, après avoir été citoyen privé, devint duc de Milan par les moyens dus et par sa grande vertu et, ce qu'il avait acquis avec mille tracas, il le maintint avec peu de peine.

D'autre part, César Borgia, appelé duc Valentinois par le vulgaire, acquit l'État par la fortune de son père et le perdit avec elle, quoiqu'il mît tout ce qu'il pût en œuvre et fît tout ce que devait faire un homme prudent et vertueux pour planter ses racines en ces États que les armes et la fortune des autres lui avait concédés. Parce que, comme on a dit plus haut, celui qui ne pose pas les fondements d'abord pourrait les poser ensuite au moyen d'une grande vertu, encore qu'ils se bâtissent avec de l'embarras pour l'architecte et du danger pour l'édifice. Donc, si on considère tous, les progrès du duc, on verra qu'il s'est posé de grands fondements pour sa puissance future ; je ne juge pas superflu de les examiner, parce que moi je ne saurais quels préceptes me [44] donner qui soient meilleurs pour un prince nouveau que l'exemple de ses actions : si ses institutions ne lui profitèrent guère, ce ne fut pas par sa faute, mais à cause d'une extraordinaire et extrême malignité de fortune.

Le pape Alexandre VI avait bien des difficultés présentes et futures pour agrandir le duc son fils. D'abord, il ne voyait pas comment il pouvait le faire seigneur d'un État qui ne soit pas un État de l'Église. Et il savait qu'en tentant de soustraire un État à l'Église, le duc de Milan [45] et les Vénitiens n'y consentiraient pas ; parce que Faenza et Rimini étaient déjà sous la protection des Vénitiens. Il voyait, en plus de ceci, que les armes d'Italie, celles-là justement dont il aurait pu se servir, étaient entre les mains de ceux qui devaient craindre la grandeur du pape ; c'est pourquoi il ne pouvait pas s'y fier, puisqu'elles étaient toutes chez les Orsini, les Colonna et leurs complices. Il était donc nécessaire de troubler ces institutions et de dérégler leurs États afin de pouvoir s'emparer en toute sécurité d'une partie d'entre eux. Cela lui fut facile, parce qu'il trouva les Vénitiens qui, mus par d'autres raisons, tentaient de faire repasser les Français en Italie ; non seulement il ne s'y opposa pas, mais il rendit la chose plus facile par la dissolution de l'ancien mariage de Louis. Le roi passa donc en Italie avec l'aide des Vénitiens et le consentement d'Alexandre, et il ne fut pas plus tôt à Milan que le pape obtint de lui des gens pour l'entreprise de la Romagne, ce qui lui fut consenti en raison de la réputation du roi.

Le duc ayant donc battu les Colonna et acquis la Romagne, pour maintenir celle-ci et procéder plus avant, deux choses l'en empêchaient : l'une était que ses armes ne lui paraissaient pas fidèles, l'autre était la volonté de la France : c'est-à-dire [qu'il craignait] que les armes des Orsini, dont il s'était servi, lui échappent et, non seulement l'empêchent d'acquérir d'autres États, mais aussi lui enlèvent ce qu'il avait déjà acquis, et il craignait que le roi aussi lui fasse un coup semblable. Il eut une expérience probante pour ce qui est des Orsini, quand, après la prise de Faenza, il attaqua Bologne, car il les vit se refroidir à l'assaut ;

pour ce qui est du roi, il connut son esprit quand, ayant pris le duché d'Urbin, il attaqua la Toscane : le roi le fit renoncer à cette entreprise. À la suite de quoi, le duc décida de ne plus dépendre des armes et de la fortune des autres.

Et, première des choses, il affaiblit les partis des Orsini et des Colonna à Rome ; parce qu'il se gagna tous leurs adhérents, qui étaient des gentilshommes, en faisant d'eux ses gentilshommes et en leur donnant de gros appointements ; il les honora, selon leurs qualités, en leur donnant des commandements militaires et des gouvernements, si bien qu'en peu de mois l'affection des partis s'éteignit dans leurs cœurs et se tourna toute vers le duc. Après ceci, ayant dispersé les hommes de la maison Colonna, il attendit l'occasion d'anéantir les chefs des Orsini ; l'occasion se présenta, et il l'utilisa de son mieux [46]. Parce que les Orsini s'étant aperçus, mais trop tard, que la grandeur du duc et de l'Église était leur perte, ils firent une diète à la Magione dans le Pérugin ; de cette diète naquit la révolte d'Urbin, les tumultes de la Romagne et les dangers sans nombre du duc, qu'il surmonta tous avec l'aide des Français.

Comme sa réputation lui était revenue et qu'il ne se fiait ni à la France ni aux autres forces extérieures, il opta pour les tromperies de peur de les provoquer. Il sut tellement dissimuler son esprit que les Orsini, par l'intermédiaire du seigneur Paul, se réconcilièrent avec lui ; le duc ne manqua pas d'offrir à ce seigneur toutes sortes d'offices pour le rassurer, lui donnant de l'argent, des vêtements et des chevaux ; si bien que leur naïveté les conduisit entre ses mains à Senigallia [47]. Donc, ces chefs étant anéantis et leurs partisans étant réduits à être ses amis, le duc avait jeté de solides fondements à sa puissance, puisqu'il avait toute la Romagne avec le duché d'Urbin et qu'il lui semblait, surtout, avoir acquis la Romagne comme amie et gagné tous les gens du peuple pour la raison qu'ils avaient commencé à goûter leur bien-être.

Parce que ceci est digne d'être connu et d'être imité par d'autres, je ne veux pas le laisser de côté. Comme le duc avait pris la Romagne et qu'il trouvait qu'elle avait été dirigée par des seigneurs impuissants, lesquels avaient dépouillé plutôt que dressé leurs sujets et leur avaient donné matière à désunion, non pas à union, au point que cette province était pleine de vols, de querelles et de toutes autres sortes d'insolences, il jugea qu'il serait nécessaire de lui donner un bon gouvernement pour la réduire à être pacifique et obéissante au bras royal. C'est pourquoi il en chargea monsieur Ramiro de Lorca, homme cruel et expéditif, à qui il donna plein pouvoir. Celui-ci, en peu de temps, la réduisit à être pacifique et unie, avec une très grande réputation [48]. Plus tard, le duc jugea qu'une autorité si excessive n'était plus nécessaire, parce qu'il craignait qu'elle ne devienne haïssable ; il en chargea un tribunal civil au milieu de la province avec un président très excellent, où chaque cité avait son avocat. Puis, sachant que les rigueurs passées avaient engendré de la haine contre lui, pour purger les cœurs des gens du peuple et se les gagner tout à fait, il voulut montrer que si quelque cruauté avait eu lieu, elle n'était pas venue de lui, mais de l'âpre nature de son ministre. Ayant saisi l'occasion à ce sujet, un matin à Cesena, il le fit mettre en deux morceaux sur la place, avec un billot de bois et un couteau sanglant à côté de lui. La férocité de ce spectacle fit que les gens du peuple demeurèrent à la fois satisfaits et stupides.

Mais retournons d'où nous, nous partîmes. Je dis que le duc, se trouvant très puissant et assuré pour une part contre les dangers présents, parce qu'il s'était armé à sa façon et qu'il avait en grande partie anéanti ces armes qui, étant voisines, pouvaient lui faire du tort, il ne lui restait, pour poursuivre ses acquisitions, que la crainte du roi de France : il savait que le roi, qui s'était aperçu trop tard de son erreur, ne supporterait pas cela de sa part. C'est pour cette raison qu'il commença à chercher des amitiés nouvelles et à hésiter avec la France, lors de la descente que firent les Français au royaume de Naples contre les Espagnols qui assiégeaient Gaète. Son esprit visait à s'assurer contre eux, ce qui lui aurait rapidement réussi, si Alexandre avait vécu.

Telles furent ses conduites quant aux choses présentes. Mais quant à l'avenir, il devait craindre, d'abord, que dans l'Église, un nouveau successeur ne lui soit pas ami et qu'il cherche à lui enlever ce qu'Alexandre lui avait donné. Il pensa s'assurer contre cela de quatre façons : il était nécessaire, premièrement, d'anéantir toutes les lignées des seigneurs qu'il avait dépouillées pour en enlever l'occasion au pape ; deuxièmement, de se gagner tous les gentilshommes de Rome, comme on a dit, pour pouvoir tenir le pape en bride par leur intermédiaire ; troisièmement, de réduire le Collège des cardinaux à être sien le plus qu'il le pouvait ; quatrièmement, d'acquérir, avant que le pape ne meure, tant de contrôle qu'il puisse résister par lui-même au premier assaut d'où qu'il vienne. À la mort d'Alexandre, il avait conduit à terme trois de ces quatre choses ; seule la quatrième restait quelque peu en suspens ; parce qu'il tua autant de seigneurs dépouillés qu'il en put atteindre et que très peu se sauvèrent ; il s'était gagné les gentilshommes romains et possédait une très grande partie de Collège des cardinaux. Quant aux nouvelles acquisitions, il avait eu dessein de devenir seigneur de la Toscane, possédait déjà Pérouse et Piombino et avait pris Pise sous sa protection. Comme il ne devait pas craindre la France – il ne devait plus avoir de crainte, parce que les Français étaient déjà dépouillés du royaume de Naples par les Espagnols, de sorte que les uns et les autres étaient obligés d'acheter son amitié –, il sautait sur Pise. Après cela, Lucques et Sienne cédaient tout de suite, en partie par envie des Florentins, en partie par peur ; les Florentins n'avaient pas de remède. Si cela lui avait réussi – et cela lui aurait réussi l'année même où Alexandre mourut –, il acquérait tellement de forces et de réputation qu'il se serait soutenu par lui-même et qu'il n'aurait plus dépendu de la fortune et des forces des autres, mais de sa puissance et de sa vertu.

Mais Alexandre mourut cinq ans après qu'il avait commencé à sortir l'épée. Il le laissa avec le seul État de Romagne consolidé, avec tous les autres États mal assurés, entre deux très puissantes armées ennemies et malade à mourir. Il y avait tellement de férocité et de vertu chez le duc, il savait si bien comment on doit gagner ou perdre les hommes, et les fondements qu'il avait posés en si peu de temps étaient tellement sûrs que s'il n'avait pas eu ces armées à dos, ou s'il avait été en santé, il aurait soutenu toutes les difficultés. Et on vit que ses fondements étaient solides : la Romagne l'attendit plus d'un mois ; encore qu'il n'était qu'à demi vivant, il se tint à Rome en toute sûreté ; bien que les Baglioni, Vitelli et Orsini y vinrent, ils ne tentèrent rien contre lui ; s'il ne put faire pape qui il voulait, il put au moins faire en sorte que celui qu'il ne voulait pas ne le fût pas.

Mais si, à la mort d'Alexandre, il avait été en santé, tout lui aurait été facile. Et il m'a dit, en ces jours où Jules II accéda à la papauté, qu'il avait pensé à ce qui pourrait arriver lorsque son père mourrait et qu'il avait tout prévu, sauf qu'il ne pensa jamais qu'il serait agonisant au moment de la mort d'Alexandre.

Donc, ayant recueilli toutes les actions du duc, moi je ne saurais le reprendre ; au contraire il me paraît bon de le proposer, comme j'ai fait, à imiter à tous ceux qui ont accédé au contrôle [politique] par fortune et avec les armes des autres. Parce qu'ayant le cœur grand et l'intention haute, il ne pouvait pas se gouverner autrement ; et seule s'opposa à ses desseins la brièveté de la vie d'Alexandre et sa propre maladie. Donc celui qui juge nécessaire, dans sa principauté nouvelle, de s'assurer de ses ennemis, se gagner des amis, vaincre soit par la force soit par la fraude, se faire aimer et craindre par les gens du peuple, suivre et respecter par les soldats, anéantir ceux-là qui peuvent ou doivent te faire du tort, de rénover les institutions anciennes par de nouvelles manières, être sévère et agréable, magnanime et libéral, anéantir la milice infidèle, en créer une nouvelle, maintenir en amitié les rois et les princes de sorte qu'ils doivent te faire du bien avec bonne grâce ou te faire du tort avec crainte, il ne peut pas trouver d'exemples plus à propos que les actions de celui-ci.

On peut seulement lui reprocher l'élection du pontife Jules II. En ce cas-là, il fit un mauvais choix ; parce que, comme on l'a dit, ne pouvant pas faire un pape à sa façon, il pouvait tenir à ce qu'un tel ne le devienne pas et ne devait jamais acquiescer à la papauté des cardinaux à qui il avait fait du tort ou qui, y ayant accédé, devaient avoir peur de lui. Parce que les hommes font du tort soit par peur soit par haine. Ceux à qui il avait fait du tort étaient, entre autres, Saint-Pierre-ès-Liens, Colonna, Saint-Georges et Ascagne [49]. Tous les autres, une fois devenus papes, devaient le craindre, excepté Rouen et les Espagnols, ceux-ci par lien de parenté et par obligation, celui-là pour sa puissance, ayant le royaume de France uni à sa personne. Par conséquent, le duc devait avant tout créer pape un Espagnol et, ne le pouvant pas, il devait consentir à ce que ce soit Rouen et non Saint-Pierre-ès-Liens. Celui qui croit que, chez les grands personnages, les avantages nouveaux font oublier les vieux outrages se trompe. Le duc fit donc une erreur en ce choix, et ce fut la cause de sa perte ultime.

L'Italie, vers 1450

VIII

De ceux qui sont parvenus à la principauté par les crimes [50]

Mais parce que de la condition de citoyen privé on devient prince de deux façons encore, qu'on ne peut pas totalement attribuer soit à la fortune soit à la vertu, il ne me paraît pas bon de les laisser de côté, quoiqu'on pût raisonner sur une de ces façons plus en détail où on traiterait des républiques [51]. Ces façons-ci sont ou bien quand on s'élève à la principauté par quelque voie scélérate et exécrable, ou bien quand un citoyen privé devient prince de sa patrie par le soutien des autres citoyens. Pour parler de la première façon, on la montrera au moyen de deux exemples, un ancien, l'autre moderne, sans développer plus longuement au sujet des mérites de cette partie, parce que moi je juge que cela suffit à celui qui serait obligé de les imiter.

Agathocle le Sicilien, étant non seulement d'une fortune privée, mais même d'une fortune infime et abjecte, devint roi de Syracuse. Né d'un potier, il mena une vie scélérate toute sa vie ; néanmoins, il accompagna ses scélératesses de tant de vertu d'esprit et de corps qu'ayant opté pour la milice et étant passé par ses rangs, il parvint à être préteur de Syracuse. Étant établi en ce rang et ayant décidé de devenir prince et de tenir avec violence et sans obligation envers les autres ce qui lui avait été concédé volontiers, après avoir eu intelligence de son dessein avec Amilcar le Carthaginois qui faisait la guerre en Sicile avec ses armées, il réunit un matin le peuple et le sénat de Syracuse, comme si on devait décider des choses pertinentes à la république ; par un signal établi d'avance, il fit tuer, par ses soldats, tous les sénateurs et les hommes les plus riches du peuple ; les ayant mis à mort, il occupa et tint la principauté de cette cité sans aucun trouble civil. Bien que deux fois il ait été défait et même assiégé par les Carthaginois, non seulement il put défendre sa cité, mais ayant laissé une partie de ses hommes pour la défendre contre le siège, il attaqua l'Afrique avec les autres, en peu de temps libéra Syracuse du siège et réduisit Carthage à une nécessité extrême : ils furent obligés de s'accorder avec Agathocle, de se satisfaire de la possession de l'Afrique et de lui abandonner la Sicile.

Donc celui qui considérera ses actions et sa vie verra peu ou rien qu'il puisse attribuer à la fortune, vu que, comme il est dit plus haut, il parvint à la principauté non par le soutien de quelqu'un, mais en passant par les échelons de la milice qu'il avait gravis aux prix de mille embarras et dangers, et vu qu'ensuite, il se maintient face à tant de partis vaillants et dangereux. On ne peut pas encore appeler vertu tuer ses concitoyens, trahir ses amis, être sans foi, sans pitié [52], sans religion ; ces façons peuvent faire acquérir le contrôle [politique], mais non la gloire. Parce que si on considère la vertu d'Agathocle pour entrer et sortir des dangers et la grandeur de son cœur pour supporter et surmonter les adversités, on ne voit pas pourquoi on devrait le juger inférieur à un très excellent capitaine ; néanmoins sa cruauté bestiale et son inhumanité, avec des scélératesses sans nombre, ne permettent pas qu'on le célèbre parmi les hommes très excellents. On ne peut donc pas attribuer à la fortune ou à la vertu ce qui fut obtenu par lui sans l'une ou l'autre.

De notre temps, lorsque Alexandre VI régnait, Oliveretto le Fermain, étant plusieurs années auparavant demeuré sans père, fut élevé par son oncle maternel appelé Jean Fogliani ; en sa prime jeunesse, il fut donné pour faire la guerre sous Paul Vitelli, afin que rempli de cette discipline, il parvienne à un excellent rang militaire. Lorsque plus tard Paul avait été mis à mort, il fit la guerre sous la gouverne de Vitellozzo, son frère, et en très peu de temps, parce qu'il était ingénieux et énergique de personne et de cœur, il devint le premier homme en importance de sa milice. Mais comme il lui paraissait que de se tenir avec les autres était une chose servile, il pensa occuper Fermo, avec le soutien des Vitelli et l'aide de quelques citoyens de Fermo, à qui la servitude de la patrie était plus chère que la liberté. Il écrivit à Jean Fogliani qu'ayant été hors de la maison plusieurs années, il voulait venir le visiter, voir sa cité et, en quelque sorte, reconnaître son patrimoine ; parce qu'il n'avait peiné que pour acquérir de l'honneur, il voulait venir honorablement et accompagné de cent cavaliers parmi ses amis et serviteurs, afin que les citoyens reconnaissent qu'il n'avait pas gaspillé son temps ; il le priait de bien vouloir s'organiser pour qu'il soit reçu de manière honorable par les Fermains, ce qui non seulement ferait honneur à Oliveretto mais aussi à Jean, puisqu'il était son élève. Par conséquent, Jean ne manqua à aucune complaisance due à son neveu. Ayant été reçu de manière honorable par les Fermains, Oliveretto logea en sa maison ; après quelques jours où il organisa secrètement ce qui était nécessaire à sa future scélératesse, il invita chez lui Jean Fogliani et tous les premiers hommes de Fermo. Lorsqu'on eut consommé les mets et qu'eurent lieu tous les autres divertissements qu'on offre dans de semblables banquets, Oliveretto agita par ruse certaines questions graves, parlant de la grandeur du pape Alexandre et de César, son fils, et de leurs entreprises. Comme Jean et les autres y répondaient, il se dressa d'un trait en disant que c'était un sujet dont il vaudrait mieux parler dans un lieu plus secret et il se retira dans une chambre, où Jean et les autres citoyens le suivirent. Ils ne furent pas plus tôt assis que des lieux secrets de cette chambre sortirent des soldats, qui tuèrent Jean et les autres.

Après cet homicide, Oliveretto monta à cheval, courut la terre [53] et assiégea le magistrat suprême au palais, si bien que par peur ils furent contraints de lui obéir et d'instituer un gouvernement dont il se fit prince. Ayant mis à mort tous ceux qui, parce que mécontents, pouvaient lui nuire, il se fortifia par des institutions civiles et militaires nouvelles de sorte que, durant l'année où il tint la principauté, non seulement il était en sûreté dans la cité de Fermo, mais était devenu une source de crainte pour tous ses voisins. Le prendre d'assaut aurait été aussi difficile que dans le cas d'Agathocle, s'il ne s'était laissé tromper par César Borgia, lorsqu'à Senigallia, comme on a dit plus haut [54], celui-ci prit les Orsini et les Vitelli ; là, étant pris lui aussi avec Vitellozzo, qu'il avait eu comme maître de ses vertus et des ses scélératesses, un an après avoir commis son parricide, il fut étranglé.

Quelqu'un pourrait se demander comment il se fait qu'Agathocle, ou quelqu'un de semblable, après des trahisons et des cruautés sans nombre, put longuement vivre en sûreté dans sa patrie et se défendre contre les ennemis extérieurs, sans que les *examen*

citoyens ne conspirent contre lui, alors que beaucoup d'autres, même dans des temps pacifiques, encore moins dans d'incertains temps de guerre, n'ont pu maintenir leur État au moyen de la cruauté. Je crois que ceci vient des cruautés bien ou mal utilisées. Si du mal il est permis de dire du bien, sont des cruautés bien utilisées celles qui se font d'un trait, par nécessité de s'assurer soi-même, où on ne persiste pas, mais qu'on convertit en le plus de profit possible pour ses sujets. Sont mal utilisées celles qui, encore qu'elles soient peu nombreuses au début, croissent avec le temps plutôt que de s'éteindre. Ceux qui observent la première façon peuvent, auprès de Dieu et des hommes, obtenir quelque remède pour leur État, comme en eut Agathocle ; les autres, il est impossible qu'ils se maintiennent.

À la suite de quoi, on doit noter que pour prendre un État, son occupant doit examiner tous les torts qu'il lui est nécessaire de faire et les exécuter tous d'un trait, pour ne pas avoir à les répéter chaque jour et afin de pouvoir rassurer ainsi les hommes en ne les renouvelant pas et se les gagner en leur faisant du bien. Celui qui agit autrement, soit par timidité soit par mauvais conseil, est obligé de tenir toujours son couteau à la main ; il ne peut jamais se fonder sur ses sujets, parce qu'ils ne peuvent jamais être sûrs de lui à cause de ses outrages frais et continuels [à leur endroit]. Parce que les outrages doivent se faire tous ensemble, afin qu'en les goûtant moins ils fassent moins de tort ; les avantages doivent être offerts peu à peu, afin qu'ils se goûtent mieux. Et surtout, un prince doit vivre avec ses sujets de sorte qu'aucun accident en mal ou en bien ne doive le faire changer ; parce que, lorsque les nécessités viennent dans les temps adverses, tu manques de temps pour faire du mal [à ceux qui désobéissent], et le bien que tu fais ne t'est pas utile parce qu'il est jugé avoir été forcé, et on ne t'en sait aucun gré.

2 humeurs = grand + peuple

IX

De la principauté civile [55]

Mais pour en venir à l'autre partie, lorsqu'un citoyen privé devient prince de sa patrie, non par une scélératesse ou par une autre violence intolérable, mais par le soutien des autres citoyens – ce qui peut s'appeler une principauté civile, et pour y parvenir il n'est pas nécessaire d'avoir soit la seule vertu soit la seule fortune, mais plutôt une astuce fortunée –, je dis qu'on accède à cette principauté soit avec le soutien du peuple soit avec celui des grands. Parce qu'en toute cité on trouve ces deux humeurs différentes, d'où il se fait que le peuple désire ne pas être commandé ni opprimé par les grands, alors que les grands désirent commander et opprimer le peuple ; et de ces deux appétits différents naît, dans les cités, un des trois effets suivants : la principauté, la liberté ou la licence.

La principauté est causée soit par le peuple soit par les grands, selon que l'un ou l'autre de ces partis en a l'occasion. Parce que les grands, voyant qu'ils ne peuvent pas résister au peuple, commencent à transférer leur réputation à l'un d'eux : ils le font prince pour pouvoir, sous son ombre, donner libre cours à leur appétit. Le peuple aussi, reconnaissant qu'il ne peut résister aux grands, donne réputation à quelqu'un : il le fait prince pour être défendu sous son autorité.

Celui qui vient à la principauté avec l'aide des grands se maintient plus difficilement que celui qui le devient avec l'aide du peuple ; parce qu'il se trouve prince avec beaucoup d'hommes autour de lui qui lui paraissent ses égaux ; pour cette raison, il ne peut ni les commander ni les manier à sa façon. Mais celui qui arrive à la principauté par le soutien populaire s'y trouve isolé ; il n'a autour de lui ou bien personne ou bien très peu d'hommes qui ne soient prêts à lui obéir. En plus de cela, on ne peut pas satisfaire les grands avec honnêteté et sans outrages pour les autres, mais on le peut bien lorsqu'il s'agit de satisfaire le peuple ; parce que la fin du peuple est une fin plus honnête que celle des grands, puisque ceux-ci veulent opprimer et celui-là ne pas être opprimé. De plus, un prince ne peut jamais s'assurer contre le peuple devenu son ennemi, parce qu'ils sont trop nombreux ; il peut s'assurer contre les grands, car ils sont en petit nombre. Le pire auquel puisse s'attendre un prince de la part du peuple devenu son ennemi est d'être abandonné de lui ; de la part des grands devenus ennemis, il doit craindre non seulement d'être abandonné, mais même qu'ils l'attaquent, parce que, comme il y a chez eux plus de vision et d'astuce, ils se gardent toujours du temps pour se mettre à l'abri et cherchent un poste auprès de quelqu'un qui puisse le vaincre. Aussi le prince est toujours obligé de vivre avec le même peuple ; mais il peut bien diriger sans les mêmes grands, pouvant en faire et en détruire chaque jour, et leur enlever et leur donner une réputation à son gré.

Et pour mieux éclairer ceci, je dis qu'on doit considérer les grands, principalement, de deux façons : ou ils se gouvernent de sorte que, par leur manière de procéder, ils s'obligent en tout vis-à-vis de ta fortune, ou ils ne le font pas. Ceux qui s'y obligent et qui ne sont pas rapaces, on doit les honorer et les aimer ; ceux qui ne s'y obligent pas, on doit les examiner de deux façons. Ou ils font ceci par pusillanimité et défaut de cœur naturel : alors tu dois te servir d'eux, surtout de ceux qui sont de bon conseil, parce que dans la prospérité ils te font honneur et dans l'adversité tu n'as rien à craindre d'eux. Mais lorsqu'ils ne s'y obligent pas par ruse et en raison de leur ambition, c'est signe qu'ils pensent plus à eux qu'à toi ; le prince doit se garder d'eux et les craindre comme s'ils étaient des ennemis découverts, parce que dans l'adversité ils aideront toujours à le perdre.

Par conséquent, quelqu'un qui devient prince par le soutien du peuple doit se le maintenir ami, ce qui lui sera facile, puisque le peuple ne lui demande rien si ce n'est de ne pas être opprimé. Mais quelqu'un qui devient prince contre le peuple par le soutien des grands doit avant toute autre chose chercher à se gagner le peuple, ce qui lui sera facile, quand il prend en charge sa protection. Comme les hommes, quand ils obtiennent du bien de qui ils croyaient recevoir du mal, s'obligent vis-à-vis de leur bienfaiteur encore plus qu'autrement, le peuple devient tout de suite plus bienveillant envers lui que s'il avait été conduit à la principauté par son soutien. Le prince peut se le gagner de beaucoup de façons ; parce qu'elles varient selon le sujet, on ne peut en donner un règle certaine ; c'est pourquoi on les laissera de côté. Je concluerai seulement qu'il est nécessaire à un prince d'avoir comme ami le peuple : autrement, il n'a pas de remède dans l'adversité. Nabis, prince des Spartiates, soutint le siège de toute la Grèce et d'une armée romaine très victorieuse et en défendit sa patrie et son État ; il lui suffit seulement, lorsque le danger survenait, de s'assurer de peu d'hommes, alors que s'il avait eu comme ennemi le peuple, cela lui aurait été insuffisant.

Et qu'il n'y ait personne qui s'oppose à mon opinion avec ce proverbe banal : *qui se fonde sur le peuple se fonde sur la fange* ; parce que cela est vrai lorsqu'un citoyen privé se fonde sur le peuple et se permet de penser qu'on le libérera s'il est opprimé par ses ennemis ou les magistrats ; en ce cas, il pourrait souvent se trouver trompé, comme pour les Gracques à Rome et messire Georges Scali à Florence. Mais quand c'est un prince qui se fonde sur le peuple, quelqu'un qui puisse commander, qui soit homme courageux, ne s'effraie pas dans l'adversité et s'occupe des autres dispositions, et qui tienne la communauté inspirée par son esprit et ses institutions, il ne se trouvera jamais trompé par le peuple ; il lui paraîtra qu'il a bien posé ses fondements.

D'habitude, ces principautés périclitent quand elles sont sur le point de s'élever de l'institution civile à l'institution absolue. Parce que ces princes ou bien commandent par eux-mêmes ou bien par des magistrats ; dans le dernier cas, ils sont plus faibles et plus menacés, parce qu'ils s'appuient totalement sur la volonté de ces citoyens qui sont chargés des magistratures et qui peuvent lui soustraire l'État avec grande facilité, surtout dans les temps adverses, soit en allant contre lui, soit en ne lui obéissant pas. Et le prince n'a pas le loisir, dans les dangers, de prendre l'autorité absolue, parce que les citoyens et les sujets, qui d'habitude reçoivent leurs commandements des magistrats, ne sont pas prêts à obéir aux siens en ces circonstances ; il aura toujours dans les temps douteux une pénurie d'hommes en qui il puisse se fier. Car un prince de ce genre ne peut pas se fonder sur ce qu'il voit dans les temps calmes et alors que les citoyens ont besoin de l'État ; parce qu'alors tout un chacun accourt, tout un chacun promet, et chacun veut mourir pour lui quand la mort est loin ; mais dans les temps adverses, quand l'État a besoin des citoyens, alors on en trouve peu. Cette expérience est d'autant plus dangereuse qu'on ne peut la faire qu'une fois. C'est pourquoi un prince sage doit penser à une façon par laquelle ses citoyens auront besoin et de l'État et de lui continuellement et en toutes sortes de circonstances; ensuite, ils lui seront toujours fidèles.

X

Comment mesurer les forces de toutes les principautés

Il faut faire une autre considération pour examiner les qualités de ces principautés : c'est-à-dire si un prince a un État suffisamment grand pour pouvoir se soutenir par lui-même ou bien s'il a toujours besoin de la défense des autres. Pour mieux clarifier ceci, je dis que moi je juge que réussissent à se soutenir par leurs propres moyens ceux qui peuvent, par abondance d'hommes ou d'argent, rassembler une armée juste, et faire une journée avec [56] quiconque vient l'attaquer ; et semblablement je juge qu'ont toujours besoin des autres ceux qui ne peuvent pas aller au-devant de l'ennemi, mais sont obligés de se réfugier à l'intérieur des murs et de les garder.

On a examiné le premier cas, et à l'avenir nous dirons ce qui nous viendra à l'esprit à son sujet. Dans le second cas, ce qu'on peut dire est d'encourager de tels princes à fortifier leur propre terre, à la munir [de moyens de défense] et à ne tenir aucun compte du territoire environnant. Quiconque aura bien fortifié sa terre et, quant aux autres façons de gouverner ses sujets, se sera comporté comme il est dit plus haut et comme on dira plus bas, sera toujours attaqué avec grande crainte ; parce que les hommes sont toujours ennemis d'entreprises où se rencontrent des difficultés, et on ne peut pas trouver de la facilité à attaquer quelqu'un qui a un territoire fortement défendu et qui n'est pas haï par le peuple.

Les cités d'Allemagne [57] sont très libres ; leur voisinage est de faible étendue, elles obéissent à l'empereur quand elles le veulent et ne craignent ni lui ni aucun autre puissant qu'elles ont autour d'elles ; parce qu'elles sont fortifiées de telle manière que chacun pense que leur prise d'assaut doive être ennuyeuse et difficile. De plus, elles ont toutes des fossés et des murs convenables, de l'artillerie en suffisance, tenant toujours dans les magasins publics de quoi boire, manger et brûler pour un an ; en outre, afin de pouvoir nourrir la populace sans perte pour le trésor public, elles ont toujours de quoi pouvoir leur donner à travailler pour un an en ces métiers qui sont le nerf et la vie de la cité et en ces industries dont vit la populace. Elles tiennent encore en honneur les exercices militaires et, de plus, ont un grand nombre d'institutions pour les conserver. Donc un prince qui a une cité forte et qui ne se fait pas haïr ne peut pas être attaqué ; et si jamais il y avait quelqu'un qui l'attaquât, il s'en irait dans la honte ; parce que les choses du monde sont si changeantes qu'il est presque impossible que quelqu'un puisse se tenir inactif un an entier à l'assiéger avec ses armées.

Et à celui qui répliquerait : « Si le peuple a ses possessions dehors et qu'ils les voit brûler, il ne prendra pas patience ; le long siège et son amour de soi lui fera oublier le prince », je réponds qu'un prince puissant et vaillant surmontera toujours toutes ces difficultés, en donnant parfois à ses sujets l'espoir que le mal ne sera pas long, parfois la crainte de la cruauté de l'ennemi, ou en s'assurant avec adresse contre ceux qui lui paraîtraient trop hardis. En plus de cela, l'ennemi, raisonnablement, doit brûler et ruiner le pays à son arrivée et au moment où les cœurs des hommes sont encore chauds et pleins de bonne volonté pour la défense ; c'est pourquoi le prince doit craindre d'autant moins, car après quelques jours, lorsque les cœurs se sont refroidis, les dommages sont déjà faits, les maux sont déjà reçus et il n'y a plus de remède ; c'est alors qu'ils viennent à s'unir à leur prince, d'autant plus qu'il leur paraît qu'il a une obligation envers eux, leurs maisons ayant été brûlées et leurs possessions détruites pour sa défense. La nature des hommes est de se sentir des obligations tant pour les avantages qu'ils offrent que pour ceux qu'ils reçoivent. C'est pourquoi, après mûre réflexion, il ne sera pas difficile à un prince prudent, lors d'un siège, de tenir fermes les esprits de ses citoyens du début jusqu'à la fin, quand il ne manque pas de quoi vivre et se défendre.

XI

Des principautés ecclésiastiques [58]

À présent, il nous reste seulement à raisonner sur les principautés ecclésiastiques. Pour elles, toutes les difficultés viennent avant qu'on les possède, parce qu'elles s'acquièrent soit par vertu soit par fortune et se maintiennent sans l'une ni l'autre : elles sont soutenues par les institutions religieuses de vieille date, qui ont été tellement puissantes et de si grande qualité qu'elles tiennent leurs princes en leur État, de quelque façon qu'ils procèdent et qu'ils vivent. Seuls ils ont des États et ne les défendent pas, des sujets et ne les gouvernent pas ; et les États, quoiqu'ils soient sans défense, ne leur sont pas enlevés et les sujets, quoiqu'ils ne soient pas gouvernés, ne s'en soucient pas et ne pensent ni ne peuvent se dérober à eux. Donc ces principautés seulement sont sûres et heureuses. Mais comme elles sont soutenues par des causes supérieures que l'esprit humain ne peut pas atteindre, j'abandonnerai la tentative d'en parler ; car comme elles sont élevées et maintenues par Dieu, ce serait le fait d'un homme présomptueux et téméraire de les examiner.

Néanmoins si quelqu'un me demandait d'où il vient que l'Église soit arrivée à tant de grandeur dans le temporel, car avant Alexandre les potentats italiens – et non seulement ceux qui s'appelaient des potentats, mais chaque baron et seigneur, même très petit – l'estimaient peu quant au temporel, et maintenant un roi de France en tremble, et elle a pu l'arracher de l'Italie et ruiner les Vénitiens [59]. Même si c'est un fait reconnu, il ne me semble pas superflu de le remettre en bonne partie en mémoire [60].

Avant que Charles, roi de France, ne passe en Italie, cette province était sous le contrôle du pape, des Vénitiens, du roi de Naples, du duc de Milan et des Florentins. Ces potentats devaient se méfier de deux choses surtout : l'une, qu'un étranger n'entre en Italie avec des armes, l'autre qu'aucun d'eux n'agrandisse son État. Ceux dont on se faisait le plus de souci étaient le pape et les Vénitiens. Pour retenir les Vénitiens, il fallait l'union de tous les autres, comme il se passa lors de la défense de Ferrare [61] ; pour contenir le pape, on se servait des barons de Rome: comme ils étaient divisés en deux factions, les Orsini et les Colonna, il y avait toujours une cause de scandale entre eux ; se tenant les armes à la main sous les yeux du pontife, ils réduisaient le pontificat à la faiblesse et l'impotence. Bien qu'il se présentait quelquefois un pape qui ait du cœur, comme Sixte, cependant ni la fortune ni le savoir ne put jamais les libérer de ces troubles. La brièveté de leur vie en était la cause ; parce qu'en dix ans que vivait, régulièrement, un pape, c'est à peine s'il pouvait abaisser une des factions : si, par exemple, un premier avait presque anéanti les Colonna, il s'en présentait un autre, ennemi des Orsini, qui les faisait renaître, mais il n'avait pas le temps d'anéantir ces Orsini. Ceci faisait que les forces temporelles du pape étaient peu estimées en Italie.

Ensuite [62] se présenta Alexandre VI qui, de tous les pontifes qui ont jamais été, montra combien un pape pouvait se faire valoir par l'argent et par la force ; c'est par l'instrument du duc Valentinois et à l'occasion du passage des Français qu'il fit tout ce que moi j'ai examiné plus haut en parlant des actions du duc [63] ; bien que son intention ne fût pas d'étendre le pouvoir de l'Église, mais celui du duc, néanmoins ce qu'il fit tourna à la grandeur de l'Église, qui, comme le duc était anéanti, fut héritière du fruit de ses travaux, après sa mort.

Vint ensuite le pape Jules II. Il trouva l'Église grande, puisqu'elle avait toute la Romagne, que les barons de Rome avaient été anéantis et que ces factions avaient été annihilées par les châtiments d'Alexandre ; il trouva aussi la voie ouverte à la façon d'accumuler de l'argent, qui n'avait jamais été utilisée plus que par Alexandre [64]. Jules non seulement suivit cette voie, mais il accrut [l'usage de ce procédé] ; il pensa acquérir Bologne pour lui-même, anéantir les Vénitiens et chasser les Français d'Italie ; toutes ces entreprises lui réussirent, et avec d'autant plus de louange pour lui qu'il fit tout pour accroître le pouvoir de l'Église et non quelque citoyen privé. Il maintint encore les partis des Orsini et des Colonna en la situation où il les trouva ; bien qu'il y eût parmi eux quelques chefs capables d'altérer la situation, cependant deux choses les ont tenus fermes : l'une, la grandeur de l'Église, qui les effraie, l'autre, le fait de ne pas avoir leurs cardinaux, qui sont à l'origine des désordres entre eux. Ces partis ne se tiendront jamais tranquilles, chaque fois qu'ils auront des cardinaux, parce que ceux-ci maintiennent les partis à Rome et en dehors, et les barons sont forcés de les défendre ; ainsi c'est de l'ambition des prélats que naissent les discordes et les désordres entre les barons.

Sa Sainteté le pape Léon X a donc trouvé le pontificat très puissant : si ceux-là étendirent son pouvoir au moyen des armes, celui-ci, on espère, le fera très grand et vénéré, par sa bonté et ses autres vertus sans nombre.

XII

Combien il y a de genres de milices, et des soldats mercenaires [65]

Comme j'ai examiné en particulier toutes les sortes de principautés dont je m'étais proposé de raisonner au début [66], considéré en partie les causes de leur bien-être ou de leur malheur et montré les façons dont beaucoup ont cherché à les acquérir et tenir, il me reste maintenant à examiner en général l'attaque et la défense de chacune des principautés sus-nommées.

Nous, nous avons dit plus haut qu'il est nécessaire à un prince d'avoir de bons fondements ; autrement il faut nécessairement qu'il se perde. Les principaux fondements qu'ont tous les États, tant nouveaux que vieux ou mixtes, sont les bonnes lois et les bonnes armes ; parce qu'il ne peut y avoir de bonnes lois où il n'y a pas de bonnes armes et que là où il y a de bonnes armes il faut qu'il y ait de bonnes lois, moi je ne m'occuperai pas de raisonner sur les lois et je parlerai des armes.

Je dis donc que les armes dont un prince défend son État sont soit des armes propres, soit des armes mercenaires ou auxiliaires ou mixtes. Les armes mercenaires et auxiliaires sont inutiles et dangereuses. Si quelqu'un tient son État fondé sur les armes mercenaires, il ne sera jamais ferme ni sûr ; parce qu'elles sont désunies, ambitieuses, sans discipline, infidèles ; vaillantes parmi les amis, lâches parmi les ennemis ; sans crainte de Dieu, ni foi envers les hommes ; la ruine se diffère pour autant que l'attaque se diffère ; en temps de paix tu es dépouillé par elles et en temps de guerre par tes ennemis.

La raison en est qu'elles n'ont d'autre amour ni d'autre cause qui les tienne dans le camp qu'un peu de salaire ; ce qui n'est pas suffisant pour faire qu'elles veuillent mourir pour toi. Ils veulent bien être tes soldats pendant que tu ne fais pas la guerre ; mais que la guerre survienne, ils n'ont d'autre désir que de s'enfuir ou de s'en aller.

Je devrais avoir peu de peine à [t']en persuader parce qu'en ce moment la ruine de l'Italie n'est causée par rien d'autre que de s'être reposée sur les armes mercenaires pendant plusieurs années. Elles procurèrent autrefois quelques services à certains, et elles paraissaient vaillantes entre elles ; mais lorsque l'étranger vint, elles se montrèrent telles qu'elles étaient ; à la suite de quoi, il fut permis à Charles, roi de France, de prendre l'Italie avec de la craie [67]. Et celui [68] qui disait que nos péchés en étaient la cause disait vrai, mais ce n'était certes pas ceux qu'il croyait, mais ceux que moi j'ai racontés. Parce que c'étaient péchés de princes, c'est encore eux qui en ont souffert la peine.

Moi je veux mieux démontrer le malheur de ces armes. Ou bien les capitaines mercenaires sont des hommes d'armes excellents, ou bien ils ne le sont pas. S'ils le sont, tu ne peux pas t'y fier parce qu'ils aspireront toujours à leur propre grandeur, en t'opprimant toi qui es leur maître, ou en opprimant d'autres au-delà de ton intention ; mais si le capitaine n'est pas vertueux, il te perdra de la manière ordinaire.

Et si on me répondait que quiconque, mercenaire ou non, aura en main les armes fera de même, je répliquerais que les armes doivent être dirigées soit par un prince soit par une république. Le prince doit aller au combat en personne et faire lui-même office de capitaine ; la république doit envoyer de ses citoyens : lorsqu'elle en envoie un qui ne se montre pas un homme valeureux, elle doit le changer ; quand il l'est, elle doit le retenir au moyen des lois afin qu'il ne dépasse pas la limite. Par expérience on voit les princes seuls et les républiques armées faire de très grands progrès, et les armes mercenaires ne jamais rien faire si ce n'est du dommage ; et une république armée de ses armes propres en vient plus difficilement à tomber sous le joug d'un de ses citoyens qu'une république soutenue par des armes extérieures.

Rome et Sparte se tinrent armées et libres un grand nombre de siècles. Les Suisses [69] sont très armés et très libres. Parmi les armes mercenaires anciennes, il y a, par exemple, les Carthaginois [70] : ils furent sur le point d'être opprimés par leurs soldats mercenaires, lorsque la première guerre contre les Romains fut achevée, même s'ils avaient pour chefs de leurs armées leurs propres citoyens. Philippe de Macédoine, après la mort d'Épaminondas, fut fait, par les Thébains, capitaine de leurs troupes ; et après la victoire, il leur enleva la liberté. Le duc Philippe étant mis à mort, les Milanais eurent François Sforza à leur solde contre les Vénitiens ; lorsque les ennemis furent défaits à Caravage, il se joignit à eux pour opprimer les Milanais, ses maîtres. Sforza son père, étant à la solde de la reine Jeanne de Naples, d'un trait la laissa désarmée ; c'est pourquoi elle fut contrainte de se jeter dans les bras du roi d'Aragon pour ne pas perdre son royaume.

Si par le passé, les Vénitiens et les Florentins ont accru leur empire au moyen de ces armes et que leurs capitaines ne s'en sont pas faits princes, mais les ont défendus, je réponds qu'en ce cas les Florentins ont été favorisés du sort, parce que parmi les capitaines vertueux qu'ils pouvaient craindre, quelques-uns n'ont pas vaincu, certains ont connu de l'opposition, d'autres ont tourné leur ambition ailleurs. Celui qui ne vainquit pas fut John Hawkwood, dont on n'avait pu éprouver la foi, puisqu'il ne triompha pas ; mais tout un chacun confessera que, s'il avait vaincu, les Florentins étaient à sa discrétion. Sforza eut toujours les Bracceschi contre lui, de telle sorte qu'ils se garantirent l'un l'autre. François tourna son ambition vers la Lombardie, Braccio contre l'Église et le royaume de Naples. Mais venons-en à ce qui a eu lieu il y a peu de temps. De Paul Vitelli, un homme très prudent et qui, après avoir été un citoyen de fortune privée, avait acquis une grande réputation, les Florentins firent leur capitaine. Il n'y aura personne qui niera que, si celui-ci prenait Pise d'assaut, il fallait que les Florentins s'en remettent à lui ; parce que s'il s'était mis à la solde de leurs ennemis, ils n'avaient pas de remède ; et s'ils l'avaient eu avec eux, ils eussent dû lui obéir.

Si on considère leur histoire, on verra que les Vénitiens avaient combattu en toute sécurité et glorieusement pendant qu'ils firent eux-mêmes la guerre. Cela se passa avant qu'ils ne détournent leurs entreprises vers la terre ferme, et alors qu'ils guerroyaient très vertueusement avec des gentilshommes et une populace armée. Mais lorsqu'ils commencèrent à combattre sur terre, ils abandonnèrent cette vertu et suivirent les coutumes des guerres d'Italie. Au début de leur accroissement sur terre, parce qu'ils n'y possédaient pas beaucoup d'États et qu'ils s'étaient acquis une grande réputation, ils n'avaient pas beaucoup à craindre de leurs capitaines ; mais lorsqu'ils s'étendirent, ce qui fut fait sous le Carmagnole, ils eurent un avant-goût de leur erreur. Car le voyant très vertueux lorsqu'ils avaient battu sous son gouvernement le duc de Milan et connaissant, d'autre part, comme il s'était refroidi durant la guerre, ils jugèrent ne plus pouvoir vaincre avec lui, parce qu'il ne le voulait pas, et ne pas pouvoir le licencier de peur de reperdre ce qu'ils avaient acquis ; c'est pourquoi ils furent obligés de le tuer pour s'en assurer. Ensuite ils ont eu pour capitaines Barthélémy de Bergamo, Robert de Saint-Séverin, le comte de Pitigliano et d'autres condottieres semblables ; avec eux ils devaient craindre de perdre et non pas de gagner, comme il arriva ensuite à Vailà [71], où ils perdirent en une journée ce qu'ils avaient acquis en huit cents ans avec tant de peine. Ces armes [vous] valent seulement des acquisitions tardives, lentes et faibles et des pertes rapides et miraculeuses.

Et parce qu'avec ces exemples, moi je suis arrivé en Italie, qui a été gouvernée pendant beaucoup d'années par les armes mercenaires, je veux les examiner de plus haut afin qu'ayant vu leur origine et leur histoire, on puisse mieux les corriger. Vous devez donc comprendre qu'aussitôt que l'Empire commença à être chassé hors de l'Italie en ces derniers temps et que le pape y acquit plus de réputation dans le domaine temporel, on divisa l'Italie en plusieurs États ; beaucoup de grosses cités prirent les armes contre leurs nobles, lesquels, d'abord favorisés par l'empereur, les tenaient opprimés ; et l'Église les appuyait pour jouir d'une réputation dans le domaine temporel ; en beaucoup d'autres cités, les citoyens devinrent princes. À la suite de quoi, comme l'Italie se trouvait presque dans les mains de l'Église et de quelques républiques et que ces prêtres et ces citoyens n'étaient pas habitués à tenir les armes, ils commencèrent à avoir des étrangers à leur solde [72]. Le premier qui donna une réputation à cette milice fut Albéric da Conio, un romagnol. De son école sortit, entre autres, Braccio et Sforza, qui en leur temps furent arbitres de l'Italie. Après ceux-ci vinrent tous les autres qui jusqu'à notre temps ont gouverné ces armes. Et le résultat de leur vertu, c'est que l'Italie a été courue par Charles, pillée par Louis, forcée par Ferdinand et déshonorée par les Suisses.

Leur façon institutionnelle d'agir a été d'abord d'enlever la réputation aux infanteries afin de l'acquérir pour eux-mêmes. Ils firent ceci parce qu'étant sans État et vivant de leur seule ingéniosité, un petit nombre de fantassins ne leur aurait donné aucune réputation, et ils n'auraient pu en nourrir un grand nombre ; c'est pourquoi ils se réduisirent aux cavaliers, lesquels étant en nombre supportable furent nourris et honorés. C'était rendu à un point tel qu'en une armée de vingt mille soldats, on ne trouvait pas deux mille fantassins. En plus de ceci, ils avaient usé de toute leur ingéniosité pour se débarrasser, eux et leurs soldats, de la peine et de la peur en ne se tuant pas dans les mêlées, mais en se prenant prisonniers et sans rançon. Ils n'attaquaient pas les terres de nuit, pas plus que ceux des terres n'attaquaient les tentes [73] ; ils ne faisaient ni palissade ni fossé autour du camp, n'assiégeaient pas en hiver. Et tout ceci était permis par leurs institutions militaires ; ils l'avaient découvert pour éviter, [par ce moyen], comme on a dit, la peine et les dangers : si bien qu'ils ont rendu l'Italie esclave et déshonorée.

XIII

Des soldats auxiliaires, mixtes et propres

Les armes auxiliaires, qui sont d'autres armes inutiles, c'est quand on appelle un puissant qui vient t'aider et te défendre avec ses armes, comme fit dernièrement le pape Jules qui, ayant constaté le mauvais [74] rendement de ses armes mercenaires lors de l'entreprise de Ferrare [75], opta pour les armes auxiliaires : il convint avec Ferdinand, roi d'Espagne, que celui-ci devait l'aider avec ses gens et ses armées. Ces armes peuvent être utiles et bonnes pour elles-mêmes, mais pour celui qui en use, elles sont presque toujours dommageables ; parce que, lorsqu'elles perdent, tu demeures défait et, lorsqu'elles vainquent, tu restes leur prisonnier.

Bien que les histoires anciennes soient pleines de ces exemples, néanmoins, moi, je ne veux pas laisser de côté l'exemple récent du pape Jules II : son intention, de se jeter totalement dans les mains d'un étranger parce qu'il voulait Ferrare, ne pouvait être plus irréfléchie. Mais sa bonne fortune fit naître un troisième résultat, afin qu'il n'ait pas à cueillir les fruits de son mauvais choix : lorsque ses auxiliaires furent défaits à Ravenne et que, à l'encontre de ses prévisions et de celles des autres, se présentèrent les Suisses qui chassèrent les vainqueurs, il se trouva qu'il ne demeura pas prisonnier de ses ennemis, puisqu'ils avaient été chassés, ni de ses auxiliaires, car il avait vaincu par d'autres armes que les leurs [76]. Les Florentins, étant totalement désarmés, conduisirent dix mille Français à Pise pour la prendre d'assaut ; à cause de cette décision, ils s'exposèrent au danger plus qu'en tout autre temps de leurs opérations [de guerre] [77]. L'empereur de Constantinople, pour résister à ses voisins, mit dix mille Turcs en Grèce qui, la guerre finie, ne voulurent pas s'en aller; et ce fut le début de l'assujettissement de la Grèce par les infidèles [78].

Donc, celui qui ne désire aucune possibilité de vaincre, qu'il se serve de ces armes, parce qu'elles sont beaucoup plus dangereuses que les armes mercenaires. Parce qu'avec celles-là la ruine est déjà toute faite : elles sont toutes unies, toutes habituées à n'obéir qu'aux autres ; mais les armes mercenaires, qui ne forment pas un seul corps et que tu as choisies et payées toi-même, lorsqu'elles ont vaincu, il leur faut plus de temps et une occasion plus propice pour te faire du tort ; auprès d'elles, un tiers que tu fais chef ne peut prendre tout de suite assez d'autorité pour pouvoir te faire du tort. En somme, avec les armes mercenaires, la paresse représente le plus grand danger ; avec les armes auxiliaires, c'est la vertu.

Par conséquent, un prince sage a toujours évité ces armes et a opté pour les armes propres ; il a voulu plutôt perdre avec les siennes que vaincre avec celles des autres, jugeant ne pas être une victoire véritable celle qui se remportait avec les armes d'autrui. Moi, je ne craindrai jamais d'invoquer César Borgia et ses actions. Ce duc entra en Romagne au moyen des armes auxiliaires, y conduisant seulement des soldats français ; avec elles, il prit Imola et Forli. Mais comme ensuite il s'avisa que des armes de ce genre n'étaient pas sûres, il opta pour les armes mercenaires, jugeant qu'il y avait moins de danger avec elles : les Orsini et les Vitelli furent à sa solde ; trouvant ensuite ces armes douteuses, infidèles et dangereuses à manœuvrer, il les anéantit et opta pour les armes propres. Et on peut voir facilement quelle différence il existe entre l'une et l'autre de ces sortes d'armes, en remarquant quelle différence il y eut entre la réputation du duc au moment où il avait seulement les Français, puis ensuite les Orsini et les Vitelli, et celle qui était sienne alors qu'il demeurait avec ses soldats et ne comptait que sur lui-même : on la trouvera allant s'accroissant. Mais il ne fut jamais suffisamment estimé, si ce n'est quand chacun vit qu'il était l'entier possesseur de ses armes.

Moi je ne voulais pas renoncer aux exemples récents et italiens ; cependant je ne veux pas passer sous silence Hiéron le Syracusain, puisqu'il est un de ceux que j'ai nommés plus haut [79]. Comme moi je l'ai dit alors, celui-ci, élevé au grade de chef des armées par les Syracusains, sut tout de suite que cette milice mercenaire n'était pas utile, du fait qu'elle était composée de condottieres construits sur le modèle des nôtres ; comme il lui semblait qu'il ne pouvait ni les tenir ni les lâcher, il les fit tous tailler en pièces ; ensuite, il fit la guerre avec ses armes et non pas avec celles d'autrui.

Je veux encore remettre en mémoire une figure de l'Ancien Testament faite à ce propos. Comme David s'offrait à Saül pour aller combattre Goliath, provocateur philistin, Saül, pour lui donner du cœur, l'arma de ses armes. Lorsque David les eut revêtues, il les refusa en disant qu'il ne pouvait bien se mouvoir avec ces armes-là ; c'est pourquoi il voulait aller trouver l'ennemi avec sa fronde et son couteau [80]. En fin de compte, les armes des autres te tombent du dos, te pèsent ou te serrent.

Charles VII, père du roi Louis XI, ayant libéré la France des Anglais par sa fortune et sa vertu, comprit la nécessité de s'armer de ses armes propres et rendit en son royaume l'ordonnance des soldats et des infanteries. Ensuite, le roi Louis, son fils, anéantit celle des fantassins et commença à avoir des Suisses à sa solde ; cette erreur, répétée par les autres rois, est, comme on le voit maintenant de fait, la cause des dangers que court ce royaume. Parce qu'ayant donné une réputation aux Suisses, il a avili toutes ses armes : il a tout à fait anéanti les infanteries et soumis ses soldats aux armes des autres ; habitués à faire la guerre avec les Suisses, il ne leur paraît pas pouvoir vaincre sans eux ; c'est pourquoi les Français ne suffisent pas contre les Suisses et, sans les Suisses, ne s'essaient pas contre les autres. Les armées des Français ont donc été mixtes, en partie mercenaires, en partie propres ; ces armes, tout ensemble, sont bien meilleures que les armes auxiliaires simples ou les armes mercenaires simples et très inférieures aux armes propres. Et que le dit exemple suffise : le royaume de France serait imprenable si l'institution de Charles était renforcée ou préservée. Mais comme moi j'ai dit plus haut au sujet des fièvres phtisiques [81], la petite prudence des hommes leur fait goûter à quelque chose qui au début leur semble bon et ne laisse pas soupçonner son venin caché.

Par conséquent, celui qui dans une principauté ne connaît pas les maux lorsqu'ils naissent n'est pas vraiment sage ; mais cela n'est donné qu'à peu de princes. Et si on considérait la première cause de la ruine de l'Empire romain, on trouverait qu'il n'y a eu que le seul fait de commencer à avoir les Goths à solde :

à partir de ce moment, ils commencèrent à énerver les forces de l'Empire romain ; et toute la vertu perdue par les Romains allait grossir celle des Goths.

Je conclus, donc, qu'aucune principauté n'est sûre sans avoir des armes propres ; au contraire, elle est totalement soumise à la fortune, n'ayant pas de vertu qui la défende avec foi dans l'adversité. Et ce fut toujours une opinion et une sentence des hommes sages qu'il n'y a rien d'aussi faible ni d'aussi instable qu'une réputation de puissance qui n'est pas soutenue par une force propre [82]. Les armes propres sont celles qui sont composées de sujets, de citoyens ou de tes créatures ; toutes les autres sont ou bien mercenaires ou bien auxiliaires. La façon d'établir les armes propres sera facile à trouver, si on examine les institutions des quatre que j'ai nommés plus haut, et si on voit comment Philippe, père d'Alexandre le Grand, et beaucoup de républiques et de princes se sont armés et se sont organisés : à ces institutions, moi, je me remets totalement.

XIV

examen

Ce qui convient au prince en ce qui a trait à la milice [83]

Un prince doit donc n'avoir nul autre objet ni autre pensée, ne prendre pour discipline que l'art de la guerre, ses institutions et son école ; parce que c'est le seul art qu'on attend de celui qui commande : il est de tant de vertu que non seulement il maintient ceux qui sont nés princes, mais aussi, bon nombre de fois, il élève à ce rang les hommes de fortune privée ; au contraire, on voit que lorsque les princes ont attaché plus d'importance aux plaisirs qu'aux armes, ils ont perdu leur État. Négliger cet art est la première cause qui te le fait perdre ; en être le profès devient la cause qui te le fait acquérir.

François Sforza, parce qu'il était armé, devint duc de Milan après avoir été citoyen privé ; ses fils, parce qu'ils avaient fui les embarras des armes, de ducs qu'ils étaient devinrent citoyens privés. Car parmi les autres causes de mal qu'il t'apporte, le fait d'être désarmé te rend méprisable, ce qui est une de ces hontes [84] dont le prince doit se garder, comme on dira plus bas [85] : entre un homme armé et un homme désarmé, il n'y a aucune mesure ; il n'est pas raisonnable que celui qui est armé obéisse volontiers à celui qui est désarmé, ni que l'homme désarmé soit en sécurité parmi des serviteurs armés, parce que comme il y a du dédain chez l'un et du soupçon chez l'autre, il n'est pas possible qu'ils travaillent bien ensemble. C'est pourquoi, en plus des autres malheurs, comme on a dit, un prince que l'art de la guerre indiffère ne peut être estimé de ses soldats ni se fier à eux.

Par conséquent, il ne doit jamais abstraire sa pensée de l'exercice de la guerre ; il doit plus s'y adonner en temps de paix qu'en temps de guerre, ce qu'il peut faire de deux façons : par les activités et par l'esprit [86]. Quant aux activités, en plus de tenir ses hommes bien organisés et bien exercés, il doit toujours s'adonner à la chasse, moyennant quoi il habituera son corps aux embarras tout en s'imprégnant de la nature des sites : savoir comment se présentent les monts, comment les vallées débouchent, comment s'étendent les plaines, connaître la nature des fleuves et des marais, et y mettre un très grand soin. Ce savoir est utile de deux façons : d'abord on apprend à connaître son pays et on peut ainsi évaluer les meilleures façons de le défendre ; ensuite, par la fréquentation et la connaissance des sites, on est à même de comprendre facilement la configuration de tout autre lieu qu'il sera nécessaire d'examiner pour la première fois. Parce que les coteaux, les vallées, les plaines, les fleuves et les marais qui sont, par exemple, en Toscane, partagent une certaine ressemblance avec ceux des autres provinces, si bien qu'à partir de la connaissance du site d'une province, on peut facilement en venir à la connaissance des autres. Le prince qui n'a pas cette habileté, il lui manque la première partie de ce que veut posséder un capitaine, parce qu'elle enseigne à trouver l'ennemi, installer les cantonnements, conduire les armées, organiser les journées, assiéger les territoires à ton avantage.

Entre autres louanges qui sont adressées à Philopœmen, prince des Achéens, par les écrivains, il y a qu'en temps de paix il ne pensait qu'aux façons de mener la guerre. Quand il était à la campagne avec ses amis, souvent il s'arrêtait et raisonnait avec eux : « Si les ennemis étaient sur cette colline-là et que nous nous trouvions ici avec notre armée, qui de nous aurait l'avantage ? comment pourrait-on aller au-devant d'eux tout en conservant les rangs ? si nous voulions nous retirer, comment devrions-nous faire ? s'ils se retiraient, comment devrions-nous les suivre ? » ; il leur proposait en chemin tous les cas qui peuvent se présenter en une armée ; il écoutait leur opinion, il disait la sienne, la certifiait par des raisons ; de sorte que par ces réflexions continuelles, lorsqu'il guidait ses armées, il ne pouvait jamais naître quelque accident pour lequel il n'eût pas de remède.

Mais quant à l'exercice de l'esprit, le prince doit lire les histoires et considérer en elles les actions des hommes excellents : voir comment ils se sont gouvernés dans les guerres ; examiner les causes de leurs victoires et de leurs pertes, pour pouvoir éviter celles-ci et imiter celles-là ; surtout, faire comme ont fait par le passé plusieurs hommes excellents qui ont choisi d'imiter une personnalité qu'on a louée et glorifiée, gardant toujours devant eux ses gestes et ses actions, comme on dit qu'Alexandre le Grand imitait Achille ; César, Alexandre ; Scipion, Cyrus. Quiconque lira la vie de Cyrus, écrite par Xénophon, reconnaîtra ensuite, dans la lecture de celle de Scipion, combien cette imitation servit à sa gloire et combien Scipion se conforma pour la chasteté, l'affabilité, l'humanité, la générosité à ce que Xénophon a écrit au sujet de Cyrus.

Un prince sage doit se comporter de semblable manière et ne jamais rester inactif en temps de paix ; il doit au contraire [savoir] en tirer du profit par son ingéniosité, pour pouvoir s'en servir dans l'adversité, afin que, quand la fortune changera, elle le trouve prêt à lui résister.

Chap. + théorique du livre [handwritten]

XV

De ce qui apporte la louange ou le blâme aux hommes et surtout aux princes [87]

Il reste maintenant à examiner quelles doivent être les manières et la conduite d'un prince envers ses sujets ou ses amis. Comme moi je sais que beaucoup d'hommes ont écrit là-dessus, je crains d'être tenu pour présomptueux en écrivant moi aussi là-dessus, en me démarquant des institutions des autres surtout pour discuter de cette matière-ci. Mais comme mon intention est d'écrire quelque chose d'utile pour qui le comprendra, il m'a paru plus convenable de suivre la vérité effective de la chose que l'imagination qu'on a d'elle. Beaucoup d'hommes se sont imaginé des républiques et des principautés qu'on n'a jamais vues ni jamais connues existant dans la réalité ; mais une telle distance sépare la façon dont on vit de celle dont on devrait vivre que celui qui met de côté ce qu'on fait pour ce qu'on devrait faire apprend plutôt à se perdre qu'à se préserver ; parce qu'un homme qui veut faire profession d'être tout à fait bon, il faut qu'il se perde parmi tant d'hommes qui ne le sont pas. C'est pourquoi il est nécessaire à un prince qui veut se maintenir d'apprendre à pouvoir n'être pas bon et de se servir ou non de ce savoir selon la nécessité. [*renverse les valeurs* handwritten]

Laissant donc de côté les choses imaginées au sujet d'un prince et examinant celles qui sont vraies, je dis que tous les hommes, quand on en parle, et surtout les princes, parce qu'ils sont placés plus haut, se reconnaissent par quelques-unes de ces qualités qui leur apportent le blâme ou les louanges. C'est-à-dire que l'un sera tenu pour généreux, l'autre pour ladre – j'utilise un terme toscan, car en notre langue [88] *avare* est aussi celui qui désire posséder par rapine, et c'est de *ladre* que nous qualifions celui qui se retient trop d'utiliser son bien – ; un tel paraîtra donneur, tel autre rapace ; un tel cruel, tel autre miséricordieux ; l'un parjure, l'autre fidèle ; l'un efféminé et pusillanime, l'autre féroce et vaillant ; l'un humain, l'autre superbe ; l'un lascif, l'autre chaste ; l'un entier, l'autre astucieux ; l'un dur, l'autre facile ; l'un grave, l'autre léger ; l'un religieux, l'autre incrédule ; et ainsi de suite.

Moi je sais que chacun confessera que ce serait une chose très louable que de toutes les qualités susmentionnées, celles qui sont tenues pour bonnes se trouvent en un prince ; mais parce qu'elles ne se peuvent avoir ni observer entièrement, à cause de la condition humaine qui ne s'y prête pas, il lui est nécessaire d'être assez prudent pour savoir fuir la honte des vices qui lui enlèveraient son État et, s'il est possible, se garder de ceux qui ne le lui ôteraient pas ; mais lorsqu'il ne le peut pas, il peut s'y abandonner avec moins de crainte. Et même, qu'il ne se soucie pas d'encourir la honte de ces vices sans lesquels il pourrait difficilement sauver son État ; parce que s'il considère bien tout, il trouvera quelque chose qui lui semblera vertu, mais qui se révélera être sa ruine s'il en respecte les exigences, et il trouvera autre chose qui semblera vice, mais dont résultera sa sécurité et son bien-être s'il en respecte les exigences.

XVI

De la générosité et de la parcimonie

Donc, en commençant par les premières qualités susnommées, je dis qu'il serait bien d'être tenu pour généreux ; néanmoins, si tu en uses de façon à en acquérir le renom, la générosité te fera du tort ; parce que si on en use vertueusement et comme on doit le faire, elle ne te sera pas reconnue et elle n'écartera pas de toi la honte de son contraire.

C'est pourquoi, pour avoir droit au nom de généreux parmi les hommes, il est nécessaire de ne laisser de côté aucune manière de somptuosité ; si bien que, toujours, un prince ainsi fait gaspillera par des actions semblables toutes ses ressources ; il sera obligé, en dernier ressort, s'il veut se garder le nom de généreux, de surimposer les gens du peuple, d'être intransigeant et de faire tout ce qu'on peut faire pour récupérer de l'argent. Cela commencera à le rendre haïssable à ses sujets et peu estimé de tous, car il deviendra pauvre. Ainsi, à cause de sa générosité, ayant fait du tort à beaucoup et récompensé le petit nombre, il est sensible au premier choc qui survient et périclitera au premier danger ; sachant ceci et voulant s'en retirer, il encourt tout de suite la honte d'être un ladre.

Donc un prince, ne pouvant user, sans dommage pour soi, de la vertu de générosité de façon qu'elle lui soit reconnue, doit, s'il est prudent, ne pas se soucier du nom de ladre : avec le temps, il sera tenu pour toujours plus généreux par les gens du peuple, car on verra qu'en raison de sa parcimonie ses entrées lui suffisent, qu'il peut faire des entreprises sans les surimposer ; si bien qu'il en vient à user de générosité envers tous ceux à qui il n'enlève rien, qui sont sans nombre, et de ladrerie envers tous ceux à qui il ne donne rien, qui sont peu nombreux. De nos jours, nous, nous n'avons pas vu faire de grandes choses si ce n'est par ceux qui ont réputation de ladre ; les autres ont été anéantis. Le pape Jules II, lorsqu'il se fut servi du nom de généreux pour accéder à la papauté, ne pensa pas ensuite à le conserver, pour pouvoir faire la guerre ; le présent roi de France [89] a fait de nombreuses guerres sans établir un impôt extraordinaire seulement parce que sa longue parcimonie a servi aux dépenses superflues ; le présent roi d'Espagne [90], s'il avait été tenu pour généreux, n'aurait pas fait ni réussi autant d'entreprises.

Par conséquent, un prince doit estimer peu dangereux d'encourir le nom de ladre pour ne pas devoir voler ses sujets pour pouvoir se défendre, pour ne pas devenir pauvre et méprisable, pour ne pas être forcé de devenir rapace, parce que c'est un de ces vices qui le font régner. Et si quelqu'un disait : « César parvint à l'empire au moyen de la générosité, et beaucoup d'autres parce qu'ils avaient été et étaient tenus pour généreux sont parvenus à des rangs très élevés », je réponds : « Soit tu es un prince tout fait, soit tu es en voie de l'acquérir : dans le premier cas, cette générosité est dommageable ; dans le second, il est bien nécessaire d'être tenu pour généreux. César, qui voulait parvenir à la principauté de Rome, était de ceux-là ; mais si, après y avoir accédé, il avait survécu et n'avait pas modéré ses dépenses, il aurait perdu le contrôle de l'Empire. » Et si quelqu'un répliquait : « Beaucoup d'hommes qui ont été tenus pour très généreux ont été princes et ont fait de grandes choses avec leurs armées », je te réponds : « Le prince dépense son bien et celui de ses sujets, ou celui des autres. Dans le premier cas, il doit être frugal ; dans l'autre cas, il ne doit laisser de côté aucun aspect de la générosité. » Le prince qui va avec ses armées, qui vit de pillages, de sacs de ville et de rançons, qui se sert du bien des autres, cette générosité lui est nécessaire, car autrement il ne serait pas suivi de ses soldats. Tu peux être un donateur plus large de ce qui n'est pas à toi ou à tes sujets, comme Cyrus, César et Alexandre ; parce que dépenser le bien des autres ne t'enlève pas de réputation, mais t'en ajoute ; c'est seulement dépenser ton bien qui te nuit. Il n'y a rien qui se consomme soi-même autant que la générosité : lorsque tu l'utilises, tu perds la faculté de t'en servir; tu deviens pauvre et méprisable ou, pour fuir la pauvreté, rapace et haïssable. Et parmi toutes les choses dont un prince doit se garder, il y a le fait d'être méprisable et haïssable, et la générosité te conduit à l'un et à l'autre. Par conséquent, il y a plus de sagesse à porter le nom de ladre, qui engendre une honte sans haine, que d'être obligé, parce qu'on désire le nom de généreux, de s'exposer à celui de rapace, qui engendre une honte avec haine.

XVII

De la cruauté et de la pitié, et s'il est mieux d'être aimé plutôt que craint ou bien le contraire

En descendant aux autres qualités précédemment alléguées, je dis que chaque prince doit désirer être tenu pour miséricordieux et non pour cruel ; néanmoins, il doit prendre garde de ne pas mal user de cette pitié.

César Borgia était tenu pour cruel ; néanmoins sa cruauté avait eu pour effet de rétablir la Romagne, de l'unir, de la ramener dans la paix et la foi. Si on considère bien ceci, on verra qu'il a été beaucoup plus miséricordieux que le peuple florentin qui, pour fuir le nom de cruel, laissa détruire Pistoie [91]. Par conséquent, un prince ne doit pas se soucier de la honte de la réputation de cruel pour tenir ses sujets unis dans la foi : en faisant très peu d'exemples, il sera plus miséricordieux que ceux qui, par trop de pitié, laissent dégénérer les dérèglements, d'où naissent des meurtres ou des rapines ; d'habitude, cela fait du tort à une collectivité entière, alors que ces exécutions qui viennent du prince font du tort à un particulier. De tous les princes, il est impossible au prince nouveau de fuir le nom de cruel, parce que les États nouveaux sont pleins de dangers. Et Virgile dit par la bouche de Didon :

« Le dur gouvernement et la nouveauté de mon royaume m'obligent à faire des choses de ce genre
Et à défendre mes frontières par une nombreuse garde posée sur une longue distance [92]. »

Néanmoins, il doit être lent à croire et à agir en cette matière, ne pas se faire peur à lui-même et procéder de façon modérée, avec prudence et humanité, de peur que trop de confiance ne le rende imprudent et trop de défiance ne le rende intolérable.

À ce sujet naît une controverse : s'il est mieux d'être aimé plutôt que d'être craint ou le contraire. On répond qu'il faudrait être l'un et l'autre ; mais parce qu'il est difficile de les assortir, il est beaucoup plus sûr d'être craint que d'être aimé, quand on doit se défaire de l'un des deux. Car on peut dire ceci des hommes en général : ils sont ingrats, inconstants, simulateurs et dissimulateurs, ils veulent fuir les dangers, sont cupides ; pendant que tu leur fais du bien, ils sont tout à toi, ils t'offrent leur sang, leur propriété, leur vie et leurs enfants, comme j'ai dit plus haut [93], quand le besoin n'existe pas ; mais quand il fond sur toi, eux se détournent. Nu et pris au dépourvu, le prince qui s'est fondé uniquement sur leurs paroles se perd ; parce que les amitiés qui s'acquièrent contre paiement plutôt que d'être le fruit d'une grandeur et d'une noblesse d'esprit, s'achètent, mais on ne les possède pas, et elles ne peuvent pas être utilisées dans le besoin.

Les hommes craignent moins de faire du tort à quelqu'un qui se fait aimer qu'à quelqu'un qui se fait craindre ; parce que l'amour est tenu par un lien d'obligation, qui, parce que les hommes sont méchants, est défait à chaque fois que l'intérêt propre rentre en jeu ; mais la crainte est maintenue par une peur de représailles qui ne t'abandonne jamais.

S'il n'acquiert pas l'amour, le prince doit, néanmoins, se faire craindre de façon à fuir la haine ; parce qu'être craint et ne pas être haï peuvent très bien s'assortir ; ce qui arrivera toujours quand on se retient de prendre la propriété de ses citoyens et de ses sujets, et leurs femmes. Quand il lui faudrait pourtant procéder contre la lignée de quelqu'un, il doit le faire seulement en présence d'une justification convenable et d'une cause manifeste. Mais avant tout, il faut se retenir de prendre la propriété des autres : les hommes oublient plus rapidement la mort de leur père que la perte de leur patrimoine. Et par la suite, pour s'approprier le bien d'autrui, les raisons ne manquent jamais, et toujours celui qui commence à vivre de rapine trouve une raison d'occuper le bien des autres ; au contraire, les causes qui justifient de répandre le sang sont plus rares et font défaut plus facilement.

Mais quand le prince est avec ses armées et gouverne une multitude de soldats, alors il est tout à fait nécessaire qu'il ne se soucie pas du nom de cruel ; parce que sans ce nom, on ne tint jamais unie une armée, ni disposée à quelque fait d'armes. On met au nombre des admirables actions d'Annibal le fait qu'ayant une armée très grosse, où se mêlaient des hommes de toutes les nationalités, qu'il a conduite sur les terres d'autrui pour faire la guerre, il ne se présentait jamais aucune dissension ni entre eux ni contre le prince, tant dans la mauvaise que dans la bonne fortune. Cela ne put découler que de son inhumaine cruauté, qui, mise avec ses vertus sans nombre, le fit toujours vénérable et terrible aux yeux de ses soldats ; sans elle, ses autres vertus ne lui auraient pas suffi pour causer cet effet. Les écrivains qui ont peu considéré l'affaire, d'une part, admirent son action et, de l'autre, condamnent sa cause principale.

Qu'il soit vrai que ses autres vertus n'auraient pas suffi, on peut le considérer dans le cas de Scipion, homme très rare non seulement en son temps, mais aussi dans tout le souvenir des choses qui se savent, contre qui ses armées se révoltèrent en Espagne ; la cause n'en fut rien d'autre que sa trop grande pitié, ayant donné à ses soldats plus de licence qu'il n'en fallait pour la discipline militaire. Cela lui fut reproché dans le Sénat par Fabius Maximus, qui l'appela corrupteur de la milice romaine. Les Locriens, ayant été défaits par un légat de Scipion, restèrent invengés, et l'insolence du légat ne fut pas corrigée. Cela découlait de sa nature [trop] facile ; si bien que quelqu'un, voulant l'excuser dans le Sénat, a dit qu'il y avait beaucoup d'hommes qui savaient mieux ne pas faire d'erreurs que de corriger celles des autres. Cette nature aurait avec le temps profané la renommée et la gloire de Scipion, s'il l'avait conservée dans le commandement ; mais, comme il vivait sous le gouvernement du Sénat, sa qualité dommageable non seulement ne se manifesta pas, mais elle servit à sa gloire.

Je conclus donc, en revenant au problème d'être craint et aimé : comme les hommes aiment à leur gré et craignent au gré du prince, un prince sage doit se fonder sur ce qui est sien et non pas sur ce qui est aux autres ; il doit seulement s'ingénier à fuir la haine, comme on a dit.

XVIII

Comment les princes doivent maintenir leur foi

Chacun comprend combien il est louable pour un prince de maintenir sa foi et de vivre dans l'intégrité et non astucieusement ; néanmoins, on voit par expérience que, de nos jours, ont fait de grandes choses les princes qui ont peu tenu compte de la foi et qui ont su avec astuce circonvenir les cervelles des hommes ; à la fin, ils ont prédominé sur ceux qui se sont fondés sur la loyauté.

Vous devez donc savoir qu'il y a deux genres de lutte : l'une se fait par les lois, l'autre par la force ; la première est propre à l'homme, la seconde propre aux bêtes ; mais parce que souvent la première ne suffit pas, il faut recourir à la seconde. Par conséquent, il est nécessaire à un prince de savoir bien user de la bête et de l'homme. Cela a été enseigné aux princes de façon voilée par les écrivains anciens, qui racontent qu'Achille et plusieurs autres princes anciens furent donnés à élever au centaure Chiron, qui les gardait sous son enseignement. Avoir ainsi pour précepteur un être moitié-bête et moitié-homme veut dire qu'il faut qu'un prince sache user de l'une et de l'autre : l'une n'est pas durable sans l'autre.

Étant obligé de savoir bien user de la bête, il doit prendre le renard et le lion parmi les bêtes possibles ; parce que le lion ne se défend pas contre les pièges, le renard contre les loups. On a donc besoin d'être renard pour connaître les pièges et lion pour effrayer les loups. Ceux qui veulent se fier seulement sur le lion ne comprennent pas. Par conséquent, un seigneur prudent ne peut ni ne doit conserver sa foi, lorsqu'une telle observance se retourne contre lui et que sont anéanties les causes qui la lui firent promettre. Si les hommes étaient tous bons, ce précepte ne serait pas bon ; mais parce qu'ils sont méchants et qu'ils ne te la conserveraient pas, toi non plus tu ne dois pas la leur conserver. Des causes légitimes pour colorer son inobservance ne manquèrent jamais à un prince.

On pourrait donner de ceci des exemples modernes sans nombre et montrer combien de paix, combien de promesses ont été rendues nulles et vaines par l'infidélité des princes : celui qui a su le mieux user du renard est le mieux tombé. Mais il est nécessaire de savoir bien colorer cette nature et d'être un grand simulateur et un grand dissimulateur ; les hommes sont tellement simples et obéissent tellement aux nécessités présentes que celui qui trompe trouvera toujours quelqu'un qui se laissera tromper.

Moi je ne veux pas taire un des exemples récents. Alexandre VI ne fit jamais autre chose que tromper les hommes, il ne pensa jamais à rien d'autre : il trouva toujours matière à le faire. Il n'y eut jamais homme qui montrât autant d'efficacité en donnant des garanties et qui affirmât une chose par des serments plus grands, et pourtant qui le moins l'observât ; néanmoins ses tromperies réussirent toujours comme il l'espérait, parce qu'il connaissait bien cet aspect des choses.

Donc il n'est pas nécessaire à un prince d'avoir de fait toutes les qualités susnommées, mais lui est bien nécessaire de paraître les avoir. Au contraire, j'oserai dire qu'en les ayant et en les observant toujours, elles sont dommageables et qu'en semblant les avoir, elles sont utiles : sembler miséricordieux, fidèle, humain, entier, religieux, et l'être, mais se tenir prêt en son esprit de façon que lorsqu'il faut ne pas l'être, tu puisses et tu saches te changer en son contraire.

On doit comprendre ceci : un prince, et surtout un prince nouveau, ne peut pas observer tout ce pourquoi les hommes sont tenus pour bons, étant souvent obligé, pour maintenir son État, de travailler contre la foi, contre la charité, contre l'humanité, contre la religion. C'est pourquoi il faut qu'il ait un esprit disposé à tourner selon que les vents de la fortune et les variations des choses le lui commandent, et, comme j'ai dit plus haut, ne pas se départir du bien lorsqu'il le peut, mais savoir user du mal lorsqu'il y est obligé.

Un prince doit donc avoir grand soin qu'il ne lui sorte jamais de la bouche une chose qui ne soit pas pleine des cinq qualités susnommées et qu'il ne paraisse, à le voir et à l'entendre, toute pitié, toute foi, toute intégrité, toute humanité, toute religion. Et il n'y a rien de plus nécessaire que paraître avoir cette ultime qualité. Les hommes en général jugent plus par les yeux que par les mains, parce qu'il appartient à tout un chacun de voir, mais à peu d'hommes de sentir. Tout un chacun voit ce que tu parais être, peu sentent ce que tu es ; et le petit nombre n'osent pas s'opposer à l'opinion du grand nombre, qui ont la majesté de l'État pour les défendre. Dans les actions de tous les hommes, et surtout celles des princes où il n'y a pas d'autre juge à qui réclamer [justice], on regarde au succès.

Qu'un prince fasse donc ce qu'il faut pour vaincre et maintenir son État : les moyens seront toujours jugés honorables et loués de tous ; parce que toujours le vulgaire est pris par ce qui paraît et par le résultat de la chose ; et dans le monde, il n'y a rien si ce n'est le vulgaire ; et le petit nombre ne fait pas le poids[94] quand la majorité ont de quoi s'appuyer.

De nos jours, un certain prince [95], qu'il n'est pas bon de nommer, ne prêche jamais autre chose que la paix et la foi, mais il est un très grand ennemi de l'une et de l'autre : l'une et l'autre, quand il les aurait observées, lui auraient plusieurs fois enlevé sa réputation ou son État.

XIX le + long chapitre

Du mépris et de la haine qu'il faut fuir [96]

Mais parce que moi j'ai parlé des plus importantes qualités parmi celles dont on a fait mention plus haut, je veux examiner les autres brièvement sous ces généralités-ci : que le prince pense, comme plus haut j'ai dit en partie [97], fuir ces choses qui le rendent odieux et méprisable ; chaque fois qu'il le fuira, il aura rempli son rôle et ne trouvera aucun danger dans les autres hontes.

Comme moi j'ai dit [98], ce qui le rend odieux, c'est surtout d'être rapace et usurpateur de la propriété et des femmes de ses sujets ; il doit se retenir de les prendre ; quand on n'enlève aux collectivités des hommes ni la propriété ni l'honneur, ils vivent contents et on a seulement à combattre l'ambition du petit nombre, qui se réfrène facilement et de beaucoup de façons. Être tenu pour changeant, léger, efféminé, pusillanime, irrésolu, le rend méprisable : un prince doit s'en garder comme d'un écueil et s'ingénier à ce qu'en ses actions on reconnaisse grandeur, agressivité, gravité, force ; il doit vouloir que sa sentence soit irrévocable en ce qui a trait aux manœuvres privées de ses sujets ; enfin il doit vouloir se maintenir dans une opinion [99] telle que personne ne pense à le tromper ou à l'abuser.

Le prince qui donne cette opinion de lui-même est bien réputé ; on conjure difficilement contre celui qui est réputé et on l'attaque difficilement, pourvu qu'on le sache excellent et respecté des siens. Parce qu'un prince doit avoir deux peurs : l'une à l'intérieur par rapport à ses sujets, l'autre dehors par rapport aux potentats extérieurs. Contre ceux-ci, on se défend par les bonnes armes et les bons amis ; et il aura toujours de bon amis, s'il a de bonnes armes ; si elles n'ont pas été déjà perturbées par une conjuration, les choses de l'intérieur se tiendront toujours fermes quand celles du dehors le seront ; quand bien même celles du dehors bougeraient, s'il est organisé et a vécu comme j'ai dit, s'il n'abandonne pas, il soutiendra toujours n'importe quel assaut, comme moi j'ai dit que fit Nabis le Spartiate [100].

Mais quant à ses sujets, lorsque les affaires du dehors ne bougent pas, on doit craindre qu'ils ne conjurent secrètement ; contre quoi le prince s'assure assez en évitant d'être haï et dédaigné, et en tenant le peuple satisfait de lui, comme on a dit longuement plus haut [101]. Un des plus puissants remèdes qu'ait un prince contre les conjurations est de ne pas être haï par la collectivité, parce que, toujours, celui qui conjure croit satisfaire le peuple par la mort du prince ; mais quand il croit lui faire du tort, il ne trouve pas le cœur de prendre un parti semblable, parce que les difficultés de ceux qui conjurent sont sans nombre.

Par expérience on voit qu'il y a eu beaucoup de conjurations et que peu d'entre elles ont connu une bonne fin : parce que celui qui conjure ne peut pas être seul et qu'il ne peut prendre compagnon, si ce n'est parmi ceux qu'il croit mécontents ; et aussitôt que tu as découvert ton esprit à un mécontent, tu lui donnes matière à se contenter parce que manifestement il peut espérer un grand avantage [en te trahissant] ; si bien que, en voyant un gain assuré d'un côté et incertain et plein de danger de l'autre, il faut, pour conserver sa foi envers toi, qu'il soit un ami rare ou un ennemi tout à fait obstiné du prince. Pour ramener la chose à quelques mots, je dis que du côté de celui qui conjure, il n'y a rien si ce n'est la peur, la jalousie, le soupçon de la peine qui l'effraie ; mais du côté du prince, il y a la majesté de la principauté, les lois, les moyens de défense des amis et de l'État qui le protègent ; si bien que la bienveillance du peuple étant ajoutée à tout cela, il est impossible que quelqu'un soit si téméraire qu'il conjure. Car alors que d'ordinaire quelqu'un qui conjure doit craindre avant l'exécution du mal, en ce cas-ci, son crime ayant eu lieu, comme il a le peuple pour ennemi et qu'il ne peut, pour cette raison, espérer trouver aucun refuge, il doit craindre encore après.

On pourrait donner des exemples sans nombre sur cette matière ; mais je veux me satisfaire d'un seul, qui a eu lieu du souvenir de nos pères. Messire Annibal Bentivogli, aïeul du présent messire Annibal, qui était prince de Bologne, ayant été tué par les Canneschi qui conjurèrent contre lui alors qu'il n'en demeurait d'autres héritiers que messire Jean [102], qui était en langes, le peuple se souleva aussitôt après cet homicide et tua tous les Canneschi. Cela arriva à cause de la bienveillance du peuple dont la maison des Bentivogli jouissait en ce temps-là ; elle fut si grande que, comme Annibal avait été mis à mort et qu'il ne restait personne de cette maison qui pût diriger l'État, les Bolonais, ayant une indication qu'il y avait à Florence quelqu'un [103] né des Bentivogli qui se tenait jusqu'alors pour le fils d'un forgeron, vinrent le chercher à Florence et lui donnèrent le gouvernement de la cité ; et il la gouverna jusqu'à ce que messire Jean parvienne à un âge convenable pour lui succéder.

Je conclus par conséquent qu'un prince doit tenir peu compte des conjurations quand le peuple est bienveillant envers lui ; mais quand il est son ennemi et qu'il l'a en haine, il doit craindre tout et tous. Les États bien organisés et les princes sages ont pensé avec diligence à ne pas désespérer les grands, à satisfaire le peuple et à le tenir content, parce que c'est une des matières les plus importantes d'un prince.

Parmi les royaumes bien organisés et bien gouvernés il y a, de nos jours, la France ; en elle se trouvent de bonnes institutions sans nombre, dont dépendent la liberté du roi et sa sécurité. La première d'entre elles est le parlement et son autorité ; parce que celui qui organisa ce royaume, connaissant l'ambition et l'insolence des puissants, jugeant qu'il est nécessaire qu'ils aient un frein en bouche pour les corriger, connaissant, d'autre part, la haine de la collectivité pour les grands, haine fondée sur la peur, et voulant les rassurer, ne voulut pas que ceci soit le soin particulier du roi, afin de le soustraire au ressentiment qui pourrait lui venir des grands en soutenant les gens du peuple et des gens du peuple en soutenant les grands ; c'est pourquoi il constitua un troisième juge qui serait celui qui materait les grands et soutiendrait les plus petits, sans que le roi ne prenne rien sur lui. Cette institution ne peut être meilleure ni plus prudente, ni plus grande cause de la sécurité du roi et du royaume. On peut en tirer une autre idée notable : que les princes doivent faire administrer par d'autres les choses qui provoquent du ressentiment, mais s'occuper de celles qui leur procurent la faveur des gens. À nouveau, je conclus qu'un prince doit estimer les grands, mais ne pas se faire haïr du peuple.

Étant considéré la vie et la mort de certains empereurs romains, il paraîtrait peut-être à beaucoup de lecteurs qu'il y aurait des exemples contraires à mon opinion, [surtout] lorsqu'on trouve qu'un tel a toujours vécu remarquablement et montré une grande vertu de cœur et qu'il a néanmoins perdu l'Empire, ou bien a été mis à mort par les siens qui conjurèrent contre lui. Voulant par conséquent répondre à ces objections, j'examinerai les qualités de certains empereurs, en montrant que les causes de leur ruine ne furent pas différentes de celles que j'ai alléguées ; en même temps je mettrai en lumière ces choses qui sont notables pour celui qui lit les actions de ces temps. Je veux qu'il me suffise de prendre tous ces empereurs qui se succédèrent à l'Empire, de Marc le philosophe à Maximin : Marc, Commode son fils, Pertinax, Julien, Sévère, Antonin Caracalla son fils, Macrin, Héliogabale, Alexandre et Maximin.

Il faut d'abord noter qu'alors que dans les autres principautés on a seulement à lutter contre l'ambition des grands et l'insolence des gens du peuple, les empereurs romains avaient une troisième difficulté : devoir supporter la cruauté et l'avarice des soldats. C'était si compliqué que ce fut la cause de la ruine de beaucoup d'empereurs, puisqu'il était difficile de satisfaire les soldats et les gens du peuple : ceux-ci aimaient le calme, et à cause de cela aimaient les princes modestes ; les soldats aimaient un prince d'esprit militaire, qui soit insolent, cruel et rapace, et voulaient qu'il exerce les dites qualités contre les gens du peuple, pour pouvoir avoir double salaire et donner libre cours à leur avarice et leur cruauté. C'est pourquoi ces empereurs qui, par nature ou par art, n'avaient pas une réputation assez grande pour tenir l'un et l'autre en bride se perdaient toujours. La difficulté que causaient ces deux humeurs différentes étant connue, la plupart d'entre eux, surtout ceux qui venaient à la principauté comme hommes nouveaux, décidaient de satisfaire les soldats, estimant peu le fait d'outrager le peuple. Cela était nécessaire, parce que, ne pouvant pas manquer d'être haïs par quelqu'un, les princes doivent d'abord s'efforcer de ne pas être haïs par la collectivité ;

quand ils ne peuvent l'obtenir, ils doivent s'ingénier autant que possible à fuir la haine des collectivités qui sont les plus puissantes. C'est pourquoi les empereurs qui, en raison de leur nouveauté, avaient besoin de soutiens extraordinaires se tenaient avec les soldats plutôt qu'avec les gens du peuple ; néanmoins, cela leur devenait utile ou non selon que le prince savait ou non se maintenir en bonne renommée auprès d'eux.

C'est pour ces raisons que Marc, Pertinax et Alexandre, étant tous de vie modeste, amants de la justice, ennemis de la cruauté, humains, indulgents, eurent tous, en dehors de Marc, une mauvaise fin. Marc, seul, vécut et mourut très honoré parce qu'il succéda à l'Empire par droit d'héritage et n'avait pas à reconnaître avoir reçu l'Empire des soldats ou des gens du peuple ; ensuite, étant accompagné de beaucoup de vertus qui le rendaient vénérable, il tint toujours, pendant qu'il vécut, l'une et l'autre institution dans de [justes] limites et ne fut jamais ni haï, ni méprisé. Mais Pertinax fut créé empereur contre la volonté de ses soldats, lesquels, étant habitués à vivre licencieusement sous Commode, ne purent supporter cette vie honnête où Pertinax voulait les ramener ; c'est pourquoi, ayant créé de la haine contre soi et ajouté à cette haine le dédain parce qu'il était vieux, il se perdit dans les premiers moments de son administration.

On doit noter ici que la haine s'acquiert tant par les bonnes que par les méchantes actions. C'est pourquoi, comme moi j'ai dit plus haut [104], un prince qui veut maintenir son État est souvent forcé de ne pas être bon ; parce que, quand est corrompue cette collectivité dont tu juges avoir besoin pour te maintenir – que ce soit le peuple ou les soldats ou les grands –, il faut que tu suives son humeur pour la satisfaire, et alors les bonnes œuvres sont tes ennemies. Mais venons-en à Alexandre : il fut de tant de bonté que parmi les autres louanges qu'on lui fait, est celle qu'en les quatorze ans qu'il tint l'Empire, il ne mit personne à mort sans jugement ; néanmoins, étant tenu pour un efféminé et un homme qui se laissait gouverner par sa mère et pris en dédain pour cette raison, l'armée conspira contre lui et le tua.

Mais examinant, au contraire, les qualités de Commode, de Sévère, d'Antonin Caracalla et de Maximin, vous les trouverez très cruels et très rapaces : pour satisfaire les soldats, ils ne laissèrent de côté aucune sorte d'outrage qui pouvait se faire contre les gens du peuple ; tous, excepté Sévère, eurent une mauvaise fin. Car il y eut tant de vertu en Sévère qu'en se maintenant les soldats amis, même si les gens du peuple furent écrasés par lui, il put toujours régner heureusement ; parce que ses vertus le rendaient si admirable aux yeux des soldats et des gens du peuple que ceux-ci demeuraient d'une certaine façon stupéfaits et stupides, les autres respectueux et satisfaits.

Et parce que ses actions furent grandes et notables chez un prince nouveau, moi je veux montrer brièvement comme il sut bien user du personnage du renard et du lion ; moi j'ai dit plus haut qu'il est nécessaire qu'un prince imite ces natures [105]. La paresse de l'empereur Julien étant connue de Sévère, il persuada son armée, dont il était le capitaine en Slavonie, qu'il était bien d'aller à Rome venger la mort de Pertinax, qui avait été mis à mort par les soldats prétoriens. Sous cette couleur, sans montrer qu'il aspirait à l'Empire, il fit avancer son armée contre Rome ; il fut en Italie avant qu'on ne connût son départ. Arrivé à Rome, il fut élu empereur et Julien fut mis à mort par le Sénat, et ce par crainte. Après ce début, il restait deux difficultés à Sévère, qui voulait s'emparer de tout l'État : l'une en Asie où Pescennius Niger, chef des armées asiatiques, s'était fait nommer empereur, l'autre en Occident où il y avait Albin, qui lui aussi aspirait à l'Empire. Parce qu'il jugeait dangereux de se découvrir l'ennemi de tous les deux, il décida d'attaquer Niger et de tromper Albin. Il écrivit à celui-ci qu'étant élu empereur par le Sénat, il voulait partager cette dignité avec lui ; il lui envoya le titre de César et, par décision du Sénat, en fit son collègue : cela fut accepté pour vrai par Albin. Mais après que Sévère eut vaincu Niger, l'eut mis à mort et eut apaisé les affaires orientales, étant retourné à Rome il se plaignit au Sénat, disant qu'Albin, peu reconnaissant des avantages reçus de lui, avait frauduleusement cherché à le tuer et que, pour cette raison, il était obligé d'aller punir son ingratitude. Ensuite, il alla le trouver en France et lui enleva l'État et la vie.

Donc celui qui examinera par le menu ses actions le trouvera lion très féroce et renard très astucieux et le verra craint et respecté de chacun sans être haï des armées ; il ne s'étonnera pas si, homme nouveau, il a pu tenir un tel contrôle [sur l'Empire] ;

parce que sa très grande réputation le défendit toujours contre cette haine que les gens du peuple avaient pu concevoir contre lui à cause de ses rapines. Mais Antonin son fils, fut, lui aussi, un homme qui avait des qualités très excellentes et qui le rendaient étonnant aux yeux des gens du peuple et agréable aux soldats : il était un homme militaire, capable de supporter toute peine, contempteur de toute nourriture délicate et de toute autre mollesse ; cela le faisait un homme aimé de l'ensemble des armées. Néanmoins, sa férocité et sa cruauté fut si grande et si inouïe qu'il devint très haïssable à tout le monde : il avait mis à mort une grande partie du peuple de Rome et tout celui d'Alexandrie après des meurtres particuliers sans nombre. Il commença à être craint même par ceux qu'il avait autour de lui : il fut tué par un centurion au milieu de son armée. D'où il faut noter que de semblables meurtres, étant le résultat de la décision d'un esprit obstiné, ne peuvent être évitées par les princes, parce que quiconque auquel il ne fait ni chaud ni froid de mourir peut lui faire du tort ; mais le prince doit bien d'autant moins les craindre qu'ils sont très rares. Il doit seulement se garder de faire un outrage grave à un de ceux dont il se sert et qu'il a autour de lui au service de sa principauté. C'est ce qu'avait fait Antonin qui avait mis à mort outrageusement un frère du centurion et le menaçait chaque jour ; cependant il le tenait à la garde de son corps ; c'était un parti téméraire et propre à le perdre, comme il lui arriva.

Mais venons-en à Commode à qui il était très facile de tenir l'Empire, parce que, étant le fils de Marc, il l'avait par droit d'héritage : il lui suffisait seulement de suivre les traces de son père, et il aurait satisfait les soldats et les gens du peuple. Mais étant d'esprit cruel et bestial, il tenta de s'attirer les armées et de les rendre licencieuses, pour pouvoir user de sa rapacité contre les gens du peuple ; d'un autre côté, ne conservant pas sa dignité, descendant souvent dans les théâtres pour combattre contre les gladiateurs et faisant d'autres choses très viles et peu dignes de la majesté impériale, il devint méprisable aux yeux des soldats. Étant haï d'une part et dédaigné de l'autre, on conspira contre lui et il fut mis à mort.

Il nous reste à raconter les qualités de Maximin. Il fut un homme très belliqueux ; les armées étant impatientées par la mollesse d'Alexandre, que j'ai examiné plus haut, ce dernier étant mis à mort, elles l'élurent à l'Empire. Il ne le posséda pas long-temps, parce que deux choses le rendirent haïssable et méprisa-ble : l'une, qu'il était très vil pour avoir déjà gardé les moutons en Thrace – ce qui était très connu partout et le faisant grandement mépriser de tous ; l'autre était qu'ayant au début de sa principauté différé d'aller à Rome et d'entrer en possession du siège impérial, il avait fait naître l'opinion qu'il était très cruel, ayant exercé par ses préfets beaucoup de cruautés à Rome et en plusieurs endroits de l'Empire. Si bien que tout le monde étant rempli de dédain pour la bassesse de son sang et de haine en raison de la peur de sa férocité, l'Afrique se révolta d'abord, puis le Sénat avec tout le peuple de Rome ; enfin toute l'Italie conspira contre lui. À quoi s'ajouta sa propre armée : assiégeant Aquilée et trouvant des difficultés dans sa prise d'assaut, impatientée par les cruautés de l'empereur et le craignant d'autant moins qu'elle lui voyait tant d'ennemis, elle le tua.

Moi je ne veux pas raisonner au sujet d'Héliogabale, de Macrin ou de Julien, qui, parce qu'ils étaient tout à fait méprisa-bles, furent anéantis tout de suite, mais j'en viendrai à la conclu-sion de cet examen. Je dis que les princes d'aujourd'hui connais-sent moins cette difficulté de satisfaire extraordinairement les soldats en leurs gouvernements, car bien qu'on doive avoir pour ceux-ci quelque considération, cependant cela s'arrange rapide-ment, parce qu'aucun de ces princes n'a des armées qui sont enracinées de longue date dans les gouvernements et l'administra-tion des provinces, comme l'étaient les armées de l'Empire romain. C'est pourquoi, s'il était alors nécessaire de satisfaire les soldats plutôt que les gens du peuple, c'était parce que les soldats pouvaient faire davantage que les gens du peuple ; si on excepte le Turc et le Sultan, de nos jours il est plus nécessaire à tous les princes de satisfaire les gens du peuple que les soldats, parce que ceux-là ont plus de puissance que ceux-ci. Moi j'excepte le Turc, qui tient toujours autour de lui douze mille fantassins et quinze mille cavaliers, dont dépendent la force et la sécurité de son royaume : il est nécessaire que, toute autre crainte étant reportée à plus tard, ce seigneur se les maintienne amis. Semblablement, le royaume du Sultan étant totalement dans la main des soldats, il lui faut, lui aussi, se les maintenir amis, sans crainte des gens du peuple. Vous devez noter que cet État du Sultan est différent de toutes les autres principautés parce qu'il est semblable au pontificat chrétien, lequel ne peut s'appeler ni une principauté héréditaire, ni une principauté nouvelle ; parce que les fils du vieux prince ne sont pas ses héritiers et ne demeurent pas seigneurs, car est héritier et seigneur celui qui est élu à ce rang par ceux qui en ont l'autorité. Comme cette institution est ancienne, on ne peut l'appeler une principauté nouvelle, parce qu'il n'y a en elle aucune des difficultés qui surgissent dans les principautés nouvelles ; parce que, quoique le prince soit nouveau, les institutions de l'État sont anciennes et établies pour le recevoir, comme s'il était leur seigneur héréditaire.

Mais retournons à notre matière. Je dis que quiconque se penchera sur l'examen fait précédemment verra que la haine ou le dédain a été la cause de la perte des empereurs précités ; il comprendra aussi pourquoi il arriva qu'une partie d'entre eux procédant d'une façon et l'autre de façon contraire, en chacune des deux manières un d'eux eut une fin heureuse, les autres une malheureuse. Parce que pour Pertinax et Alexandre, étant des princes nouveaux, il fut inutile et dommageable de vouloir imiter Marc, qui était dans la principauté par droit d'héritage ; et semblablement pour Caracalla, Commode et Maximin, il fut dangereux d'imiter Sévère, parce qu'ils n'avaient pas suffisamment de vertu pour suivre ses traces. Par conséquent un prince nouveau dans une principauté nouvelle ne peut imiter les actions de Marc, et il ne lui est pas nécessaire non plus de suivre celles de Sévère ; mais il doit prendre de Sévère ces qualités qui sont nécessaires pour fonder son État et de Marc celles qui sont convenables et glorieuses pour conserver un État qui est déjà stabilisé et ferme.

XX

Si les forteresses et beaucoup d'autres choses
que les princes font tous les jours
leur sont utiles ou inutiles [106]

Certains princes, pour tenir en toute sécurité leur État, ont désarmé leurs sujets ; plusieurs autres ont maintenu les divisions dans les territoires sujets ; certains ont nourri des inimitiés contre eux-mêmes ; d'autres se sont efforcés de gagner la confiance de ceux qui leur étaient suspects au début de leur [pouvoir sur un] État ; quelques-uns ont édifié des forteresses ; les autres les ont ruinées et détruites. Bien qu'on ne puisse rendre une sentence déterminée pour toutes ces choses si on n'en vient pas aux aspects particuliers de ces États où seraient prises des décisions semblables, néanmoins moi je parlerai de cette façon générale que la matière comporte par elle-même.

Donc, il n'arriva jamais qu'un prince nouveau désarmât ses sujets ; au contraire, quand il les a trouvés sans armes, il leur en a toujours fournies, parce qu'en les armant, ces armes deviennent tiennes, ceux qui te sont suspects deviennent fidèles, et ceux qui étaient fidèles le restent et de sujets qu'ils étaient se font tes partisans. Comme on ne peut armer tous les sujets, par l'avantage que tu offres à ceux que tu armes, tu peux agir avec les autres plus sûrement : cette différence que les uns reconnaissent dans ta façon de procéder envers eux les fait tes obligés ; les autres t'excusent, jugeant que ceux qui s'exposent plus au danger et ont plus d'obligation doivent avoir davantage de mérite. Mais quand tu les désarmes, tu commences à leur faire du tort, tu montres que tu as de la défiance envers eux par bassesse ou peu de foi : l'une et l'autre de ces opinions engendrent de la haine contre toi. Puisque tu ne peux te tenir désarmé, il faut alors que tu optes pour la milice mercenaire, qui vaut ce qu'on en a dit plus haut [107] ; et quand elle serait bonne, elle ne peut l'être au point de te défendre contre des ennemis puissants et des sujets suspects. C'est pourquoi, comme moi j'ai dit, un prince nouveau a toujours établi les armes dans une principauté nouvelle ; l'histoire est pleine d'exemples de cela.

Mais quand un prince acquiert un État nouveau qui s'ajoute comme un membre à son ancien État, alors il est nécessaire de désarmer cet État, excepté ceux qui ont été tes partisans dans la lutte ; et même ceux-ci, il est nécessaire, avec le temps et les occasions, de les rendre mous et efféminés et de s'organiser de telle sorte que les armes de tout ton État soient seulement entre les mains de tes propres soldats qui vivent auprès de toi dans ton ancien État.

D'habitude nos ancêtres et ceux qui étaient estimés sages disaient qu'il était nécessaire de tenir Pistoie au moyen des divisions entre les partis et Pise au moyen des forteresses ; et pour cette raison, ils nourrissaient les conflits dans certains territoires qui leur étaient sujets, afin de les posséder plus facilement. Ceci devait être bien fait, du temps que l'Italie était d'une certaine façon équilibrée [108] ; mais je ne crois pas qu'on puisse en faire aujourd'hui un précepte, parce que moi je ne crois pas que les divisions fassent jamais aucun bien ; au contraire, quand l'ennemi s'approche de cités divisées, il est nécessaire que celles-ci se perdent tout de suite, parce que toujours le parti le plus faible adhérera aux forces extérieures et l'autre parti ne pourra pas soutenir l'attaque.

Les Vénitiens, mus, comme je crois moi par les raisons susmentionnées, soutenaient les sectes guelfe et gibeline [109] dans les cités qui leur étaient sujettes ; bien qu'ils ne les laissassent jamais en venir au sang, cependant ils nourrissaient ces dissentiments entre eux, afin que les citoyens, retenus par leurs différends, ne s'unissent pas contre eux. Ce qui, comme on le voit, ne tourna pas à leur avantage ; parce que, profitant de leur défaite à Vailà, une partie de ces cités se mit tout de suite à oser [se révolter], et elles leur enlevèrent tout l'État. Par conséquent, des façons d'agir de cette sorte annoncent la faiblesse du prince, parce qu'en une principauté vigoureuse de telles divisions ne sont pas permises, pour la raison qu'elles ne sont utiles qu'en temps de paix, puisqu'on peut plus facilement manier les sujets par leur intermédiaire ; mais que la guerre se déclare, et on voit bien le côté trompeur d'une institution de ce genre.

Sans doute les princes deviennent grands quand ils surmontent les difficultés et les oppositions qui leur sont faites ; c'est pourquoi la fortune, surtout quand elle veut élever un prince nouveau, lequel a une plus grande nécessité d'acquérir réputation qu'un prince héréditaire, lui éveille des ennemis et fait naître des entreprises contre lui, afin qu'il ait une excuse de les surmonter et de monter plus haut par cette échelle que lui auront donnée ses ennemis. C'est pourquoi beaucoup d'hommes jugent qu'un prince sage doit, avec astuce, nourrir contre soi quelques inimitiés quand il en a l'occasion afin que, les ayant étouffées, il s'ensuive que sa grandeur en soit augmentée.

Les princes, et surtout ceux qui sont nouveaux, ont trouvé plus de foi et d'utilité en ces hommes qui, au début de [leur pouvoir en un] État, ont été tenus pour suspects qu'en ceux qui étaient leurs confidents. Pandolphe Petrucci, prince de Sienne, tenait son État davantage avec ceux qui lui furent suspects qu'avec les autres. Mais on ne peut pas parler de cette chose longuement parce qu'elle varie selon le sujet. Je dirai seulement que les hommes qui, au début, ont été des ennemis et qui sont de condition telle que pour se maintenir ils ont besoin d'un soutien, le prince pourra toujours se les gagner très facilement ; ils sont d'autant plus obligés de le servir avec foi qu'ils savent qu'il leur est plus nécessaire d'annuler par des actions [profitables] cette opinion funeste qu'on avait d'eux ; ainsi le prince en tire toujours plus d'utilité que de ceux qui, en le servant avec trop de sécurité, négligent ses affaires.

Puisque la matière le demande, je ne veux pas manquer de rappeler aux princes, [ceux] qui ont nouvellement pris un État au moyen du soutien de gens venant de l'intérieur de celui-ci, de bien considérer quelle est la raison qui les a mus à le soutenir : si ce n'est pas une affection naturelle envers eux, mais que ce soit seulement parce qu'ils ne se contentaient pas de l'État [précédent], il ne pourra se les maintenir amis qu'à grand-peine et avec grande difficulté, car il lui sera impossible de les contenter. En en examinant bien la cause au moyen des exemples qu'on tire des choses anciennes et modernes, on verra qu'il lui est beaucoup plus facile de se gagner comme amis ces hommes qui se contentaient auparavant de l'État, et donc qui étaient ses ennemis, que ceux qui, parce qu'ils ne s'en contentaient pas, devinrent ses amis et le soutinrent pour occuper l'État.

Pour pouvoir tenir leur État plus sûrement, la coutume des princes a été d'édifier des forteresses qui soient les rênes et la bride de ceux qui voudraient les attaquer et d'avoir ainsi refuge sûr contre une attaque soudaine. Moi je loue cette façon d'agir parce qu'elle a été utilisée depuis les temps anciens. Néanmoins, de nos jours, on a vu messire Nicolas Vitelli détruire deux forteresses à Città di Castello pour tenir cet État. Guidobaldo, duc d'Urbin, retourné en son domaine dont il avait été chassé par César Borgia, jeta à terre toutes les forteresses de cette province : il jugea que sans elles il reperdrait plus difficilement l'État. Les Bentivogli, retournés à Bologne, usèrent de moyens semblables. Les forteresses sont donc utiles ou non, selon les temps : si, d'une part, elles te sont profitables, de l'autre, elles te font du tort. On peut examiner cela de la façon suivante : le prince qui a plus peur des gens du peuple que des étrangers doit élever des forteresses ; mais celui qui a plus peur des étrangers que des gens du peuple doit les ignorer. Le château de Milan que François Sforza édifia a fait et fera à la maison des Sforza un tort plus considérable qu'aucun autre dérèglement de cet État. C'est pourquoi la meilleure forteresse qui soit consiste à ne pas être haï par le peuple ; parce que même si tu as la main sur les forteresses, ils ne te sauvent pas, si le peuple te hait : aux gens du peuple qui ont pris les armes il ne manque jamais d'étrangers qui les secourent. On ne voit pas qu'elles aient profité, de nos jours, à un prince, si ce n'est à la comtesse de Forli quand le comte Jérôme, son mari, fut mis à mort ; parce que par ce moyen, elle put éviter l'assaut du peuple, attendre le secours de Milan et récupérer son État. Les temps étaient alors tels que les étrangers ne pouvaient secourir le peuple. Mais ensuite, pour elle aussi les forteresses furent d'un piètre secours quand César Borgia l'attaqua et que le peuple son ennemi s'unit à l'étranger. Pour lors et même avant, elle aurait été plus en sûreté en n'étant pas haïe du peuple qu'en possédant des forteresses. Ayant donc considéré tout cela, moi je louerai aussi bien celui qui élèvera des forteresses que celui qui n'en élèvera pas ; et je blâmerai quiconque, se fiant à elles, estimera peu dangereux d'être haï des gens du peuple.

XXI

Ce qui convient au prince pour être estimé [110]

Rien ne fait autant estimer un prince que tenter de grandes entreprises et se faire connaître par des actes exceptionnels. Nous, nous avons, de nos jours, Ferdinand d'Aragon, présent roi d'Espagne. Il peut presque s'appeler un prince nouveau parce que, de roi faible, il est devenu par la renommée et par la gloire le premier roi des Chrétiens ; or si vous considérez ses actions vous les trouverez toutes très grandes et quelques-unes extraordinaires. Au début de son règne il attaqua Grenade et cette entreprise fut le fondement de son État. D'abord il la fit étant en paix, et sans peur d'en être empêché ; il y tint occupés les esprits des barons de Castille qui, tout à cette guerre, ne pensaient pas à innover. Par ce moyen il acquérait de la réputation et du contrôle sur eux, alors qu'ils ne s'en apercevaient pas. Il put nourrir des armées avec les deniers de l'Église et des gens du peuple et jeter, par cette longue guerre, les fondements de sa milice, qui lui a fait honneur depuis. En plus de cela, pour pouvoir exécuter de plus grandes entreprises, se servant toujours de la religion, il opta pour une miséricordieuse [111] cruauté, chassant les Marranes de son royaume et l'en expurgeant ; cet exemple ne peut être plus misérable ni plus rare. Sous le même manteau, il attaqua l'Afrique et fit l'entreprise de l'Italie ; il a dernièrement attaqué la France : il a ainsi toujours fait et tramé de grandes choses, qui ont toujours gardé les esprits de ses sujets suspendus, en admiration et occupés de leur résultat. Ses actions sont nées l'une et l'autre de façon à ne laisser aux hommes aucun intervalle entre elles pour tramer calmement contre lui.

Quant aux gouvernements des affaires intérieures, il est aussi très utile à un prince de se faire connaître par des actes exceptionnels, semblables à ceux qu'on raconte au sujet de messire Bernabo : quand quelqu'un fait quelque chose d'extraordinaire en bien ou en mal sur le plan civil, cela lui donne l'occasion d'essayer une façon de le récompenser ou de le punir qui fasse beaucoup parler. En toutes ses actions, un prince doit d'abord s'ingénier à se créer une renommée de grand homme et de génie excellent.

Un prince est encore estimé quand il est un ami vrai et un ennemi vrai, c'est-à-dire quand, sans aucune crainte, il montre son soutien pour l'un contre l'autre. Cela sera toujours plus utile que de se tenir neutre ; parce que si deux de tes voisins puissants en viennent aux mains, ou bien ils sont de telle qualité que lorsqu'un d'eux vaincra, tu devras craindre le vainqueur, ou bien non. Dans les deux cas, il te sera toujours plus utile de te découvrir et de faire bonne guerre ; parce que dans le premier cas, si tu ne te découvres pas, tu sera toujours la proie de celui qui vainc, ce qui provoquera le plaisir et la satisfaction de celui qui aura été vaincu ; et tu n'auras ni raison ni quoi que ce soit qui te défende, ni quelqu'un qui t'accorde asile. Car celui qui vainc ne veut pas d'amis suspects et qui ne l'aident dans l'adversité ; celui qui perd ne t'accorde pas asile, parce que tu n'as pas voulu courir sa fortune les armes à la main.

Antiochus était passé en Grèce, mis là par les Étoliens pour en chasser les Romains. Il envoya des ambassadeurs aux Achéens, qui étaient amis des Romains, pour les encourager à se tenir entre les deux [112], et, d'autre part, les Romains les persuadaient de prendre les armes avec eux. Cette manière vint en délibération au conseil des Achéens, où le légat d'Antiochus les persuadait de se tenir neutres ; à quoi le légat romain répondit : « Il n'y a rien de plus étranger à vos intérêts que la conduite que ceux-ci vous disent de suivre, c'est-à-dire de ne pas vous engager dans la guerre: sans soutien, sans dignité, vous serez le prix de la victoire [113]. »

Il arrivera toujours que celui qui n'est pas ton ami te demandera la neutralité et que celui qui est ton ami exigera que tu te découvres avec tes armes. La plupart du temps les princes mal résolus suivent cette voie neutre pour éviter les dangers présents, et la plupart du temps ils se perdent. Mais quand le prince montre vaillamment son soutien pour un parti, si celui auquel tu te rallies vainc, encore qu'il soit puissant et que tu demeures à sa discrétion, il sent une obligation envers toi et l'amitié s'est nouée entre vous : les hommes ne sont jamais si malhonnêtes qu'ils t'oppriment et donnent un tel exemple d'ingratitude ; ensuite les victoires ne sont jamais si franches que le vainqueur n'ait besoin d'avoir quelque crainte, et surtout envers la justice. Mais si celui auquel tu te rallies perd, tu seras reçu par lui ; pendant qu'il le pourra, il t'aidera et tu deviendras le compagnon d'une fortune qui peut renaître. Dans le deuxième cas, quand ceux qui combattent ensemble sont de telle valeur que tu ne doives pas craindre celui qui vainc, te rallier à quelqu'un d'entre eux c'est agir avec beaucoup de prudence, parce que tu aides à la perte de l'un avec l'appui de celui qui devrait le sauver, s'il était sage ; en vainquant, il demeure à ta discrétion, et il est impossible qu'avec ton aide il ne vainque pas.

Il faut noter ici qu'un prince doit prendre garde de ne jamais faire compagnie avec un plus puissant que lui dans le but de faire du tort à un autre, si ce n'est quand la nécessité le presse, comme on a dit plus haut : en vainquant tu demeures son prisonnier, alors que les princes doivent, autant qu'ils le peuvent, éviter de se mettre à la discrétion des autres. Les Vénitiens mirent la France à contribution pour défaire le duc de Milan, alors qu'ils pouvaient éviter cette compagnie, ce qui fut cause de leur ruine [114]. Mais quand on ne peut pas l'éviter, comme il arriva aux Florentins quand le pape et l'Espagne allèrent attaquer la Lombardie avec leurs armées [115], alors le prince doit se rallier pour les raisons susdites. Et qu'aucun État ne pense pouvoir toujours prendre des partis sûrs ; au contraire, qu'il pense devoir les prendre tous douteux ; parce qu'on trouve ceci dans l'ordre des choses : jamais on ne cherche à fuir un inconvénient sans en encourir un autre ; mais la prudence consiste à savoir connaître les qualités des inconvénients et à prendre le moins mauvais comme bon.

Un prince doit aussi se montrer amateur des vertus en donnant une récompense aux hommes vertueux et honorer les hommes qui excellent en un art. Ensuite, il doit encourager ses citoyens à exercer calmement leurs métiers dans le commerce, dans l'agriculture et dans tout autre métier humain : que le cultivateur ne craigne pas de défricher ses possessions par crainte qu'elles lui soient enlevées et cet autre d'ouvrir un trafic par peur des impôts ; le prince doit préparer des récompenses pour celui

qui veut faire ces choses et pour quiconque pense agrandir sa cité ou son État d'une façon quelconque. En plus de ceci, il doit tenir les gens du peuple occupés par des fêtes et des spectacles au temps de l'année qui convienne. Parce que toute cité est divisée en arts [116] ou en tribus, il doit tenir compte de ces collectivités, participer à leurs réunions quelquefois, se faire connaître par des actes d'humanité et de munificence, en tenant néanmoins toujours ferme la majesté de son poste, parce qu'elle ne doit jamais lui manquer de quelque façon que ce soit.

XXII

De ceux que les princes gardent pour leurs secrets [117]

Le choix des ministres n'est pas de peu d'importance pour un prince ; ils sont bons ou non selon sa prudence. La première idée qu'on se fait au sujet des facultés d'un seigneur, c'est en voyant les hommes qu'il a autour de lui : quand ils sont capables et fidèles, on peut toujours le réputer sage, parce qu'il a pu les reconnaître comme capables et les garder fidèles. Mais quand ils sont autrement, on peut toujours former à son sujet un jugement qui n'est pas bon, parce que la première erreur qu'il fait réside dans ce choix même.

Il n'y avait personne qui connaissait messire de Venafro, ministre de Pandolphe Petrucci, prince de Sienne, qui ne jugeait que Pandolphe était un homme très valeureux du fait de l'avoir comme ministre. Il y a trois genres de cerveaux : les uns comprennent, les autres discernent ce que d'autres comprennent, les troisièmes ne comprenant ni par eux-mêmes ni par les autres : ce premier genre est très excellent, le second excellent, le troisième inutile. Par conséquent, il fallait de toute nécessité que, Pandolphe n'étant pas du premier degré, il soit du second, parce que chaque fois qu'on a le jugement nécessaire pour discerner entre le bien et le mal que quelqu'un fait et dit, bien qu'on n'ait pas [un esprit] d'invention, on reconnaît alors les œuvres mauvaises et bonnes du ministre et on exalte les unes et corrige les autres : le ministre ne peut espérer tromper son prince, et il demeure bon.

Mais pour qu'un prince puisse connaître le ministre, il y a un moyen qui ne manque jamais : quand tu vois que le ministre pense plus à lui qu'à toi et qu'il recherche son propre profit dans toutes ses actions, celui qui est ainsi fait ne sera jamais un bon ministre et jamais tu ne pourras te fier à lui ; parce que celui qui a l'État de quelqu'un en main ne doit jamais penser à soi, mais toujours à son prince, et ne jamais lui rappeler ce qui ne concerne pas ses affaires.

D'un autre côté, pour le garder bon, le prince doit penser à son ministre en l'honorant, en le faisant riche, en l'obligeant, en partageant avec lui les honneurs et les charges, de façon à ce qu'il ne puisse pas se maintenir sans lui, que les richesses et les honneurs qu'il lui aura prodigués en quantité suffisante fassent en sorte qu'il n'en désire pas davantage, que les responsabilités nombreuses reçues fassent qu'il craigne les changements. Quand donc les ministres, et les princes par rapport aux ministres, sont ainsi faits, ils peuvent avoir confiance l'un en l'autre ; quand il en est autrement, la fin sera toujours dommageable soit pour l'un soit pour l'autre.

XXIII

Comment éviter les flatteurs

Je ne veux pas laisser de côté un chapitre important ni passer sous silence une erreur contre laquelle les princes se défendent difficilement, s'ils ne sont très prudents ou ne savent pas faire de bons choix. Ce sont les flatteurs, dont les cours sont pleines ; parce que les hommes se complaisent tant dans leurs propres affaires – et s'y trompent tellement – qu'ils se défendent difficilement contre cette peste ; par ailleurs, vouloir s'en défendre comporte le danger de devenir méprisable. Parce qu'il n'y a pas d'autre façon de se garder des flatteries, si ce n'est qu'en faisant comprendre aux hommes qu'ils ne te feront pas de tort en te disant le vrai ; mais quand chacun peut te dire le vrai, c'est le respect qui manque.

Par conséquent, un prince prudent doit avoir à sa disposition un troisième moyen, qui consiste à choisir des hommes sages dans son État ; il doit donner à ceux-ci seulement la liberté de lui parler selon la vérité, et pour cela seulement dont il les consulte et non pour autre chose. Mais il doit les consulter sur tout et écouter leurs opinions, puis décider de lui-même à sa guise ; il doit se comporter envers ces conseils et avec chacun d'eux de façon que tous sachent qu'ils seront acceptés par lui d'autant plus qu'ils parleront plus librement; il doit ne vouloir écouter personne à part ceux-ci, puis poursuivre la chose décidée et être obstiné dans ses décisions. Celui qui agit autrement ou bien dégringole à cause des flatteurs, ou bien change souvent d'opinion du fait de la variation des avis ; c'est pourquoi il est peu estimé.

À ce propos, moi je veux présenter un exemple moderne. Le prêtre Luc, homme de Maximilien, le présent empereur, a dit, parlant de sa Majesté qu'il ne prenait conseil auprès de personne et ne faisait jamais rien à sa guise ; cela arrivait parce qu'il avait une façon d'agir contraire à la conduite susdite. Parce que l'empereur est un homme secret, il ne communique ses desseins à personne et ne prend avis de personne ; mais comme, lorsqu'il les met à exécution, ils commencent à se faire connaître et à se découvrir, ils commencent aussi à être contredits par ceux qu'il a autour de lui ; comme l'empereur est facile, il s'en détourne. C'est pourquoi ce qu'il fait un jour, il le détruit l'autre ; c'est pourquoi ne sachant jamais ce qu'il veut ou a dessein de faire, on ne peut se fier à ses décisions.

Par conséquent, un prince doit toujours prendre conseil, mais selon son bon vouloir et non quand les autres le veulent ; au contraire, il doit enlever le cœur à tous ceux qui voudraient le faire lorsqu'il ne les consulte pas expressément. Mais il doit consulter largement et par la suite être un patient auditeur du vrai ; au contraire, s'il voit que quelqu'un ne le lui dit pas par crainte, il doit s'en troubler.

Parce que beaucoup estiment qu'un prince [qui consulte et] qui donne de soi une opinion d'homme prudent est dit tel non en raison de sa nature, mais par les bons conseils qu'il entend autour de lui, [il faut dire qu'] ils se trompent sans doute. Parce que ceci est une règle générale qui ne manque jamais : un prince qui n'est pas sage par soi-même ne peut être bien conseillé, à moins qu'il ne s'en remette au hasard à un seul qui le gouverne totalement et qui soit un homme très prudent. En ce cas, il pourrait tomber bien, mais il durerait peu longtemps, parce que ce gouverneur lui enlèverait son État peu de temps après. Mais en prenant conseil auprès de plus d'un homme, un prince qui n'est pas sage n'aura jamais des conseils unanimes et ne saura les accorder de lui-même ; chacun des conseillers ne pensera qu'à son bien propre et il ne saura ni les corriger, ni les connaître. Or on ne peut pas les trouver autrement faits ; parce que les hommes se montreront toujours méchants envers toi, s'ils ne sont rendus bons par une nécessité. C'est pourquoi on conclut qu'il faut que les bons conseils, d'où qu'ils viennent, naissent de la prudence du prince, et non la prudence du prince des bons conseils.

XXIV

Pourquoi les princes d'Italie ont perdu leur royaume

Les choses susmentionnées, lorsqu'elles sont observées prudemment, font qu'un prince nouveau paraît ancien ; elles le rendent tout de suite plus sûr et plus ferme dans son État que s'il y était de longue date. Parce qu'on observe beaucoup plus les actions d'un prince nouveau que celles d'un prince héréditaire, et quand on reconnaît qu'elles sont vertueuses, elles lui attachent et obligent les hommes beaucoup plus que la lignée ancienne. Car les hommes sont pris par le présent beaucoup plus que par le passé : quand ils trouvent leur bien dans le présent, ils en jouissent et ne cherchent rien d'autre ; au contraire, ils le défendront en tout temps quand, pour ce qui est du reste, le prince ne manque pas à lui-même. Ainsi il aura la double gloire d'avoir donné la vie à une principauté nouvelle et de l'avoir ornée et fortifiée par de bonnes lois, de bonnes armes et de bons exemples, tout comme aura une double honte celui qui, étant né prince, l'aura perdue par son peu de prudence.

Si on considère ces seigneurs qui ont perdu leur État en Italie de nos jours, comme le roi de Naples, le duc de Milan et les autres [118], on trouvera en eux d'abord un défaut commun quant aux armes, pour les raisons qu'on a examinées au long plus haut [119] ; ensuite on verra qu'un ou l'autre d'entre eux soit aura eu le peuple comme ennemi, soit, s'il l'a eu pour ami, n'aura pas su s'assurer des grands ; parce que sans ces défauts, les États qui ont assez de nerf pour pouvoir garder une armée en campagne ne se perdent pas. Philippe de Macédoine [120], non pas le père d'Alexandre, mais celui qui fut vaincu par Titus Quintus, n'avait pas grand État par rapport à la grandeur des Romains et de la Grèce qui l'attaqua ; néanmoins, parce qu'il était un homme militaire et qu'il savait entretenir le peuple et s'assurer des grands, il soutint la guerre contre eux pendant plusieurs années et si, à la fin, il perdit son pouvoir sur quelques cités, il lui resta néanmoins son royaume.

Par conséquent, que nos princes, qui étaient demeurés dans leur principauté de nombreuses années, n'accusent pas la fortune, parce qu'ils l'ont ensuite perdue, mais qu'ils accusent leur paresse ; parce que n'ayant jamais pensé durant les temps calmes que ceux-ci pouvaient changer – ce qui est un défaut commun des hommes : de ne pas tenir compte de la tempête dans la bonace –, quand ensuite vinrent les temps adverses, ils pensèrent à s'enfuir et non à se défendre ; ils espérèrent que les gens du peuple, impatientés par l'insolence des vainqueurs, les rappelleraient. Ce qui est un bon parti, quand il n'en existe pas d'autres ; mais autrement il n'était pas bien d'avoir abandonné les autres remèdes pour celui-là ; parce que jamais il ne faut se laisser tomber dans l'espoir que quelqu'un te relève : ou bien cela n'arrive pas, ou bien, si cela arrive, cette défense est trop incertaine parce que lâche et qu'elle ne dépend pas de toi. Ces défenses seulement sont bonnes, sont certaines, sont durables, qui dépendent de toi-même et de ta vertu.

fortune=hasard

XXV

Ce que peut la fortune dans les choses humaines,
et comment s'opposer à elle [121]

Il ne m'est pas inconnu que beaucoup ont eu et ont l'opinion que les choses du monde sont gouvernées par la fortune et par Dieu, de sorte que les hommes ne peuvent les corriger par leur prudence, qu'au contraire ils n'y ont aucun remède à apporter et que pour cette raison ils pourraient juger qu'il n'est pas nécessaire de lutter contre la situation, mais plutôt de se laisser gouverner par le hasard. Cette opinion est plus en renom de nos jours à cause de la grande variation dans ce qui s'est vu et se voit chaque jour, et ce hors de toute conjecture humaine. Si bien que je me suis quelquefois incliné en partie vers leur opinion, en pensant à cela.

Néanmoins, de peur que notre liberté ne soit éteinte, je juge qu'il peut être vrai que la fortune soit l'arbitre [122] de la moitié de nos actions, mais que même alors elle nous en laisse gouverner l'autre moitié, ou à peu près. Je la compare à un de ces fleuves dévastateurs, lesquels, quand ils se fâchent, inondent les plaines, détruisent les arbres et les bâtiments, arrachent un terrain d'un endroit et le posent ailleurs ; chacun fuit devant eux, tous cèdent devant leur assaut, sans y pouvoir faire obstacle de quelque façon. Bien qu'ils soient de telle nature, il n'en reste pas moins que, lorsqu'il y a des temps calmes, les hommes pourraient prendre des mesures, en élevant des remparts et des digues, pour que, lors d'une nouvelle crue, ou bien ils s'engouffrent dans un canal, ou bien leur assaut ne soit ni aussi licencieux ni autant dommageable. Semblablement en advient-il de la fortune : elle montre sa puissance là où la vertu n'est pas organisée pour lui résister et ensuite dirige ses assauts là où elle sait qu'on n'a pas construit des digues et des remparts pour la retenir. Si vous considérez l'Italie, qui est le siège de ces variations et qui les a mises en mouvement, vous verrez qu'elle est une campagne sans digues ni remparts ; car si elle était protégée par une vertu convenable, comme l'Allemagne, l'Espagne et la France, cette crue n'aurait pas provoqué de si grandes variations ou [même] ne se serait pas manifestée. Et je ne veux pas dire plus pour ce qui est de s'opposer à la fortune en général.

Mais pour me restreindre aux cas particuliers, je dis qu'on voit aujourd'hui tel prince être heureux et demain se perdre, sans avoir constaté chez lui de changement de nature ou de qualité. Cela provient d'abord, je crois, des causes qu'on a longtemps examinées ci-dessus [123], c'est-à-dire que le prince qui s'appuie totalement sur la fortune se perd lorsqu'elle varie. Je crois aussi qu'est heureux celui dont le mode de procéder s'accorde aux qualités des temps et, semblablement, qu'est malheureux celui pour qui les temps ne s'accordent pas à sa façon de procéder. Parce qu'on voit les hommes s'y prendre de manières variées dans les choses qui les conduisent à la fin que chacun désire, c'est-à-dire la gloire et les richesses ; l'un procède craintivement, l'autre hardiment, l'un violemment, l'autre avec art, l'un patiemment, l'autre avec son contraire ; et chacun peut parvenir à cette fin de ces différentes façons. On voit aussi, de deux craintifs, l'un parvenir à son dessein, l'autre non, et, semblablement, deux hommes être également heureux au moyen de deux façons de s'y prendre différentes, l'un étant craintif, l'autre impétueux ; cela ne vient de rien d'autre que de la qualité des temps qui s'accordent ou non à leur manière de procéder. C'est pourquoi il arrive ce que j'ai dit : deux princes, œuvrant différemment, obtiennent le même effet, et de deux princes œuvrant de la même manière, l'un atteindra sa cible, et l'autre non. La variation de son bien-être dépend aussi de la même cause : parce que quelqu'un qui se gouverne dans la crainte et avec patience vient à être heureux si les temps et les choses font en sorte que sa manière de gouverner soit bonne ; mais si les temps changent, il se perd, parce qu'il ne change pas sa façon de procéder. Mais il ne se trouve pas d'homme si prudent qu'il sache s'y accommoder, soit parce qu'il ne peut dévier de ce à quoi la nature l'incline, soit même parce qu'ayant toujours prospéré en cheminant par une voie, il ne peut se persuader d'en emprunter une autre. C'est pourquoi l'homme craintif, quand il est temps d'être hardi, ne sait pas le faire ; de là vient qu'il se perd ; car s'il changeait de nature avec les temps et les affaires, sa fortune ne changerait pas.

Le pape Jules II procéda hardiment en toutes choses et il trouva les temps et les affaires tellement conformes à sa façon de procéder qu'il en obtint toujours une fin heureuse. Considérez la première entreprise qu'il fit contre Bologne, lorsque messire Jean Bentivogli vivait encore [124]. Les Vénitiens n'étaient pas d'accord, le roi d'Espagne non plus ; il avait avec la France des pourparlers au sujet d'une telle entreprise ; néanmoins, en raison de sa férocité et de sa hardiesse, il s'impliqua personnellement dans cette expédition. Une fois mise en mouvement, elle fit que l'Espagne et les Vénitiens restèrent dans l'indécision et figés, ceux-ci par peur et l'autre par le désir qu'il avait de récupérer tout le royaume de Naples ; de l'autre côté, il entraîna le roi de France, parce que, comme ce roi l'avait vu en mouvement et comme il désirait se le faire ami pour abaisser les Vénitiens, il jugea ne pas pouvoir lui refuser ses gens sans l'outrager ouvertement. Donc, par son geste hardi, Jules mena à bien ce que jamais un autre pontife n'aurait fait avec toute la prudence humaine ; parce que s'il avait attendu pour quitter Rome des assurances fermes et que toute l'affaire fût organisée, comme tout autre pontife aurait fait, jamais il n'aurait réussi : le roi de France aurait trouvé mille excuses, et les autres lui auraient opposé mille peurs. Moi je veux passer sous silence ses autres actions, qui ont toutes été semblables : elles ont toutes bien réussi. Et la brièveté de la vie ne lui a pas laissé éprouver le contraire ; parce que, s'il était venu des temps où il eût fallu procéder dans la crainte, sa ruine s'ensuivait : il n'aurait jamais dévié de ces façons auxquelles la nature l'inclinait.

Je conclus donc que lorsque la fortune varie et que les hommes sont obstinés dans leurs façons d'agir, ils sont heureux tant qu'elles s'accordent ensemble et, lorsqu'elles ne s'accordent pas, ils sont malheureux. Moi je juge qu'il est mieux d'être hardi que craintif, parce que la fortune est une femme et qu'il est nécessaire, lorsqu'on veut la garder sous [contrôle], de la battre et de la bousculer. Et on voit qu'elle se laisse plutôt vaincre par ceux-ci que par ceux qui procèdent froidement ; c'est pourquoi, comme une femme, elle est toujours l'amie des jeunes, parce qu'ils sont moins craintifs, plus féroces, et qu'ils la commandent avec plus d'audace.

XXVI

Exhortation à prendre l'Italie et à la libérer des barbares [125]

Ayant donc considéré tout ce qu'on a examiné, et réfléchissant en moi-même si des temps faits pour honorer un prince nouveau couraient à présent en Italie et s'il y avait là une matière qui donnerait l'occasion à un prince prudent et vertueux d'y introduire une forme qui lui ferait honneur et apporterait des avantages à la collectivité des hommes de l'Italie, il me paraît que tant de choses concourent à l'avantage d'un prince nouveau que moi je ne sais pas quel temps y serait plus favorable.

Si, comme moi j'ai dit [126], il était nécessaire, pour voir la vertu de Moïse, que le peuple d'Israël soit esclave en Égypte, et pour connaître la grandeur de l'esprit de Cyrus, que les Perses soient opprimés par les Mèdes, et l'excellence de Thésée, que les Athéniens soient dispersés de même, aujourd'hui, pour connaître la vertu d'un esprit [127] italien, il était nécessaire que l'Italie se réduise à sa situation présente et qu'elle soit plus esclave que les Hébreux, plus servile que les Perses, plus dispersée que les Athéniens, sans chef, sans institution, battue, dépouillée, déchirée, courue, et qu'elle ait supporté toutes sortes de pertes.

Et bien que jusqu'ici une certaine lueur se soit montré en quelqu'un[128], qui permette de juger qu'il était choisi par Dieu pour sa rédemption, cependant on a vu, ensuite, qu'il a été réprouvé par la fortune lors du plus haut cours de ses actions. De sorte que, demeurée comme sans vie, elle attend qui pourra bien être celui qui soignera ses blessures, mettra fin aux sacs de la Lombardie, aux rançons du royaume de Naples et de la Toscane, et la guérira de ses plaies déjà longtemps fistuleuses. On voit qu'elle prie Dieu qu'Il lui envoie quelqu'un qui la rédime [129] de ces cruautés et des insolences barbares ; on la voit aussi toute prête et disposée à suivre une bannière, pourvu qu'il y ait quelqu'un qui la soulève. Et on ne voit pas en qui elle peut plus espérer qu'en Votre illustre maison, qui avec Sa fortune et Sa vertu, soutenue par Dieu et par l'Église dont elle est maintenant le prince [130], peut se faire chef de cette rédemption. Cela ne sera pas très difficile si Vous portez à Vos yeux les actions et la vie des hommes nommés plus haut. Bien que ces hommes soient rares et merveilleux, néanmoins, ils furent des hommes, et chacun d'eux eut une moins grande occasion que la présente, parce que leur entreprise ne fut pas plus juste que celle-ci, ni plus facile, et que Dieu ne leur fut pas plus ami qu'à Vous. Ici il y a grande justice ; car une guerre est juste pour ceux à qui elle est nécessaire, et les armes sont pieuses où il n'y a aucun espoir si ce n'est en elles [131]. Il y a ici une très grande disposition [du peuple à la révolution] ; et il ne peut pas y avoir grande difficulté là où il y a grande disposition, pourvu qu'Elle s'inspire des institutions de ceux que moi j'ai proposés pour modèles. En plus de cela, on voit ici des événements extraordinaires, sans exemple, conduits par Dieu : la mer s'est ouverte ; une nuée Vous a guidé sur le chemin ; la pierre a versé de l'eau ; ici il a plu de la manne : tout concourt à Votre grandeur. Vous devez faire ce qui reste. Dieu ne veut pas tout faire, pour ne pas nous enlever la liberté et la partie de la gloire qui nous revient.

Il n'y a pas de merveille si aucun des Italiens prénommés n'a pu faire ce qu'on peut espérer que Votre illustre maison fera et si, en tant de révolutions de l'Italie et en tant de manœuvres de guerre, il paraît toujours que la vertu militaire est éteinte en elle. Ceci vient de ce que ses institutions anciennes n'étaient pas bonnes et de ce qu'il n'y a eu personne qui ait su en trouver de nouvelles ; rien ne fait tant honneur à un homme qui se présente nouvellement que les lois et les institutions nouvelles trouvées par lui. Quand elles sont bien fondées et qu'elles ont de la grandeur en elles, elles le rendent respectable et admirable.

Il ne manque pas de matière en Italie pour y introduire toutes sortes de formes : il y a ici grande vertu dans les membres, quand elle ne manquerait pas dans les chefs. Prenez pour exemple les duels et les rencontres de peu d'hommes, quand les Italiens sont supérieurs quant aux forces, à l'adresse, au génie ; mais lorsqu'on en vient aux armées, ils ne comparaissent plus [132]. Tout cela procède de la faiblesse des chefs ; parce que ceux qui s'y connaissent en la matière ne sont pas obéis – et il paraît à chacun qu'il s'y connaît, puisque jusqu'ici il n'y en a aucun qui ait su s'élever, et par vertu et par fortune, au point où les autres cèdent.

C'est pourquoi pendant si longtemps, durant tant de guerres lors des vingt dernières années [133], quand il y a eu une armée toute italienne, toujours elle a fait mauvaise figure : de quoi sont témoins d'abord le Tare, ensuite Alexandrie, Capoue, Gênes, Vailà, Bologne et Mestre [134].

Donc, puisque Votre illustre maison veut s'inspirer de ces hommes excellents qui rédimèrent leur province, avant toute autre chose, il est nécessaire de se munir d'armes propres, comme vrai fondement de toute entreprise ; parce qu'on ne peut avoir de soldats meilleurs, plus fidèles, plus vrais. Bien que chacun d'eux soit bon, tous ensemble ils deviendront meilleurs quand ils se verront commandés, honorés et entretenus par leur prince. Par conséquent, il est nécessaire de se munir de ces armes pour pouvoir se défendre contre les étrangers au moyen de la vertu italienne. Et bien que l'infanterie suisse et espagnole soit estimée terrible, néanmoins, chez l'une et l'autre des deux, il y a un défaut en raison duquel une troisième organisation pourrait non seulement penser s'opposer à elles, mais aussi avoir confiance de pouvoir les détruire ; car les Espagnols ne peuvent soutenir l'assaut de cavaliers et les Suisses doivent avoir peur des fantassins quand ils en rencontrent étant tout comme eux obstinés au combat. C'est pourquoi on a vu et on verra, par expérience, que les Espagnols ne peuvent soutenir l'assaut de la cavalerie française et que les Suisses sont battus par l'infanterie espagnole. Bien qu'on n'ait pas eu une expérience entière de ce dernier cas, cependant on en a eu un aperçu lors de la journée de Ravenne [135] quand les infanteries espagnoles affrontèrent les bataillons allemands qui conservent la même organisation que les bataillons suisses : les Espagnols, en raison de leur agilité de corps et aidés de leurs petits boucliers, s'étaient glissés en dessous entre les piques et se tenaient ainsi en sécurité prêts à leur faire du tort sans que les Allemands y eussent remède ; s'il n'y avait pas eu de cavalerie qui bousculât les Espagnols, ils les auraient tous abattus. Comme le défaut de l'une et de l'autre de ces infanteries est connu, on peut donc en organiser une nouvelle qui résistera aux cavaliers et n'aura pas peur des fantassins, ce qui sera assuré par le nouveau genre d'armes et une variation dans leur organisation. Ceci est du nombre de ces choses qui, lorsqu'elles sont établies nouvellement, donnent de la réputation et de la grandeur à un prince nouveau.

Donc, on ne doit pas laisser passer cette occasion, afin que l'Italie, après tant de temps, voie son rédempteur. Je ne peux pas exprimer avec quel amour il serait reçu en toutes ces provinces qui ont souffert de ces inondations étrangères, avec quelle soif de vengeance, avec quelle foi obstinée, quelle piété [136], quelles larmes ! Quelles portes se fermeraient devant lui ? Quels gens du peuple lui refuseraient obéissance ? Quelle envie s'opposerait à lui ? Quel Italien lui refuserait hommage ? Ce pouvoir barbare pue au nez de tout un chacun. Que Votre illustre maison accepte donc cette tâche avec ce cœur et avec cet espoir dont on fait les justes entreprises, afin que sous Son enseigne la patrie soit anoblie et que sous Ses auspices on vérifie ce dit de Pétrarque :

> La vertu contre la fureur
> Prendra les armes ; et le combat sera court.
> Car l'ancienne valeur
> N'est pas encore morte dans les cœurs italiens [137].

(il ment en quelque sorte, car ce n'est pas nécessairement t.l.m qui serait heureux.

→ il dit qu'il faut laisser tomber les fausses « vérités ». (vérités effectives)

Il se présente comme un « sauveur »)

LA VIE DE CASTRUCCIO CASTRACANI
DE LUCQUES

décrite par Nicolas Machiavel
et offerte à Zanobe Buondelmonti
et à Louis Alamanni [138],
ses très bons amis

Très chers Zanobe et Louis, à ceux qui considèrent le fait il paraît étonnant que tous ceux qui ont accompli de très grandes choses en ce monde et ont été les plus excellents hommes de leur âge, tous ceux-là, ou la plupart d'entre eux, ont eu une naissance et un début bas et obscurs, ou démesurément éprouvés par la fortune ; car ils ont tous été exposés aux fauves ou ont eu un père si méprisable que par honte de lui, ils se sont faits fils de Jupiter ou de quelque autre dieu. Puisque chacun en a connu un grand nombre, il serait ennuyeux et peu acceptable de rappeler au lecteur qui ils ont été : nous l'omettrons en tant que superflu. Je crois bien que ceci naît de ce que, voulant montrer au monde que c'est elle, et non la prudence, qui fait les grands hommes, la fortune commence à montrer ses forces à un moment où la prudence ne peut avoir aucune part et où au contraire on doit reconnaître que tout vient d'elle.

Castruccio Castracani de Lucques fut donc un de ces hommes ; étant donné les temps où il a vécu et la cité où il est né, il fit de très grandes choses, et il n'eut pas une naissance plus heureuse et plus connue qu'eux, comme on le comprendra en traitant le cours de sa vie. Il m'a paru bon de la rappeler au souvenir des hommes, car il m'a paru y avoir trouvé un grand nombre de très grands exemples de vertu et de fortune. Et il m'a paru bon de vous l'adresser à vous qui vous délectez des actions vertueuses plus que les autres hommes que moi je connais.

Je dis donc que la famille des Castracani est comptée parmi les familles nobles de la cité de Lucques, bien qu'elle soit disparue de nos jours, conformément à l'ordre de toutes les choses de ce monde. De cette famille naquit autrefois un certain Antoine Castracani, qui, devenu un religieux, fut chanoine de Saint-Michel-de-Lucques ; on l'appelait messire Antoine en signe de l'honneur qu'on lui portait. Il n'avait qu'une sœur, qui avait épousé autrefois Buonaccorso Cenami ; comme Buonaccorso était mort et qu'elle était devenue veuve, elle fut réduite à demeurer avec son frère, puisqu'elle avait le cœur bien décidé à ne jamais se remarier.

Messire Antoine avait une vigne derrière la maison qu'il habitait ; elle côtoyait un grand nombre de jardins, et on pouvait y entrer par un grand nombre de côtés et sans grande difficulté. Il arriva qu'un matin peu après le lever du soleil, alors que dame Dianora – c'était ainsi qu'on appelait la sœur de messire Antoine – se promenait dans la vigne en cueillant, selon la coutume des femmes, des herbes pour en faire des condiments, il arriva qu'elle entendit bruire dans les pampres sous une vigne ; ayant tourné les yeux de ce côté, elle entendit comme des pleurs. Aussi s'étant approché du bruit, elle découvrit les mains et le visage d'un bébé enveloppé dans le feuillage et qui paraissait lui demander de l'aide. En partie surprise, en partie effrayée, pleine de compassion et de stupeur, Dianora recueillit l'enfant ; après l'avoir porté à la maison, lavé et enveloppé de langes blancs, comme c'est la coutume, elle le présenta à messire Antoine lorsqu'il retourna au logis. En entendant l'histoire et en voyant le petit enfant, il ne fut pas moins rempli d'étonnement et de pitié que la femme ; ayant tenu conseil ensemble sur le parti qu'ils devaient prendre, ils décidèrent de l'élever, puisqu'il était prêtre et qu'elle n'avait pas d'enfants. Ils prirent une nourrice à domicile et l'élevèrent avec autant d'amour que s'il avait été leur enfant ; l'ayant fait baptiser, il lui donnèrent le nom de leur père : Castruccio.

Avec les années la faveur de Castruccio croissait ; en toutes choses il montrait du génie et de la prudence ; selon son âge, il apprenait tout de suite ce que lui présentait messire Antoine. Ce dernier avait dessein de le faire prêtre et avec le temps de lui résigner son canonicat et ses autres avantages ; c'est en vue de cela qu'il l'instruisait. Mais il avait trouvé un sujet qui était tout à fait mal adapté à l'esprit sacerdotal ; car avant que Castruccio ne parvienne à l'âge de quatorze ans, il commença à prendre le dessus sur [139] messire Antoine et à ne plus du tout craindre dame Dianora ; il abandonna les livres ecclésiastiques et commença à pratiquer les armes : il ne se délectait de rien d'autre que de les manier ou de courir avec ses égaux, de sauter, de lutter et ainsi de suite ; aussi il montrait une très grande vertu de cœur et de corps, et il y surpassait de loin tous les autres de son âge. Lorsque parfois il lisait, rien ne lui plaisait que les lectures qui traitaient de la guerre et des exploits des plus grands hommes ; messire Antoine tirait de tout cela une douleur et un chagrin sans mesure.

Il y avait dans la cité de Lucques un gentilhomme de la famille des Guinigi, appelé messire François, qui par sa richesse, sa faveur et sa vertu, dépassait de loin tous les autres Lucquois. Son métier était la guerre, et il avait longtemps servi sous les Visconti de Milan ; parce qu'il était gibelin, il était plus estimé que tous les autres qui suivaient ce parti à Lucques. Lorsqu'il était à Lucques, il se retrouvait le soir et le matin avec les autres citoyens sous les arcades du podestat en haut de la place Saint-Michel, qui est la première place publique de Lucques : plusieurs fois il y vit Castruccio faire avec les autres enfants des environs les exercices qu'il pratiquait, comme moi j'ai dit plus haut ; il lui parut qu'en plus de les surpasser, il avait sur eux une autorité royale et que, d'une certaine façon, ceux-ci l'aimaient et le respectaient ; aussi Guinigi devint suprêmement désireux de savoir qui il était. Lorsqu'on l'eut informé des détails, il brûla d'un désir encore plus grand de l'avoir auprès de lui. Il l'appela un jour et lui demanda où il resterait plus volontiers : dans la maison d'un gentilhomme, qui lui apprendrait à monter à cheval et à pratiquer les armes, ou dans la maison d'un prêtre, où il n'entendrait rien d'autre que des offices et des messes. Messire François remarqua combien Castruccio se réjouit en entendant parler de chevaux et d'armes ; mais il demeurait un peu gêné ; messire François lui donnant le cœur de parler, il répondit que si cela plaisait à messire Antoine, il ne pourrait avoir de plus grande faveur que d'abandonner l'entraînement d'un prêtre et de commencer l'entraînement d'un soldat. La réponse plut assez à messire François ; et en quelques brefs jours, il travailla si fort que messire Antoine lui laissa l'enfant. Ce qui l'y poussa plus que tout, c'était la nature de l'enfant : il jugeait ne pas pouvoir le retenir plus longtemps comme ça.

Castruccio passa donc de la maison de messire le chanoine Antoine Castracani à la maison de messire le condottiere François Guinigi : il est extraordinaire de penser en combien peu de temps il se remplit de toutes les vertus et manières qu'on requiert d'un véritable gentilhomme. Il se fit d'abord excellent cavalier : il montait avec une adresse consommée le cheval le plus sauvage ; dans les joutes et les tournois, quoique très jeune, il était le plus remarquable des participants, si bien qu'il ne se trouvait personne qui le surpassât en force et en adresse. À quoi s'ajoutaient des manières où on voyait une modestie sans mesure : on ne le voyait rien faire, on ne l'entendait rien dire qui pût déplaire ; il était respectueux avec ses supérieurs, modeste avec ses égaux, plaisant avec ses inférieurs. Cela le faisait aimer, non seulement de toute la famille des Guinigi, mais encore de toute la cité de Lucques.

En ce temps-là, lorsque Castruccio avait déjà dix-huit ans, il arriva que les gibelins furent chassés de Pavie par les guelfes ; les Visconti de Milan envoyèrent François Guinigi pour les aider. Avec lui alla Castruccio sur qui reposait le poids de toute sa compagnie [140]. Castruccio donna durant cette expédition tant de preuves de prudence et de cœur qu'aucun de ceux qui participèrent à l'entreprise n'acquit autant de faveur que lui ; son nom devint grand et honoré non seulement dans Pavie, mais aussi dans toute la Lombardie.

Il retourna à Lucques beaucoup plus estimé qu'il ne l'était lors de son départ ; autant que ça lui était possible, il ne manquait pas de se faire des amis en observant toutes les façons nécessaires pour se gagner les hommes. Mais messire François Guinigi vint à mourir ; il avait laissé un fils, âgé de treize ans, appelé Paul ; il fit de Castruccio son tuteur et le gouverneur de ses biens ; avant de mourir, il le fit venir auprès de lui et le pria de bien vouloir élever son fils selon la foi dans laquelle il avait été élevé lui-même et de remettre au fils les dettes qu'il n'avait pas pu rendre au père. Alors messire François Guinigi mourut et Castruccio demeura gouverneur et tuteur de Paul ; il accrut tellement sa réputation et son pouvoir que la faveur dont il était l'objet d'habitude dans Lucques se convertit partiellement en envie, tellement qu'un grand nombre de gens le calomniaient [en disant qu'il était] un homme à soupçonner, quelqu'un qui avait un esprit tyrannique. Le premier de ceux-ci était messire George degli Opizi, chef du parti guelfe. Avec la mort de messire François il espérait demeurer, pour ainsi dire, le prince de Lucques ; il lui semblait que Castruccio, qui demeurait au gouvernement par la faveur que lui donnaient ses qualités, lui en avait enlevé l'occasion ; pour cette raison il répandait des bruits qui lui enlevaient de la faveur. Castruccio s'en indigna d'abord, puis il y ajouta du soupçon : il pensait que messire George ne cesserait pas de le mettre dans la défaveur du lieutenant de Robert, roi de Naples, qui le ferait chasser de Lucques.

En ce temps-là, Ugoccione della Faggiola d'Arezzo était seigneur de Pise ; après avoir été élu capitaine par les Pisans, il s'en était fait le seigneur. Auprès d'Ugoccione il y avait quelques bannis de Lucques du parti gibelin ; Castruccio négociait avec eux pour les faire rentrer dans Lucques avec l'aide d'Ugoccione ; il communiqua aussi son dessein à ses amis qui demeuraient à Lucques et qui ne pouvaient supporter le pouvoir des Opizi. Ayant organisé ce qu'ils devaient faire, avec précaution Castruccio fit fortifier la tour des Honesti et la remplit de munitions et de vivres, pour pouvoir si nécessaire s'y maintenir quelques jours. La nuit convenue avec Ugoccione étant arrivée, il lui donna le signal – Ugoccione était descendu avec un grand nombre de ses hommes dans la plaine, entre les montagnes et Lucques – ; ayant vu le signal, Ugoccione s'approcha de la porte Saint-Pierre et mit le feu à la porte extérieure. De son côté, Castruccio provoqua un tumulte, appela le peuple aux armes et força la porte depuis l'intérieur ; si bien que Ugoccione et ses hommes entrèrent dans la cité, coururent la terre, tuèrent messire George, toute sa famille et un grand nombre de ses amis et partisans et chassèrent le gouverneur ; l'état de la cité fut refaite selon le plaisir d'Ugoccione et au prix d'un très grand dommage : il y eut alors plus de cent familles chassées de Lucques. Une partie de ceux qui fuirent allèrent à Florence, une autre à Pistoie ; ces deux cités étaient dirigées par les guelfes ; pour cette raison elles devenaient les ennemies d'Ugoccione et des Lucquois.

Comme il paraissait aux Florentins et aux autres guelfes que le parti gibelin avait pris trop d'autorité en Toscane, ils convinrent ensemble de faire rentrer chez eux les bannis de Lucques ; ayant établi une grosse armée, ils entrèrent dans le Val di Nievole et occupèrent Montecatini ; de là ils établirent leur camp à Montecarlo pour libérer le passage vers Lucques. Pendant ce temps, Ugoccione réunit bon nombre de Pisans et de Lucquois et, en plus, un grand nombre de cavaliers allemands qu'il tira de Lombardie, puis il alla trouver le camp des Florentins ; ceux-ci, en entendant venir les ennemis, avaient quitté Montecarlo et s'étaient postés entre Montecatini et Pescia, alors qu'Ugoccione se plaça sous Montecarlo, à deux milles des ennemis. Et là, pendant quelques jours, il y eut de légers combats entre les chevaux de l'une et l'autre armée : Ugoccione étant tombé malade, les Pisans et les Lucquois évitaient de faire une journée avec les ennemis.

Mais comme la maladie d'Ugoccione s'était aggravée, il se retira à Montecarlo pour se soigner et laissa à Castruccio le soin de l'armée. Ce qui fut la cause de la perte des guelfes : ils prirent cœur parce qu'il leur paraissait que l'armée ennemie était restée sans capitaine. Castruccio le sut et attendit quelques jours pour laisser croître en eux cette opinion, feignant de craindre [son ennemi] et ne laissant personne sortir des fortifications du camp ; de l'autre côté, les guelfes devenaient d'autant plus insolents qu'ils voyaient plus de crainte [chez leurs ennemis] ; chaque jour ils se présentaient devant l'armée de Castruccio organisés pour le combat. Lorsqu'il lui parut leur avoir donné assez de cœur et avoir connu leur organisation, il décida de faire une journée avec eux ; et d'abord il raffermit le cœur de ses soldats par quelques paroles en leur montrant que la victoire était certaine s'ils voulaient obéir à ses ordres.

Castruccio avait vu que les ennemis avaient mis toutes leurs forces au milieu des troupes et les hommes les plus faibles aux deux ailes ; c'est pour cela qu'il fit le contraire : il mit sur les ailes de son armée les hommes les plus valeureux qu'il avait et au milieu ceux qu'il estimait moins. Il sortit de ses cantonnements ainsi organisé ; aussitôt qu'il fut en vue de l'ennemi qui, selon son usage, venait le trouver avec insolence, il commanda aux escadrons du milieu d'aller lentement et à ceux des deux ailes d'avancer rapidement. De sorte que lorsqu'il fut aux prises avec les ennemis, seules les ailes de l'une et l'autre armées combattaient, alors que les escadrons du milieu demeuraient inactifs ; car les hommes du milieu de Castruccio étaient demeurés si loin en arrière que les hommes du milieu des ennemis ne les atteignaient pas ; ainsi il arrivait que les hommes les plus gaillards de Castruccio combattaient avec les hommes les plus faibles des ennemis et que leurs hommes les plus gaillards demeuraient inactifs sans pouvoir attaquer ceux qu'ils avaient devant eux ni donner de l'aide aux autres. De sorte que sans grande difficulté les ennemis de l'une et l'autre ailes tournèrent le dos ; voyant leurs flancs dépouillés, ceux du milieu s'enfuirent aussi sans avoir pu montrer leur vertu. La déroute et la tuerie furent grandes : on y mit à mort plus de dix mille hommes, parmi lesquels, du parti des guelfes, un grand nombre de capitaines et de grands cavaliers de partout en Toscane ; il y périt aussi un grand nombre de princes qui étaient venus à leur secours, comme Pierre, frère du roi Robert, Charles, son neveu, et Philippe, seigneur de Tarente. Du côté de Castruccio les morts n'atteignirent pas trois cents, entre lesquels il mourut François, fils d'Ugoccione, qui, jeune et plein de bonne volonté, fut tué au premier assaut.

Par cette déroute Castruccio se fit une si grande renommée qu'Ugoccione fut pris par une jalousie et un soupçon tels qu'il ne pensait qu'au moyen de l'anéantir : il lui semblait que cette victoire lui avait enlevé du contrôle politique plutôt que de lui en donner. Comme il se maintenait dans cette pensée et qu'il cherchait une occasion honnête pour la mettre à exécution, il arriva que Pierre Agnolo Micheli, un noble grandement estimé, fut mis à mort à Lucques et que son meurtrier se réfugia dans la maison de Castruccio ; les sergents du capitaine allèrent l'y capturer, mais furent repoussés par Castruccio ; si bien que l'assassin se sauva en raison de son aide. Lorsqu'Ugoccione, qui était alors à Pise, entendit cela, il lui parut avoir une juste raison pour le punir ; il appela son fils Néri, auquel il avait déjà donné la seigneurie de Lucques, et il le chargea de capturer Castruccio, sous prétexte de l'inviter à un banquet, et de le faire mourir. C'est pourquoi Castruccio alla désarmé au palais de son seigneur sans craindre d'outrage ; il fut d'abord retenu à souper par Néri et ensuite capturé. Néri, qui craignait d'émouvoir le peuple s'il faisait mourir Castruccio sans aucune justification, le garda vivant pour mieux savoir comment, de l'avis d'Ugoccione, il devait se conduire. Ce dernier blâma la lenteur et la lâcheté de son fils ; et pour compléter l'affaire, il sortit de Pise avec quatre cents chevaux pour se rendre à Lucques ; il n'était pas encore arrivé à Bagni que les Pisans prirent les armes, tuèrent le lieutenant d'Ugoccione et les autres de sa maison qui étaient restés à Pise et firent du comte Gaddo della Gherardesca leur seigneur. Avant d'arriver à Lucques, Ugoccione entendit parler de ce qui était arrivé à Pise ; il ne lui parut pas bon de revenir en arrière de peur qu'à l'exemple des Pisans les Lucquois eux aussi ne lui ferment leurs portes. Mais les Lucquois entendirent parler des événements de Pise et, malgré l'arrivée d'Ugoccione à Lucques, prirent l'occasion de la libération éventuelle de Castruccio pour commencer d'abord à parler sans crainte dans des cercles sur les places publiques, ensuite à provoquer des tumultes et enfin à en venir aux armes en demandant que Castruccio soit libéré ; si bien qu'Ugoccione le tira de prison par crainte de pire encore. C'est pourquoi Castruccio, aussitôt qu'il fut réuni à ses amis, s'attaqua à Ugoccione avec le soutien du peuple. Voyant qu'il n'y avait pas de remède, ce dernier s'enfuit avec ses amis et alla trouver les seigneurs della Scala, chez qui il mourut pauvre.

Mais de prisonnier qu'il était, Castruccio était devenu comme le prince de Lucques ; avec ses amis et avec le soutien tout frais du peuple, il travailla si bien qu'il fut fait capitaine de leurs hommes pour un an. Ceci obtenu, pour se faire une réputation à la guerre, il forma le dessein de recouvrer pour les Lucquois un grand nombre de territoires qui s'étaient rebellés après la fuite d'Ugoccione ; avec le soutien des Pisans, auxquels il s'était joint, il établit son camp devant Serezana ; pour l'assiéger, il éleva face à elle un rempart, que les Florentins entourèrent d'un mur par la suite et qui s'appelle aujourd'hui Serezanello ; il captura ce territoire en deux mois. Par la suite en raison de sa réputation, il occupa Massa, Carrara et Lavenza ; il occupa en très peu de temps toute la Lunigiana ; pour fermer le passage qui va de Lombardie en Lunigiana, il assiégea Pontremoli et en tira Anastase Palavisini, qui en était le seigneur. Lorsqu'il retourna à Lucques après cette victoire, il fut rencontré par tout le peuple. Il ne lui paraissait pas bon de différer [plus longtemps le projet] de se faire prince, et avec l'aide de Pazzino del Poggio, Puccinello del Portico, François Boccansacchi et Cecco Guinigi, qui avaient alors de grandes réputations à Lucques et qu'il avait corrompus, il se fit seigneur de la cité et fut élu prince solennellement et par décision du peuple.

En ce temps-là, Frédéric de Bavière, roi des Romains, était venu en Italie pour y prendre la couronne de l'Empire. Castruccio s'en fit un ami et alla le trouver avec cinq cents chevaux ; à Lucques il laissa Paul Guinigi, son lieutenant ; en souvenir de son père, il estimait celui-ci comme s'il était né de lui. Frédéric reçut honorablement Castruccio, lui donna un grand nombre de privilèges et en fit son lieutenant en Toscane. Les Pisans avaient chassé Gaddo della Gherardesca et par peur de lui avaient eu recours à l'aide de Frédéric ; ce dernier fit de Castruccio seigneur de Pise ; les Pisans l'acceptèrent, par crainte du parti guelfe, et surtout des Florentins.

Frédéric retourna en Allemagne et laissa un gouverneur à Rome ; tous les gibelins de Toscane et de Lombardie, qui étaient du parti de l'empereur, se réfugièrent auprès de Castruccio ; chacun d'eux lui promettait le contrôle de sa patrie, s'il y rentrait par son moyen ; parmi eux, il y avait Matthieu Guidi, Bernard Scolari, Lapo Uberti, Gerozzo Nardi et Pierre Buonaccorsi, tous des gibelins bannis de Florence. Dans le dessein de se faire le seigneur de toute la Toscane par leur moyen et avec ses forces, il se rapprocha de messire Matthieu Visconti, prince de Milan afin de se donner une plus grande réputation ; il organisa toute la cité et son pays en fonction des armes. Parce que Lucques avait cinq portes, il divisa la contrée environnante en cinq parties, l'arma et la distribua sous autant de chefs et de drapeaux ; de sorte qu'en un instant il mettait ensemble vingt mille hommes, sans compter ceux qui pouvaient venir en aide depuis Pise. Castruccio était entouré de ces forces et de ces amis, quand il arriva que Matthieu Visconti fut attaqué par les guelfes de Plaisance qui avaient chassé les gibelins ; les Florentins et le roi Robert y avaient envoyé leurs hommes. C'est pourquoi messire Matthieu exigea que Castruccio attaque les Florentins, afin que contraints à défendre leurs propres maisons, ils rappellent leurs hommes de la Lombardie. Ainsi Castruccio attaqua le Val d'Arno avec bon nombre d'hommes et occupa Fucecchio et San Miniato au très grand dommage du pays ; aussi les Florentins rappelèrent leurs hommes sous la pression de cette nécessité. C'est avec peine qu'ils retournèrent en Toscane, au moment même où Castruccio fut obligé de retourner à Lucques sous la pression d'une autre nécessité.

La famille des Poggio était puissante à Lucques ; elle avait fait de Castruccio non seulement un grand, mais un prince ; comme il ne paraissait pas aux Poggio qu'ils avaient été récompensés selon leurs mérites, ils s'entendirent avec d'autres familles de Lucques pour faire rebeller la cité et chasser Castruccio. Ils en prirent l'occasion un matin : ils coururent armés jusqu'au lieutenant de la justice établi par Castruccio et le tuèrent. Alors qu'ils voulaient continuer à soulever le peuple, Stéphane de Poggio, un vieillard pacifique, qui n'avait pas participé à la conjuration, s'avança et par son autorité contraignit les siens à poser les armes, en offrant d'être le médiateur entre eux et Castruccio pour en obtenir ce qu'ils désiraient. Aussi ils posèrent leurs armes sans plus de prudence qu'ils les avaient prises ; car Castruccio, qui avait entendu parler de la révolution arrivée à Lucques, sans laisser passer de temps s'en vint à Lucques avec une partie de ses hommes et laissa Paul Guinigi comme chef du reste. Contre ses prévisions, il y trouva le soulèvement apaisé ; comme il lui paraissait qu'il aurait alors plus de facilité à se mettre en sécurité, il plaça ses partisans armés à tous les endroits avantageux. Stéphane de Poggio, à qui il paraissait que Castruccio devait lui être obligé, alla le trouver ; il ne demanda rien pour lui, parce qu'il ne jugeait pas en avoir besoin ; mais pour les autres membres de sa maison, il demanda à Castruccio de pardonner beaucoup en raison de leur jeunesse et beaucoup encore en raison de l'ancienne amitié qui le liait à sa maison et des obligations qu'il avait envers elle. Castruccio lui répondit agréablement et l'exhorta à être de bon cœur ; il lui montra qu'il était plus heureux d'avoir trouvé les tumultes apaisés qu'il avait été irrité qu'on les ait provoqués ; il exhorta Stéphane à les lui faire venir tous, en lui disant qu'il remerciait Dieu de lui avoir donné l'occasion de montrer sa clémence et sa libéralité. Ils vinrent donc sous [la protection de] la foi de Stéphane et de Castruccio et furent emprisonnés et mis à mort avec Stéphane.

Pendant cet intermède, les Florentins avaient récupéré San Miniato ; aussi il parut bon à Castruccio de terminer cette guerre parce qu'il lui semblait qu'il ne pourrait pas s'éloigner de la maison tant qu'il ne se serait pas assuré de Lucques. Il tâta les Florentins et sans difficulté les trouva disposé à une trêve, parce qu'ils étaient épuisés eux aussi et désireux d'arrêter les dépenses. Ils firent donc une trêve de deux ans, où il fut convenu que chacun posséderait ce qu'il possédait [auparavant]. Libéré de cette guerre, Castruccio, pour ne plus encourir les dangers qu'il avait déjà encourus, anéantit, sous différents prétextes et pour différentes raisons, tous ceux de Lucques qui par ambition pourraient aspirer à la souveraineté ; il ne pardonna à personne : il les priva de la patrie et de la propriété, et ceux qu'il pouvait tenir entre les mains, il les priva de la vie ; il affirmait qu'il avait connu par expérience qu'il n'y en avait pas un qui pouvait lui être fidèle. Pour avoir une sécurité plus grande, il fit élever une forteresse dans Lucques et se servit des matériaux des tours de ceux qu'il avait chassés ou fait mourir.

Castruccio et les Florentins avaient posé les armes ; mais pendant qu'il se fortifiait à Lucques, Castruccio ne manquait pas d'entreprendre ce qu'il pouvait pour augmenter sa grandeur sans faire de guerre ouverte. Il avait grand désir d'occuper Pistoie ; il lui semblait qu'il aurait pris pied à Florence quand il aurait obtenu la possession de cette cité ; il se rendit amie toute la montagne de différentes façons ; il se conduisait avec les partis de Pistoie de façon que chacun avait confiance en lui. La cité était alors divisée, comme elle l'a toujours été, en Blancs et Noirs [141]. Bastien de Possente était le chef des Blancs et Jacob de Gia celui des Noirs ; chacun des deux chefs entretenait des négociations très serrées avec Castruccio ; chacun désirait chasser l'autre, si bien que suite à un grand nombre de soupçons, l'un et l'autre en vinrent aux armes. Jacob prit ses quartiers à la porte de Florence et Bastien à celle de Lucques ; chacun avait plus confiance en Castruccio qu'en les Florentins : ils le jugeaient plus expéditif et plus prompt à faire la guerre ; l'un et l'autre lui envoyèrent secrètement des ambassadeurs pour lui demander de l'aide ; il leur en promit à l'un et à l'autre, disant à Jacob qu'il viendrait en personne et à Bastien qu'il enverrait Paul Guinigi, son élève. Il leur donna le moment précis [où il arriverait], envoya Paul par le chemin de Pescia et alla directement à Pistoie ; au milieu de la nuit Castruccio et Guinigi furent à Pistoie, ainsi qu'ils en avaient convenu ; ils furent l'un et l'autre reçus comme amis, si bien qu'ils entrèrent dans la cité. Lorsqu'il parut bon à Castruccio, il fit un signe à Paul ; alors l'un tua Jacob de Gia, l'autre Bastien di Possente ; tous leurs autres partisans furent capturés ou mis à mort ; sans autre opposition, ils coururent Pistoie comme si elle était la leur ; la seigneurie fut tirée du palais, et Castruccio contraignit le peuple à lui faire obédience : il lui fit remettre un grand nombre des vieilles dettes et lui fit un grand nombre d'offrandes ; il agit de même avec tous ceux des environs qui étaient accourus nombreux pour voir le nouveau prince ; si bien que plein d'espoir et poussé en grande partie par ses vertus, tout un chacun demeura tranquille.

En ce temps-là, il arriva que le peuple de Rome commença à provoquer des tumultes en raison de la vie chère ; il en attribuait la cause à l'absence du pape qui était à Avignon et blâmait les gouverneurs allemands [142] ; de façon que chaque jour il y avait des meurtres et d'autres désordres, sans qu'Henri, le lieutenant de l'empereur, puisse y remédier ; si bien qu'Henri en vint à soupçonner grandement que les Romains appelleraient Robert, roi de Naples, qu'ils le chasseraient de Rome et restitueraient la ville au pape. Castruccio était l'ami le plus proche auquel il pouvait avoir recours ; il le fit prier d'être content non seulement d'envoyer de l'aide, mais de venir en personne à Rome. Castruccio jugea qu'il n'y avait pas à différer, soit pour rendre un dû à l'empereur, soit parce qu'il jugeait qu'il n'aurait pas de remède une fois que l'empereur ne serait plus à Rome [143]. Il laissa donc Paul Guinigi à Lucques et avec six cents chevaux s'en alla à Rome, où il fut reçu par Henri avec les honneurs les plus grands ; en très peu de temps, sa présence apporta une réputation si grande au parti de l'empereur que tout s'apaisa sans sang ou autre violence ; Castruccio fit venir par mer bonne quantité de blé du Pisantin et enleva toute cause de scandale ; ensuite soit en admonestant les chefs de Rome soit en les châtiant, il les réduisit volontairement [à vivre] sous la conduite d'Henri. Castruccio fut fait sénateur de Rome et on lui donna un grand nombre d'autres honneurs du peuple romain. Il reçut cet office avec la plus grande pompe : il porta une toge de brocart qui disait sur le devant : « Il est ce que Dieu veut qu'il soit », et sur le dos : « Il sera ce que Dieu voudra ».

Durant cet intermède les Florentins, mécontents de ce que pendant la trêve Castruccio se fût rendu souverain de Pistoie, cherchaient une façon de la faire se rebeller ; ils jugeaient que ce serait facile en raison de son absence. Il y avait, parmi les Pistoiens bannis qui se trouvaient à Florence, Ubalde Cecchi et Jacob Baldino, tous les deux hommes d'autorité et prompts à s'exposer à un danger. Ils négocièrent avec leurs amis à l'intérieur de Pistoie ; si bien qu'avec l'aide des Florentins, ils entrèrent de nuit dans la cité, chassèrent une partie des partisans et des officiels de Castruccio, en tuèrent une autre partie et rendirent la liberté à leur cité. Cette nouvelle ennuya Castruccio et lui fit grand déplaisir ; il prit congé d'Henri et à grandes journées se rendit à Lucques avec ses hommes. Les Florentins, quand ils eurent entendu parler du retour de Castruccio, pensèrent qu'il ne devait pas se reposer et décidèrent d'anticiper sur lui et d'entrer avec leurs hommes dans le Val di Nievole avant lui ; ils jugeaient que s'ils occupaient cette vallée, ils réussiraient à lui ôter la seule voie possible pour récupérer Pistoie ; ils rassemblèrent une grosse armée de tous les amis du parti guelfe et entrèrent sur le territoire de Pistoie. De son côté, Castruccio arriva avec ses hommes à

Montecarlo ; ayant appris où se trouvait l'armée des Florentins, il décida de ne pas aller la rencontrer dans la plaine de Pistoie ni de l'attendre dans la plaine de Pescia, mais, si possible, de la confronter dans le défilé de Serrevalle ; il jugeait que si son projet réussissait, il remporterait une victoire certaine, parce qu'il avait appris que les Florentins avaient en tout trente mille hommes alors qu'il avait choisi douze mille hommes parmi les siens. Quoiqu'il fît confiance à son ingéniosité et à leur vertu, il craignait cependant d'être encerclé par la multitude de ses ennemis s'il engageait le combat avec eux en terrain ouvert.

Serrevalle est un château entre Pescia et Pistoie ; il est bâti sur une colline qui ferme le Val di Nievole, non pas directement sur le passage, mais à deux portées de flèche au-dessus. L'endroit par où l'on passe est plus étroit qu'il n'est raide, parce qu'il monte doucement de tous côtés ; mais il est si serré, surtout sur la colline où les eaux se partagent, que vingt hommes de front l'occuperaient. C'est à cet endroit que Castruccio avait dessein d'affronter ses ennemis, soit parce que ses hommes peu nombreux y auraient un avantage, soit pour ne pas découvrir les ennemis avant le combat, puisqu'il craignait que les siens ne s'effraient en voyant leur multitude. Messire Manfredi, de nationalité allemande, était le seigneur du château de Serrevalle ; avant que Castruccio ne fût le seigneur de Pistoie, il [144] s'était renfermé dans ce château comme dans un endroit commun aux Lucquois et aux Pistoiens ; ensuite il n'était arrivé à personne de l'attaquer, puisqu'il promettait à tous de rester neutre et de ne jamais s'obliger auprès d'un d'eux ; si bien que pour cette raison et parce qu'il se tenait dans un endroit fortifié, il s'y était maintenu. Mais la situation fit naître en Castruccio le désir d'occuper l'endroit ; il avait une amitié sûre avec un des habitants du château et s'organisa avec lui pour que la nuit avant qu'on en vienne au combat il reçoive quatre cents hommes et qu'il assassine le seigneur.

Étant préparé de cette façon, il ne fit pas bouger son armée de Montecarlo afin de donner aux Florentins plus de cœur pour passer. Comme ils désiraient éloigner la guerre de Pistoie et la ramener dans le Val di Nievole, ils établirent leur camp sous Serrevalle, ayant à l'esprit de passer la colline le jour suivant. Mais sans tumulte Castruccio avait capturé le château durant la nuit ; au milieu de la nuit il quitta Montecarlo et le même matin arriva en silence et avec ses hommes au pied de Serrevalle ; de façon que les Florentins et lui, chacun de son côté, commencèrent à monter la côte. Castruccio avait dirigé son infanterie par le chemin ordinaire et avait envoyé une troupe de quatre cents chevaux à gauche en direction du château. Les Florentins, de leur côté, avaient envoyé en avant quatre cents chevaux, puis leur infanterie et enfin leurs gendarmes [145] ; ils ne croyaient pas trouver Castruccio sur la colline, parce qu'ils ne savaient pas qu'il s'était fait le seigneur du château. De sorte qu'après avoir monté la colline, les chevaux des Florentins découvrirent, sans s'y attendre, l'infanterie de Castruccio ; ils se trouvèrent si près d'eux qu'ils eurent à peine le temps de lacer leurs armets. Donc ceux qui n'étaient pas prêts furent attaqués par ceux qui étaient prêts et organisés ; ceux-ci les pressèrent avec grand cœur, les autres résistèrent avec peine ; pourtant quelques-uns d'entre eux tinrent tête ; mais le bruit en descendit jusqu'au reste du camp des Florentins, et tout se remplit de confusion. Les chevaux étaient accablés par les fantassins ; les fantassins par les chevaux et par les chariots ; les chefs ne pouvaient ni avancer ni reculer en raison de l'étroitesse de l'endroit ; de façon qu'avec autant de confusion personne ne savait ni ce qu'il pouvait faire ni ce qu'il devait faire. Pendant ce temps, les chevaux qui étaient aux prises avec l'infanterie ennemie étaient tués et détruits sans pouvoir se défendre : la méchanceté de l'endroit ne les lâchait pas ; ils résistaient pourtant, plus parce qu'ils y étaient forcés que par vertu : ayant les montagnes en flanc, les amis derrière et les ennemis devant, il ne leur restait aucun chemin pour fuir.

Pendant ce temps, Castruccio, voyant que les siens ne suffisaient pas pour faire tourner le dos aux ennemis, envoya mille fantassins par le chemin du château et les fit descendre avec quatre cents chevaux qu'il avait envoyés en avant ; ils chargèrent l'ennemi sur le flanc avec tant de furie que les hommes de Florence ne purent soutenir leur assaut et commencèrent à fuir, vaincus par les lieux plutôt que par leurs ennemis. La fuite commença par ceux qui étaient en arrière du côté de Pistoie ; ceux-ci se répandant dans la plaine, chacun veillait à son salut du mieux qu'il le pouvait.

Grande et pleine de sang fut cette déroute. On captura un grand nombre de chefs, dont Bandino de Rossi, François Brunelleschi et Jean della Tosa, tous de nobles Florentins, avec un grand nombre de Toscans et de Napolitains ; envoyés au secours des guelfes par le roi Robert, ces derniers faisaient la guerre aux côtés des Florentins.

Lorsque les Pistoiens entendirent parler de la déroute, sans hésiter ils chassèrent le parti ami des guelfes et se rendirent à Castruccio. Non content de ça, il occupa Prato et tous les châteaux de la plaine, tant en deçà qu'au delà de l'Arno ; il se plaça avec ses hommes dans la plaine de Peretola, à deux milles de Florence, où pendant un grand nombre de jours il se tint afin de diviser le butin et fêter la victoire ; il fit battre de la monnaie au mépris de [la juridiction de] Florence et monta des courses de chevaux, d'hommes et même de courtisanes. Il ne manqua pas non plus de tenter de corrompre un noble, citoyen de Florence, pour qu'il lui ouvre les portes de la cité pendant la nuit ; mais la conjuration fut découverte, et les coupables, Thomas Lupacci et Lambertuccio Frescobaldi, capturés et décapités.

Les Florentins étaient donc effrayés par leur déroute : ils ne voyaient pas de remède qui puisse sauver leur liberté ; pour être plus sûrs de recevoir de l'aide, ils envoyèrent des ambassadeurs à Robert, roi de Naples, pour lui donner Florence et son domaine. Le roi accepta non pas tant à cause de l'honneur que lui faisaient les Florentins que parce qu'il savait important pour son État que le parti guelfe se maintienne dans l'État de Toscane. Après avoir convenu avec les Florentins de recevoir deux cent mille florins par an, il envoya à Florence son fils Charles avec quatre mille chevaux.

Pendant ce temps les Florentins s'étaient en quelque sorte délivrés des hommes de Castruccio, parce qu'il lui fut nécessaire de quitter leurs terrains et d'aller à Pise pour y réprimer une conjuration faite contre lui par Benoît Lanfranchi, un des premiers de Pise. Ne pouvant supporter de voir sa patrie esclave d'un Lucquois, Benoît conspira contre lui dans le dessein d'occuper la citadelle, d'en chasser la garde et de tuer les partisans de Castruccio. Mais en ces cas le petit nombre, qui est nécessaire au secret, ne suffit pas à l'exécution : alors qu'il cherchait à conduire plus d'hommes à son propos, il trouva quelqu'un qui révéla son dessein à Castruccio. Ce qui ne se fit pas sans la honte de Boniface Cerchi et de Jean Guidi, Florentins qui avaient été relégués à Pise ; c'est pour cela que Castruccio mit les mains sur Benoît, le tua, envoya en exil tout le reste de sa famille et décapita un grand nombre d'autres nobles citoyens.

Comme il lui semblait que Pistoie et Pise lui étaient peu fidèles, il s'efforçait avec ingéniosité et force à s'en assurer, ce qui donna aux Florentins le temps de reprendre des forces et de pouvoir attendre la venue de Charles. Lorsqu'il fut arrivé, ils décidèrent de ne pas perdre de temps et réunirent un grand nombre d'hommes : ils convoquèrent presque tous les guelfes d'Italie pour leur venir en aide et formèrent une très grosse armée de plus de trente mille fantassins et de dix mille chevaux. Ayant tenu conseil pour savoir s'il devait attaquer d'abord Pise ou Pistoie, ils résolurent qu'il était mieux de combattre Pise, puisque c'était plus facile, en raison de la conjuration toute fraîche qu'il y avait eu là-bas, et plus utile, puisqu'ils jugeaient que Pistoie se rendrait par elle-même, une fois que Pise serait prise.

Les Florentins sortirent donc avec cette armée au début du mois de mai mil trois cent vingt-huit ; ils occupèrent tout de suite la Lastra, Signa, Montelupo et Empoli et vinrent avec leur armée à San Miniato. D'autre part, Castruccio, ayant entendu parler de la grande armée que les Florentins avaient envoyée contre lui, ne s'effraya aucunement, mais pensa que le moment était arrivé où la fortune devait mettre entre ses mains le contrôle de la Toscane : il croyait que ses ennemis ne feraient pas meilleure preuve d'eux-mêmes à Pise qu'ils n'avaient fait à Serrevalle et qu'ils n'auraient plus l'espoir de se rétablir comme ils l'avaient fait alors ; ayant réuni vingt mille hommes de pied et quatre mille chevaux, il se posta à Fucecchio avec son armée et envoya Paul Guinigi à Pise avec cinq mille fantassins. Fucecchio est bâti en un endroit plus fort qu'aucun autre château du Pisantin ; il est placé entre Gusciana et l'Arno et un peu élevé par rapport à la plaine ; comme Castruccio s'y tenait, les ennemis ne pouvaient pas empêcher que les vivres ne viennent de Lucques ou de Pise, à moins de se diviser en deux parties ; de plus, ils ne pouvaient sans désavantage ni aller le trouver ni aller vers Pise : dans le premier cas, ils pouvaient être entourés par les hommes de Castruccio et ceux de Pise ; dans le second, étant obligés de passer l'Arno et ayant l'ennemi à dos, ils ne pouvaient le faire sans s'exposer à un grand danger. Castruccio, pour leur donner le cœur de choisir de passer l'Arno, ne s'était pas posté avec ses hommes sur la rive de l'Arno, mais le long des murs de Fucecchio, et avait laissé pas mal d'espace entre lui et le fleuve.

Après avoir occupé San Miniato, les Florentins tinrent conseil pour savoir quoi faire : aller à Pise ou aller trouver Castruccio ; après avoir mesuré la difficulté de l'un et l'autre parti, ils résolurent de l'investir. L'Arno était si bas qu'il était guéable, mais les fantassins devaient se mouiller jusqu'aux épaules et les chevaux jusqu'aux selles. Le matin du dix juin, les Florentins, organisés pour le combat, firent commencer le passage d'une partie de leur cavalerie et d'un bataillon de dix mille fantassins. Castruccio, qui se tenait prêt et absorbé par l'action qu'il avait à l'esprit, les attaqua avec un bataillon de cinq mille fantassins et trois mille chevaux ; il ne leur donna pas le temps de sortir de l'eau avant d'être aux prises avec les siens ; il envoya mille fantassins légers sur la rive en aval et mille en amont. Les fantassins des Florentins étaient appesantis par le poids de l'eau et de leurs armes et n'avaient pas tous dépassé la berge du fleuve. Les premiers chevaux ayant passé, ils rendirent le passage plus difficile aux autres du fait d'avoir rompu le fond de l'Arno ; trouvant le fond défait, un grand nombre d'entre eux se renversaient sur leur maître, un grand nombre s'enfonçaient tellement dans la vase qu'ils ne pouvaient pas s'en retirer. C'est pour cela que les capitaines florentins, voyant la difficulté qu'il y avait à passer en cet endroit, les firent remonter plus haut afin de trouver un fond qui n'avait pas été gâté et une berge plus accessible pour les recevoir. Mais les fantassins que Castruccio avaient envoyés sur la berge s'opposaient à eux ; ils étaient armés à la légère, écus et javelots marins en mains, et avec de grands cris ils les blessaient à la tête et à la poitrine ; à tel point que les chevaux, effrayés par les blessures et par les cris, ne voulaient pas avancer et se renversaient les uns sur les autres. Le combat entre les soldats de Castruccio et ceux qui avaient passé l'Arno fut âpre et terrible ; de chaque côté bon nombre de soldats tombaient, et chacun s'ingéniait à battre l'autre de toutes ses forces. Les soldats de Castruccio voulaient faire replonger les Florentins dans le fleuve, et les Florentins voulaient repousser les hommes de Castruccio afin de faire de la place aux autres Florentins pour qu'ils sortent de l'eau et qu'ils puissent combattre ; les exhortations des capitaines s'ajoutaient à cette obstination.

Castruccio rappelait aux siens que leurs ennemis étaient les mêmes qu'ils avaient battus à Serrevalle peu de temps avant ; les Florentins reprochaient aux leurs d'être aussi nombreux et de se laisser battre par un si petit nombre. Castruccio vit que la bataille se prolongeait, que ses hommes et leurs adversaires étaient épuisés et que, de part et d'autre, il y avait un grand nombre de blessés et de morts ; il poussa en avant une troupe de cinq mille fantassins ; lorsqu'il les eut conduit derrière ceux des siens qui combattaient, il ordonna à ceux-ci d'ouvrir les rangs et de se retirer les uns sur la droite les autres sur la gauche, comme s'ils tournaient le dos. Lorsque ce fut fait, il donna de l'espace aux Florentins pour avancer et gagner un peu de terrain. Mais quand les soldats frais vinrent aux prises avec des soldats fatigués, ces derniers ne tinrent pas longtemps avant qu'on ne les poussât dans le fleuve. Entre la cavalerie de l'une et de l'autre armée, il n'y avait pas encore d'avantage, parce que Castruccio, qui connaissait son infériorité, avait commandé à ses condottieres de se limiter à soutenir l'ennemi : il espérait battre les fantassins et, une fois ceux-ci battus, pouvoir plus facilement vaincre les chevaux ; ce qui arriva selon son dessein. Quand il vit les fantassins ennemis se retirer dans le fleuve, il envoya le reste de son infanterie derrière les chevaux ennemis ; ils les blessaient à coups de lances et de javelots, la cavalerie les pressait avec une plus grande fureur, et ils les firent tourner le dos. Les capitaines florentins, en voyant la difficulté que leurs chevaux avaient à passer, tentèrent de faire passer leur infanterie en aval du fleuve pour combattre les hommes de Castruccio sur le flanc. Mais comme les berges étaient hautes et surtout occupées par les hommes de Castruccio, ils s'essayèrent en vain. On mit donc le camp en déroute à la grande gloire et à l'honneur de Castruccio ; et d'une telle multitude, il ne s'en échappa pas le tiers. Un grand nombre de chefs furent capturés ; Charles, fils du roi Robert, et Michelange Falconi et Thaddée degli Albizzi, commissaires de Florence, s'enfuirent à Empoli. Le butin fut grand, le carnage fut très grand, comme on peut l'imaginer dans un conflit semblable : il mourut deux mille deux cent trente et un soldats de l'armée florentine, et mille cinq cent soixante-dix de ceux de Castruccio.

Mais ennemie de sa gloire, la fortune lui ôta la vie au moment où elle devait la lui donner et interrompit les projets que longtemps auparavant il avait pensé mettre à effet ; rien, si ce n'est la mort, ne pouvait en empêcher la réalisation. Toute la journée, Castruccio s'était fatigué à la bataille ; à la fin, plein d'inquiétude et de sueur, il s'arrêta sur la porte de Fucecchio pour regarder ses hommes qui revenaient de la victoire, pour les recevoir en sa présence et les remercier et aussi pour pouvoir promptement remédier à tout problème qui naîtrait d'ennemis qui auraient tenu tête quelque part ; car il jugeait que le devoir d'un bon chef était d'être le premier à monter à cheval et le dernier à en descendre. C'est pourquoi étant exposé à un vent qui souvent s'élève à mi-jour au-dessus de l'Arno et qui d'habitude, presque toujours, est pestilentiel, il se glaça tout à fait ; il n'en tint pas compte parce qu'il était habitué à de telles incommodités, mais cela fut la cause de sa mort. La nuit suivante il fut attaqué d'une très grande fièvre ; elle alla en augmentant toujours, et le mal fut jugé mortel par tous les médecins ; s'en étant aperçu, Castruccio appela Paul Guinigi et lui dit ces paroles :

« Mon fils, si j'avais cru que la fortune eût voulu, au milieu de ma course, couper le chemin vers la gloire qu'en raison de tant d'heureux succès moi je m'étais promis de parcourir, moi je me serais donné moins de peine et je t'aurais laissé un État moins grand, mais aussi moins d'ennemis et moins d'envie. Content du contrôle de Lucques et de Pise, je n'aurais pas assujetti Pistoie ni irrité les Florentins par autant d'outrages ; je me serais fait des amis de l'un et de l'autre de ces deux peuples, j'aurais mené une vie, sinon plus longue, du moins plus tranquille, et je t'aurais laissé un État moins grand, mais sans doute plus sûr et plus ferme. Mais la fortune, qui veut être l'arbitre de toutes les choses humaines [146], ne m'a pas donné assez de jugement pour la connaître d'avance, ni assez de temps pour pouvoir la battre. Toi tu as entendu dire – un grand nombre de gens te l'ont dit et moi je ne l'ai jamais nié –, comment moi j'entrai dans la maison de ton père encore tout jeune et privé de toutes ces espérances qui doivent naître dans tout esprit généreux, et comment moi je fus élevé par lui et plus aimé encore que si moi j'étais de sa lignée ; si bien que moi, sous sa conduite, je devins valeureux et capable de cette fortune que toi-même tu as vu et que tu vois. Et parce qu'à sa mort il te remit à ma foi, toi et toutes tes fortunes, moi je t'ai élevé conformément à cet amour, et j'ai augmenté tes fortunes conformément à cette foi qui était et qui reste la mienne [147]. Parce qu'était à toi non seulement ce que t'avait laissé ton père mais aussi ce que la fortune et ma vertu ont gagné, je n'ai jamais voulu prendre femme, de peur que l'amour des enfants ne m'empêchât de montrer envers la lignée de ton père la gratitude qu'il me semblait être tenu de montrer. Donc moi je te laisse un grand État, ce dont moi je suis content ; mais moi je te le laisse faible et instable, ce dont moi je suis très désolé. Il te reste la cité de Lucques, qui ne sera jamais contente de vivre sous ton contrôle. Il te reste Pise, où vivent des hommes de nature inconstante et pleins de fausseté ; quoiqu'elle soit habituée à servir depuis longtemps [148], elle s'indignera toujours d'avoir un Lucquois pour seigneur. Il te reste aussi Pistoie : elle est peu fidèle, parce qu'elle est divisée en différents partis et irritée contre notre lignée par de nouveaux outrages. Tu as pour voisins les Florentins offensés et outragés de mille façons par nous, mais non pas anéantis ; la nouvelle de ma mort leur sera plus agréable que ne le serait l'acquisition de la Toscane. Tu ne peux te fier ni aux princes de Milan ni à l'empereur, parce qu'ils sont éloignés et paresseux et que leurs secours sont lents. Tu ne dois donc espérer en rien d'autre qu'en ton ingéniosité, en le souvenir de ma vertu et en la réputation que t'apporte la présente victoire : si toi tu sais en user avec prudence, elle t'aidera à établir un accord avec les Florentins ; effrayés par leur présente déroute, ils devront l'accepter avec joie. Alors que moi je cherchais à en faire mes ennemis et que je pensais que leur inimitié m'apporterait puissance et gloire, toi tu dois, de toutes tes forces, t'en faire des amis, parce que leur amitié t'apportera sécurité et commodité. En ce monde il est bien important de se connaître soi-même et de savoir mesurer les forces de son esprit et de son État ; celui qui se reconnaît inapte à la guerre doit s'ingénier à régner avec les arts de la paix. Selon mon conseil, il est bien que toi tu te tournes dans cette direction et que par cette voie tu t'ingénies à jouir de mes peines et de mes périls : cela te réussira facilement si tu estimes que mes avertissements sont vrais. Ne perds point ces leçons de vue ; la pratique n'en est point difficile. Tu n'auras envers moi que deux obligations, l'une de ce que moi je t'ai laissé ce royaume, l'autre de ce que moi je t'ai enseigné comment le maintenir. »

Ensuite, après avoir fait venir les citoyens de Lucques, de Pise et de Pistoie qui faisaient la guerre à ses côtés, leur avoir recommandé Paul Guinigi et leur avoir fait jurer obéissance, il mourut ; il laissa à tous ceux qui l'avaient entendu un heureux souvenir et à ceux qui avaient été ses amis un regret aussi grand que pour tout autre prince qui est jamais mort. Ses obsèques furent célébrées de la façon la plus honorable ; il fut enterré dans l'église de Saint-François-de-Lucques. Mais la vertu et la fortune ne furent jamais aussi amies à Paul Guinigi qu'elles le furent à Castruccio ; car peu de temps après il perdit Pistoie, ensuite Pise, et il ne maintint qu'avec peine son pouvoir sur Lucques, qui demeura à sa maison jusqu'à Paul, son arrière-petit-fils.

[On peut voir] par tout ce qui a été montré que Castruccio fut un homme rare non seulement pour son propre temps, mais aussi pour une grande partie du passé. Quant à sa personne, il était plus grand que l'ordinaire et était bien proportionné ; il avait un aspect si gracieux et accueillait les hommes avec une telle humanité que personne ne lui parla pour le quitter mécontent. Ses cheveux tiraient sur le roux ; il les portait coupés au-dessus des oreilles ; il allait toujours et en tout temps, qu'il plût ou qu'il neigeât, la tête découverte.

Il était agréable avec ses amis, terrible avec ses ennemis, juste avec ses sujets, infidèle avec les étrangers ; il ne cherchait jamais à vaincre par la force lorsqu'il pouvait vaincre par la fraude ; parce qu'il disait que c'était la victoire qui t'apportait la gloire, et non la façon de vaincre.

Personne ne fut jamais plus audacieux pour entrer dans les dangers, ni n'usa de plus de précaution pour en sortir ; aussi il avait l'habitude de dire que les hommes devaient tout tenter et ne s'effrayer de rien et que Dieu aimait les hommes forts, puisqu'on voit qu'il châtie les impuissants par les puissants.

Il était admirable encore à répondre et à piquer, que ce soit avec mordant ou avec civilité ; comme il n'épargnait personne avec ses mots d'esprit [149], il ne s'irritait pas quand on ne l'épargnait pas lui-même. C'est pourquoi on trouve un grand nombre de ses bons mots mordants et un nombre aussi grand qu'il entendit patiemment.

Il avait fait acheter une perdrix au prix d'un ducat ; un de ses favoris le lui reprochait ; Castruccio lui dit : « Tu ne l'achèterais pas pour plus qu'un solde.» L'ami lui dit qu'il disait vrai ; il répondit : « Pour moi un ducat vaut bien moins que ça.»

Il avait un flatteur auprès de lui ; il lui cracha dessus par mépris ; le flatteur dit : «Pour attraper un petit poisson les pêcheurs se laissent mouiller complètement par la mer ; moi je me laisserai bien mouiller par un crachat pour attraper une baleine.» Non seulement Castruccio l'écouta-t-il patiemment, mais il le récompensa.

Quelqu'un disait du mal de lui, parce qu'il vivait trop magnifiquement ; Castruccio dit : « Si c'était un vice, on ne ferait pas d'aussi magnifiques banquets les jours de fête de nos saints.»

Il passait par une rue et vit un jeune homme qui sortait d'un bordel et qui rougissait d'avoir été vu : « N'aie pas honte quand tu en sors, mais quand tu y entres.»

Un ami lui donna à dénouer un nœud habilement noué ; il dit : « Ô fou, crois-tu que je veuille dénouer quelque chose qui me donne autant de tracas lorsqu'elle est nouée ?»

Il disait à quelqu'un qui professait être philosophe : « Vous êtes faits comme les chiens qui tournent toujours autour de celui qui peut le mieux leur donner à manger. – Au contraire, lui répondit-il, nous sommes comme les médecins qui vont à la maison de ceux qui ont le plus besoin d'eux.»

Il allait par bateau de Pise à Livourne, et il s'éleva un orage dangereux ; Castruccio s'en troubla fortement ; un de ceux qui étaient avec lui lui reprocha sa pusillanimité en disant que lui il n'avait peur de rien ; à cela, Castruccio dit qu'il ne s'en étonnait pas parce que chacun estime son âme [150] au prix qu'elle vaut.

Quelqu'un lui ayant demandé ce qu'il fallait faire pour être admiré, il lui dit : « Fais en sorte de ne pas mettre un morceau de bois sur un autre, quand tu es invité à un banquet. »

Quelqu'un s'étant vanté d'avoir beaucoup lu, Castruccio dit : « Ce serait mieux de se vanter d'avoir beaucoup retenu. »

Quelqu'un s'étant vanté qu'il ne s'enivrait pas même quand il buvait beaucoup, il dit : « Un bœuf fait de même. »

Castruccio avait une jeune femme qu'il entretenait ; un de ses amis l'en blâmait, surtout en disant que c'était mauvais pour lui de s'être laissé prendre par une femme : « Toi tu te trompes, lui dit Castruccio, moi je l'ai prise, mais elle, elle ne m'a pas pris. »

Un autre le blâmait d'user de mets trop délicats ; il dit : « Toi tu ne dépenserais donc pas autant que moi ? » Comme l'autre lui dit qu'il disait vrai, il ajouta : « Donc toi tu es plus avare que moi je ne suis gourmand. »

Il avait été invité à souper chez Thaddée Bernard de Lucques, un homme très riche et très magnifique ; quand il fut arrivé à sa maison, Thaddée lui montra une salle toute parée de tapisseries et dont le pavé était de pierres fines de diverses couleurs, qui par leur disposition représentaient des fleurs, des feuillages et de la verdure ; ayant amassé de la salive dans la bouche, Castruccio cracha le tout au visage de Thaddée. Comme l'autre s'en troublait, Castruccio lui dit : « Moi je ne trouvais pas [un endroit] où cracher qui t'offense moins. »

On lui demanda comment mourut César ; il dit : « Dieu veuille que je meure comme lui. »

Comme il était une nuit dans la maison d'un de ses gentilshommes, où on avait invité à festoyer bon nombre de dames et qu'il dansait et se divertissait plus qu'il ne convenait à un homme comme lui, un ami le lui reprochait ; il dit : « Celui qui est tenu pour sage pendant le jour ne sera jamais tenu pour fou pendant la nuit. »

Quelqu'un vint lui demander une faveur et Castruccio fit semblant de ne pas entendre ; il se jeta à genoux devant lui, ce que Castruccio lui reprocha ; le premier lui dit alors : « Toi tu en es la cause, puisque tu as les oreilles aux pieds. » Il s'ensuivit qu'il reçut deux fois plus qu'il n'en demandait.

Il avait l'habitude de dire que le chemin de l'enfer est facile [à prendre], puisqu'on y allait en descendant et les yeux fermés.

Quelqu'un lui ayant demandé une faveur en usant de plusieurs paroles superflues, Castruccio lui dit : « Quand toi tu voudras autre chose de moi, envoie quelqu'un d'autre. »

Un homme semblable l'ennuyait par un long discours et ajoutait à la fin : « Peut-être vous ai-je fatigué en parlant trop. – Non, dit-il, car moi je n'ai pas entendu un mot de tout ce que toi tu as dit. »

Il avait l'habitude de dire de quelqu'un qui avait été beau garçon et était devenu un bel homme que c'était trop d'outrage qu'après avoir enlevé les maris à leurs femmes, il enlevait maintenant les femmes à leurs maris.

Il dit à un envieux qui riait : « Ris-tu parce que toi tu vas bien ou parce qu'un autre va mal ? »

Lorsqu'il était encore sous le contrôle de François Guinigi, un de ses égaux lui dit : « Que veux-tu que je te donne, si tu me laisses te flanquer un coup sur la tête ? – Un casque », répondit-il.

Il avait fait mourir un citoyen de Lucques qui avait été cause de sa grandeur ; on lui dit qu'il avait mal fait de tuer un de ses anciens amis ; il répondit qu'ils se trompaient, parce qu'il avait mis à mort un nouvel ennemi.

Castruccio louait assez les hommes qui promettaient de prendre femme et puis ne les épousaient pas, et aussi ceux qui disaient vouloir aller sur mer et puis n'y allaient pas.

Il disait aussi qu'il s'étonnait devant les hommes qui achetaient un vase d'argile ou de verre et le faisaient sonner d'abord pour voir s'il était bon, mais qui pour prendre femme se contentaient de la voir.

On lui demandait, alors qu'il était près de mourir, comment il voulait être inhumé après sa mort ; il répondit : « Le visage tourné vers le bas, parce que moi je sais que quand moi je serai mort, ce pays ira sens dessus dessous. »

Comme on lui avait demandé si pour sauver son âme il avait jamais pensé à se faire frère, il répondit que non parce qu'il lui paraissait étrange que frère Lazzero [151] doive aller en paradis et Ugoccione della Faggiola en enfer [152].

On lui avait demandé quand il fallait manger pour rester en santé ; il répondit : « Si on est riche, quand on a faim ; si on est pauvre, quand on peut. »

Voyant qu'un de ses gentilshommes se faisait boutonner par son domestique, il dit : « Moi je prie Dieu que tu te fasses aussi nourrir à la cuillère. »

Voyant qu'on avait écrit en latin sur une maison : Dieu la garde des méchants, il dit : « Il faut que le maître n'entre pas chez lui. »

Passant dans une rue où il y avait une petite maison avec une très grande porte, il dit : « Cette maison s'enfuira par sa porte. »

Comme on lui avait fait comprendre qu'un étranger avait corrompu un petit garçon, il dit : « Ce doit être un Pérousain. »

Comme on lui demandait quelle terre était fameuse pour ses fripons et ses fraudeurs, il répondit : « Lucques » parce qu'ils étaient tous ainsi par nature, sauf Buontura [153].

Castruccio contestait avec un ambassadeur du roi de Naples au sujet de la propriété des bannis ; l'ambassadeur s'émut et lui dit : « Toi tu ne crains donc pas le roi ? – Votre roi, répondit-il, est-il bon ou mauvais ? » Comme il répondit qu'il était bon, Castruccio répliqua : « Pourquoi veux-tu toi que moi j'aie peur d'un homme [qui est] bon ? »

On pourrait raconter plusieurs autres de ses bons mots, qui tous montreraient son génie et sa gravité ; mais je veux que ceux-ci suffisent pour témoigner de ses grandes qualités.

Il vécut quarante-quatre ans, et se montra prince quelle qu'ait été sa fortune. Comme il y avait assez de souvenirs de sa bonne fortune, il voulut en laisser aussi de sa mauvaise fortune ; c'est pourquoi on voit encore aujourd'hui les menottes dont il fut enchaîné en prison fixées dans la tour de son habitation ; il les avait fait mettre là pour être les témoins de son adversité. Comme sa vie ne fut inférieure ni à celle de Philippe de Macédoine, père d'Alexandre le Grand, ni à celle de Scipion de Rome, il mourut à l'âge de l'un et de l'autre ; sans doute les aurait-il surpassés l'un et l'autre si, au lieu de Lucques, il eût eu pour patrie la Macédoine ou Rome.

DESCRIPTION
DE LA FAÇON DONT
LE DUC VALENTINOIS S'Y EST PRIS
POUR TUER VITELLOZZO VITELLI,
OLIVERETTO DE FERMO,
LE SEIGNEUR PAUL ET
LE DUC DE GRAVINA ORSINI

Le duc Valentinois était revenu de Lombardie [154], où il était allé pour s'excuser à Louis, roi de France, face à plusieurs calomnies que lui firent les Florentins en raison de la révolte d'Arezzo et des autres terres de Val di Chiana [155] ; il était arrivé à Imola, où il avait dessein de s'arrêter avec ses gens pour faire l'entreprise contre messire Jean Bentivoglio, tyran de Bologne : il voulait réduire cette cité à être sous son pouvoir et en faire la capitale de son duché de Romagne. Lorsque les Vitelli et les Orsini et d'autres qui les suivaient eurent compris cela, il leur parut que le duc devenait trop puissant et qu'il y avait à craindre qu'une fois Bologne occupée, il chercherait à les anéantir pour demeurer seul à porter les armes en Italie. Sur cette question, ils firent une diète à la Magione dans le Pérugin, où se rencontrèrent le Cardinal [156], Paul [157], le duc de Gravina Orsini [158], Vitellozzo Vitelli, Oliveretto de Fermo, Jean-Paul Baglioni, tyran de Péruge, et messire Antoine de Venafro, envoyé par Pandolphe Petrucci, chef de Sienne ; on y discuta de la grandeur du duc, de son esprit et du fait qu'il était nécessaire de freiner son appétit, sans quoi ils risquaient de se perdre comme les autres ; ils décidèrent de ne pas abandonner les Bentivoglio et de chercher à se gagner les Florentins ; ils envoyèrent leurs hommes à l'un et l'autre endroit, promettant de l'aide aux uns et exhortant les autres à s'unir à eux contre leur ennemi commun.

Cette diète fut tout de suite connue de par l'Italie, et les gens du peuple qui étaient mécontents du duc, entre autres les Urbinates [159], conçurent l'espoir de pouvoir changer les choses. Les esprits étant désorientés, il arriva que certains des Urbinates décidèrent d'occuper le fort Saint-Léon qu'on tenait pour le duc. Ils saisirent l'occasion suivante. Le châtelain fortifiait le fort ; comme il y faisait amener du bois, les conjurés attendirent que quelques poutres qu'on traînait dans le fort se trouvent sur le pont-levis ; comme il était bloqué, les gens à l'intérieur ne pouvaient pas le lever. Saisissant l'occasion, les conjurés armés sautèrent sur le pont-levis et de là dans le fort. Aussitôt la prise du fort connue, tout l'État se rebella et réclama l'ancien duc [160] : ils tiraient leur espoir moins de l'occupation du fort que de la diète de la Magione, dont ils pensaient être aidés.

À la nouvelle de la rébellion d'Urbin, ces derniers [161] pensèrent qu'il ne fallait pas perdre l'occasion, réunirent leurs hommes et s'avancèrent pour s'emparer des terres de l'État demeurées entre les mains du duc ; ils envoyèrent de nouveau à Florence [leurs émissaires] afin de presser la république de vouloir se joindre à eux et éteindre l'incendie commun, en montrant que la partie était comme gagnée et que l'occasion était sans égale. Mais par haine des Vitelli et des Orsini, une haine née de diverses causes, les Florentins non seulement ne se joignirent pas à eux, mais envoyèrent auprès du duc leur secrétaire Nicolas Machiavel, afin de lui offrir refuge et secours contre ses nouveaux ennemis. Il se trouvait à Imola, plein de peur de voir qu'à l'encontre de ses prévisions, ses soldats étaient soudain devenus ses ennemis et qu'il se trouvait désarmé face à une guerre imminente. Mais ayant repris cœur suite à l'offre des Florentins, il décida, quant à la guerre, de temporiser en utilisant le peu de gens qu'il avait et en négociant des accords, puis de préparer des aides par ailleurs. Il les prépara de deux façons : en demandant des hommes au roi de France et, d'autre part, en prenant à sa solde tout homme d'armes [qui se présenta] et quiconque faisait de quelque façon le métier de cavalier ; à tous il donnait de l'argent.

Malgré cela, ses ennemis s'avancèrent et arrivèrent jusqu'à Fossombrone, où quelques-uns de ses hommes tenaient tête ; ces derniers furent mis en déroute par les Vitelli et les Orsini. Cette nouvelle fit que le duc se consacra tout à fait à voir s'il pouvait arrêter cette humeur par la négociation d'un accord ; et comme il était un très grand simulateur, il ne négligea rien pour leur faire comprendre qu'ils avaient pris les armes contre quelqu'un qui voulait que leur prise soit à eux, qu'il lui suffisait d'avoir le titre de prince, mais qu'il voulait que la principauté leur appartienne. Il les en persuada si bien qu'ils envoyèrent le seigneur Paul auprès de lui pour régler un accord et abandonnèrent les armes. Mais le duc n'abandonna pas ses préparatifs et augmentait en toute diligence le nombre de ses chevaux et de ses fantassins ; et pour que ces préparatifs ne paraissent pas, il envoyait ses hommes séparément par toute la Romagne.

Entre temps, il était encore arrivé cinq cents lances françaises ; bien qu'il se trouvât déjà assez fort pour se venger à guerre ouverte contre ses ennemis, il pensa qu'il était plus sûr et plus utile de les tromper et de ne pas arrêter pour autant les négociations de l'accord. On travailla si bien la chose qu'il signa avec eux une paix, où il les confirmait dans leurs anciens commandements, leur donnait quatre mille ducats en cadeau, promettait de ne pas offenser les Bentivoglio et établissait une parenté avec messire Jean [162] ; de plus, il reconnaissait qu'il ne pouvait pas les contraindre à venir se présenter en personne devant lui plus souvent qu'il ne leur paraîtrait bon. De leur côté, ils promirent de lui restituer le duché d'Urbin et tout ce qu'ils avaient occupé, de le servir dans toutes ses expéditions et de ne faire la guerre ou de ne s'allier à qui que ce soit sans sa permission.

Sitôt cet accord signé, Guidubaldo, duc d'Urbin, s'enfuit de nouveau et retourna à Venise, après avoir jeté à terre toutes les forteresses de l'État : il avait confiance en la fidélité des gens du peuple ; par ailleurs, les forteresses, qu'il ne croyait pas pouvoir défendre, il ne voulait pas que son ennemi les occupe et que par elles il tienne en laisse ses amis. Mais après avoir établi la convention et réparti à travers toute la Romagne ses hommes à lui et les soldats français, le duc Valentinois quitta Imola à la fin novembre et s'en alla à Cesena, où il se tint un grand nombre de jours à négocier avec les envoyés des Vitelli et des Orsini, qui se trouvaient avec leurs hommes dans le duché d'Urbin, pour déterminer quelle nouvelle entreprise il fallait faire. Comme on ne concluait rien, Oliveretto de Fermo fut envoyé afin de lui offrir de faire l'entreprise de la Toscane, s'il voulait la faire ; sans quoi ils assiégeraient Senigallia. Le duc lui répondit qu'il ne voulait pas porter la guerre en Toscane, parce que les Florentins étaient ses amis, mais qu'il était très satisfait qu'ils aillent à Senigallia.

C'est pourquoi peu de jours après, arriva l'avis que le territoire s'était rendu à eux, mais que le fort n'avait pas voulu se rendre, parce que le châtelain ne voulait le rendre qu'au duc en personne et à nul autre ; ils l'exhortaient donc à avancer. L'occasion parut bonne au duc : elle ne devait pas donner ombrage puisqu'il était appelé par eux et ne venait pas de lui-même. Pour les rassurer encore plus, il licencia tous les soldats français qui retournèrent en Lombardie, à l'exception de cent lances de monseigneur de Candales, son beau-frère [163]. Ayant quitté Cesena vers la mi-décembre, il se rendit à Fano où, par toutes les ruses et la sagacité dont il était capable, il persuada les Vitelli et les Orsini de l'attendre à Senigallia, en leur montrant qu'une telle insociabilité ne pouvait rendre leur accord ni fidèle ni durable, et qu'il était homme à vouloir pouvoir se prévaloir des armes et des conseils de ses amis. Vitellozzo était assez réticent : la mort de son frère lui avait appris qu'on ne doit pas offenser un prince pour ensuite se fier à lui [164] ; mais persuadé par Paul Orsini, que le duc avait corrompu à force de présents et de promesses, il consentit à l'attendre.

C'est pourquoi – le trente décembre de l'an mil cinq cent deux, soit le soir avant de partir de Fano – le duc confia son dessein à huit de ceux en qui il avait le plus confiance, entre autres don Michel et monseigneur d'Elna [165], qui devint cardinal par la suite ; il leur ordonna d'encadrer Vitellozzo, Paul Orsini, le duc de Gravina et Oliveretto lorsque ceux-ci seraient venus à leur rencontre – et il désigna des hommes précis pour chacun des quatre –, de les entretenir jusque dans Senigallia et de ne pas les laisser partir avant qu'ils ne soient rendus dans le cantonnement du duc et capturés.

Il ordonna ensuite que tous ses hommes, tant à cheval qu'à pied – ils étaient plus de deux mille chevaux et dix mille fantassins –, se trouvent le matin, à la pointe du jour, au bord du Metauro, un fleuve à cinq milles de Fano, pour l'attendre en personne. Le dernier jour de décembre donc, s'étant trouvé avec ces hommes au bord du Metauro, il fit chevaucher en avant-garde environ cinq cents chevaux, puis fit avancer toute l'infanterie, après quoi il s'avança en personne avec le reste de ses soldats.

Fano et Senigallia sont deux cités des Marches situées sur les rives de l'Adriatique à quinze milles l'une de l'autre ; celui qui va vers Senigallia a sur sa droite les montagnes dont parfois le pied serre la mer de si près qu'il ne reste plus qu'un très petit espace entre elles et l'eau ; au plus large, il n'y pas deux milles. La cité de Senigallia s'éloigne du pied des monts d'un peu plus d'une portée de flèche, et elle est distante de la plage de moins d'un mille. À côté d'elle court un petit fleuve, qui baigne la partie des murs qui regardent vers Fano. Le chemin qui arrive à proximité de Senigallia longe les montagnes sur un bon bout ; parvenu au fleuve qui longe Senigallia, il tourne à gauche et longe sa rive, de sorte qu'à une portée de flèche de là, il arrive à un pont qui franchit le fleuve et rejoint presque la porte d'entrée de Senigallia, non en ligne droite mais obliquement. Devant cette porte il y a un faubourg de quelques maisons avec une place qu'appuie d'un côté le bord du fleuve.

Comme les Vitelli et les Orsini avaient décidé d'attendre le duc et de l'honorer personnellement, ils avaient fait retirer leurs hommes dans un château à six milles de Senigallia, afin de donner de la place aux hommes de Borgia ; ils n'avaient laissé dans Senigallia que le seul Oliveretto avec sa troupe de mille fantassins et cent cinquante chevaux, lesquels étaient cantonnés dans le faubourg dont on a parlé ci-haut. Les choses étant ainsi organisées, le duc Valentinois s'en venait vers Senigallia ; quand la première tête des cavaliers arriva au pont, ils ne le passèrent pas ; s'étant arrêtés, ils tournèrent les croupes de leurs chevaux vers le fleuve ou la campagne et laissèrent au milieu une voie pour que passe l'infanterie, qui sans arrêter sa marche entra dans le territoire. Montés sur des mulets et accompagnés d'un petit nombre de chevaux, Vitellozzo, Paul et le duc de Gravina allèrent à la rencontre du duc ; et Vitellozzo, sans armes, portant une cape doublée de vert, tout à fait affligé comme s'il était conscient qu'il allait mourir, provoquait de l'admiration en raison de sa vertu et de sa fortune passée. On dit que lorsqu'il quitta ses hommes pour venir à Senigallia et rencontrer le duc, il leur avait fait comme son dernier adieu : à ses chefs il avait recommandé sa maison et la fortune de celle-ci et avait exhorté ses neveux à se souvenir de la vertu de leurs pères et de leurs oncles et non de la fortune de leur maison.

Arrivés devant le duc, les trois le saluèrent humainement ; il les reçut en leur faisant bonne figure ; ils furent tout de suite encadrés par ceux à qui on avait commandé de les surveiller. Mais ayant vu qu'Oliveretto manquait – il était resté avec ses hommes à Senigallia et s'appliquait à les tenir en ordre et à les exercer sur le champ de manœuvre de son cantonnement près du fleuve – le duc fit un clin d'œil à don Michel, auquel il avait demandé de prendre soin d'Oliveretto, pour qu'il veille à ce qu'Oliveretto ne lui échappe pas. C'est pourquoi don Michel chevaucha de l'avant et, ayant rejoint Oliveretto, lui dit que ce n'était pas le moment de tenir ses hommes hors de leur cantonnement parce qu'il leur serait enlevé par les hommes du duc : il l'exhortait à les y faire rentrer et à venir avec lui rencontrer le duc. Lorsqu'Oliveretto eut exécuté l'ordre, le duc survint et, en l'apercevant, l'appela à lui ; Oliveretto lui fit une révérence et se joignit aux autres. Ils entrèrent dans Senigallia et descendirent tous de cheval devant le cantonnement du duc ; une fois entrés avec lui dans une pièce secrète, ils furent faits prisonniers par le duc. Il monta tout de suite à cheval et commanda de dévaliser les hommes d'Oliveretto et des Orsini. Parce qu'ils étaient tout proches, les hommes d'Oliveretto furent complètement pillés. Ceux des Orsini et des Vitelli, qui étaient loin et qui avaient pressenti la ruine de leurs chefs, eurent le temps de se regrouper ; se souvenant de la vertu et de la discipline de la maison des Vitelli, ils se resserrèrent et se sauvèrent malgré l'envie du pays et de leurs ennemis. Mais les soldats du duc, qui n'étaient pas satisfaits par le pillage des hommes d'Oliveretto, commencèrent à saccager Senigallia ; ils l'auraient saccagée au complet si le duc n'avait pas aussitôt réprimé leur insolence par la mise à mort de plusieurs de ses propres hommes.

La nuit venue, une fois les tumultes arrêtés, il parut bon au duc de faire tuer Vitellozzo et Oliveretto ; les ayant conduit ensemble quelque part, il les fit étrangler. Aucun des deux ne prononça alors une parole digne de leur vie passée : Vitellozzo pria qu'on supplie le pape de lui donner une indulgence plénière pour ses péchés ; Oliveretto mit, en pleurant, toute la faute des outrages faites au duc sur le dos de Vitellozzo. Paul et le duc de Gravina Orsini furent laissés vivants jusqu'à ce que le duc apprenne qu'à Rome le pape avait capturé le cardinal Orsini, l'archevêque de Florence [166] et messire Jacob de Sainte-Croix ; à cette nouvelle, le dix-huit janvier, à Castel della Pieve, eux aussi, de la même façon, furent étranglés.

COMMENTAIRES

INTRODUCTION

La présente introduction vise à expliquer la forme donnée au commentaire qui suit. Car contrairement aux attentes de son auteur, sa formule, c'est-à-dire le cadre fictif dans lequel sont coulées les interrogations et les remarques sur *Le Prince*, a dérangé au point de détourner l'attention, et de nuire plutôt que de plaire [167]. On a trouvé étrange d'y découvrir une sorte de compte rendu dialogué ; de voir se développer côte à côte deux points de vue sur une même œuvre : un des interlocuteurs étant plus passionné, plus affirmatif, moins *professoral* que l'autre, montrant aussi plus d'intérêt pour les problèmes proprement politiques ; et même d'entendre à deux ou trois reprises un dialogue dans le sens strict du terme.

« Le dialogue est une forme à peu près inconnue au vingtième siècle. Le lecteur a l'impression de violer l'intimité d'une conversation et se sent gêné. Le commentaire perd de son sérieux d'être, pour ainsi dire, pris sur le vif.» Voilà quelques observations qu'on a bien voulu faire pour expliquer les réticences senties en le lisant. L'auteur croit que son commentaire demeure valable, et même sous sa forme dialogique. Il n'en est pas moins évident qu'il gagnerait à être présenté pour en atténuer l'étrangeté.

Le dialogue est-il justifié lorsqu'il s'agit comme ici d'aborder et d'exposer des questions politiques et humaines ? La réponse la plus simple serait de faire appel au témoignage de celui dont l'œuvre est l'objet de nos regards : Machiavel a décrit dans une exquise lettre à un ami l'état d'esprit dans lequel il a écrit son traité : « Le soir venu, je retourne à la maison et j'entre dans mon étude ; à l'entrée, j'enlève mes vêtements de tous les jours, pleins de fange et de boue, et je mets mes habits de cour royale et pontificale. Et, vêtu décemment, j'entre dans les cours anciennes des hommes anciens où, reçu aimablement par eux, je me repais de cette nourriture qui seulement est la mienne et pour laquelle je suis né ; je n'ai pas honte de parler avec eux et de leur demander les raisons de leurs actions et à cause de leur humanité, ils me répondent. Pendant quatre heures de temps je ne sens aucun ennui, j'oublie tout mon chagrin, je ne crains pas la pauvreté, la mort ne m'apeure pas : je me transfère totalement en eux. Et parce Dante dit qu'on n'a pas la science si on ne retient pas ce qu'on a compris, j'ai noté le profit que j'ai tiré de leur conversation et j'ai composé un opuscule intitulé *De Principatibus*, où je m'enfonce autant que je le puis dans les réflexions sur ce sujet, discourant sur des questions comme : qu'est-ce qu'une principauté ? quelles en sont les espèces ? comment s'acquièrent-elles ? comment se maintiennent-elles ? pourquoi se perdent-elles. Si jamais quelqu'une de mes élucubrations vous a plu, celle-ci ne devrait pas vous déplaire. Et cela devrait être acceptable à un prince, et surtout à un prince nouveau. C'est pourquoi je l'adresse à Sa Magnificence Julien [168]. » Il ne viendra à l'esprit de personne de conclure à partir de ces lignes qu'en ces jours, terribles pour Machiavel, de la fin 1513, où, après avoir été destitué de son poste, emprisonné et torturé, il se trouvait relégué en exil dans sa maison de campagne, le Grand Secrétaire avait halluciné et s'était cru tous les soirs conversant agréablement avec les grands hommes de l'histoire. Du premier coup, tous percent à jour le stratagème de la parabole : tout fin seul dans son étude, Machiavel savait trop bien qu'il ne faisait que *lire* les historiens, qu'*il* réfléchissait, qu'il *se* posait des questions et qu'il *se* répondait ; en somme, que sa conversation était tout intérieure [169].

Le produit fini, le *De Principatibus*, ou *Traité des principautés*, qui nous est parvenu sous le titre *Le Prince*, garde quelques traces de cet entretien et de la vigueur qui était la sienne : régulièrement l'auteur *oublie* qu'il écrit à un public abstrait et s'adresse à un interlocuteur fictif qui lui propose une objection, pour lui répondre avec autant de force et d'à propos que Machiavel le fit une fois à un cardinal de Rouen accusant les Italiens de ne rien connaître à la guerre [170]. Comme en font foi la lettre dédicatoire, le chapitre vingt-sixième, les affirmations commençant par un « Moi je... » [171] d'autorité et de certitude, et les glissements d'un « le prince devrait » à un « tu devrais » [172], le traité de Machiavel exige d'être lu parfois comme une humble demande adressée à un prince politique haut placé, parfois comme un enseignement dispensé par un maître du politique, qui se veut haut placé, mais toujours comme un entretien. Et de tout temps on a vu dans *Le Prince* un texte qui vibre de l'engagement et de l'urgence qu'on ne trouve ordinairement que dans la conversation d'homme à homme. En somme, *Le Prince* fut conçu dans et par un dialogue ; il devait être, dans l'intention de son auteur, le début d'un échange entre un prince nouveau et son ministre nouveau : ce n'est certes pas le trahir que de concevoir une interprétation du texte habillée d'un style semblable ; au contraire, pensons-nous, un commentaire dialogué sur *Le Prince* aurait l'avantage de se conformer déjà par la forme à l'œuvre dont il tenterait d'éclairer le fond. Reste à savoir si le commentateur est à la hauteur de cette double tâche ; il revient au lecteur d'en juger.

Le dialogue est peu connu au vingtième siècle, dit-on. C'est là un fait ; c'est même une remarque importante pour celui qui voudrait qu'on profite du va-et-vient des points de vue différents, des objections et des tentatives de solution qui font la chair d'une bonne discussion : en quittant la forme habituelle de l'exposé unidimensionnel, l'auteur d'un dialogue risque de désorienter le lecteur peu préparé aux conventions d'un genre oublié. De nos jours, cette forme littéraire demande sans doute une introduction comme celle-ci.

Car, pour utile qu'elle soit, la remarque faite ci-haut n'est pas une objection rédhibitoire. On pourrait répondre qu'on voit de plus en plus les philosophes contemporains employer l'interview, échange d'interrogations et de réponses, pour rejoindre les hommes ordinaires et même leurs collègues dans le but de provoquer une remise en question sur un thème donné, quand ce n'est pour faire passer un idée jugée capitale. On n'a qu'à signaler le cas de Sartre qui dans ses dernières années a usé de ce moyen de nombreuses fois ; qu'on se souvienne, par exemple, de *On a raison de se révolter*. Ou encore le cas de Heidegger, qui, au sommet de ses capacités intellectuelles, daignait écrire *D'un entretien de la parole* qui renoue carrément avec le genre dialogique. On pourrait répondre que le dialogue n'est pas une forme périmée et que c'est le vingtième siècle qui s'est éloigné d'un genre qui a fait ses preuves. Et retourner la question en demandant : « Comment se fait-il que de nos jours, en philosophie, le dialogue ait perdu son attrait et ses lettres de noblesse ? » Question qui mènerait sans doute trop loin en posant le problème des natures très différentes de la philosophie et du dogme. On pourrait répondre qu'en ce vingtième siècle, la forme dialogique devrait être plus que jamais près de nous. Car, plutôt que de défendre une seule opinion, quelque globale et englobante qu'elle veuille être, elle permet d'ouvrir un chemin nouveau, plus large, aux positions et propositions offertes à l'analyse. S'il existait une conquête intellectuelle de notre ère post-moderne, ce devrait être le constat que les idéologies figées et tyrannisantes ne sont que trop souvent la misérable pâtée de l'homme, alors que la saisie ferme et évidente de la réalité est un bonheur rarement accessible. Évidemment, la largeur d'esprit qu'exige la lecture attentive d'un dialogue est donc particulièrement conforme à cette idée qu'on gagne plus à penser et repenser, même imparfaitement, une vérité qu'à dire et redire mécaniquement une formule. Car le choc des points de vue et la diversité des positions qui, dans un dialogue, se font obligatoirement face persistent au-delà de toute résolution : un Socrate aura beau vaincre son adversaire Protagoras lors de leur dispute, les idées du sophiste n'en dureront pas moins à travers les siècles, ne serait-ce que pour servir de faire-valoir à celles du « philosophe en vérité ».

La fiction du dialogue est un demi-mensonge : évidemment, il n'y a jamais eu de conversation suivie entre un certain Thomas, traducteur du *Prince*, et son ami, auteur du commentaire ; mais ce mensonge recèle une vérité psychologique qu'on a trop tendance à oublier : c'est que la pensée est d'abord et avant tout une parole ; même plus, pour celui qui observe bien les mouvements intérieurs qu'on appelle la réflexion, la dialectique, c'est-à-dire la discussion par questions et réponses, est une loi de l'esprit : le plus souvent, on précise sa pensée en s'imaginant parler à un interlocuteur pour qui tel ou tel aspect d'une question fait problème ; puisqu'on saisit difficilement les multiples et presque incompatibles facettes d'une réalité, il est souvent nécessaire de faire ressortir tel côté d'une chose en occultant tout le reste, quitte ensuite à la retourner et en examiner et décrire un autre côté. Le dialogue se prête bien à reproduire ce mouvement de l'intelligence. Si on a l'impression en lisant un dialogue de violer l'intimité d'une conversation, c'est donc en un sens, faux, et en un sens, vrai. Osons dire que cette intimité est l'image du processus même de la pensée ; que cette image invite le lecteur à faire un travail de vraie compréhension en reproduisant en lui et à sa façon ce qu'un autre a produit une fois devant lui ; que les pensées monologuées, qui se présentent tranchantes de logique et filant droit au but, comme des flèches qui veulent traverser le réel de part en part, sont en dernière analyse plus mensongères que le dialogue.

On a dit que le dialogue manque de sérieux du fait de participer à la rhétorique, art logique de deuxième zone, quand ce n'est pas à celui de la création de fictions. Mais la sagesse populaire dit : « Qui fait l'ange fait la bête. » Or c'est une autre fiction, du rationalisme cette fois, que de croire que les raisonnements se font dans un champ d'apesanteur angélique, où les émotions et les préjugés n'agissent plus. Ce *cartésianisme* veut faire croire que penser, c'est faire abstraction d'un coup de ses opinions afin de voir les choses pour la première fois ; que penser, c'est cesser de sentir et ressentir pour enfin, et du seul fait d'un acte de volonté, se désincarner et percevoir la vraie configuration des choses ; que penser, c'est une chose sérieuse qui ne peut souffrir d'être présentée comme le tâtonnement et le balbutiement d'esprits ordinaires. Fiction pour fiction, celle du dialogue a l'avantage de rappeler que la pensée est une libération où on dépasse, et donc où on *passe par* des points de vue partiels et souvent déformés pour atteindre à une vision plus complète et plus exacte ; elle nous suggère aussi que si l'homme est un animal capable de raisonner, son argumentation est presque toujours celle de l'art oratoire et du discours : si l'homme est un animal raisonnable ou logique, il est d'abord un animal *rhétorique*.

Il faut espérer que ces quelques remarques aideront certaines personnes à aborder le commentaire-dialogue qui suit avec plus de sympathie.

DIALOGUES

« On raconte au sujet de plusieurs chefs militaires qu'ils ont
eu certains livres en estime particulière, comme le grand
Alexandre, Homère ; Scipion l'Africain, Xénophon ; Marcus Brutus, Polybe ; Charles V, Philippe de Comines ; et on
dit qu'en notre temps Machiavel est très estimé par d'autres
encore. »

Montaigne, *Essais* II 34, « Observations sur les moyens de
faire la guerre de Jules César »

Du commentateur au traducteur

Les traducteurs-commentateurs d'une œuvre aussi importante
que *Le Prince* ont l'habitude d'écrire des notices ou des introduc-
tions qui doivent préparer à une lecture correcte ou exacte. Leurs
textes peuvent être courts ou longs, érudits ou très simples, ils
visent néanmoins tous à révéler le sens de l'œuvre, à dire au
lecteur que vise l'édition nouvelle, ce que Machiavel a voulu dire
à son lecteur. Certains d'entre eux cherchent même à pouvoir

exposer ce que l'auteur a dit sans s'en rendre compte ou encore les causes inconnues de lui qui le poussèrent à écrire ce qu'il a écrit.

Si je ne fais pas cela ici, c'est que je ne prétends pas savoir ce que signifie *Le Prince*. J'ai cherché à me mettre à la place de Machiavel pour repenser ce qu'il a pensé, mais je ne me sens aucunement le droit de le remplacer. *Le Prince* est si obscur. On pourrait discuter longuement, ne serait-ce que pour déterminer l'objet du livre : est-ce un manuel de recettes politiques ? ou un examen de la nature du pouvoir monarchique et de la psychologie du prince ? serait-ce un effort d'exprimer une conception de la condition humaine jusqu'alors laissée sans voix ? Je crois qu'on y trouve tout cela, et peut-être plus encore. En clair, je me méfie des notices, même des meilleures, car elles créent des impressions qui troublent la lecture subséquente ; dans certains cas, il semble même qu'elle ne peut plus se faire : le commentateur usurpe la place de l'auteur. Invité par toi, Thomas, à compléter ta traduction du *Prince* par un commentaire, j'ai donc tenu à contenir l'effet de mon texte : j'ai voulu qu'il soit placé à la suite du *Prince*, ce qui est le seul ordre logique ; j'ai désiré qu'il demeure discret ; j'ai fait en sorte qu'il renvoie souvent au texte à comprendre et qu'il invite d'abord et avant tout à la relecture du *Prince* ; j'ai voulu qu'il disparaisse aussi promptement que possible de la conscience de mon lecteur.

Si j'ai longuement hésité avant d'écrire ces sections, jumelles des vingt-six chapitres, il n'en demeure pas moins que je les ai écrites. Comme il se doit, ce sont les mots de Machiavel qui m'ont décidé finalement à fixer sur papier les phrases qui erraient depuis longtemps dans ma tête. N'écrit-il pas à son ami François Vettori, justement au sujet du *Prince* : « Et parce que Dante dit qu'on n'a pas la science si on ne retient pas ce qu'on a compris, j'ai noté le profit que j'ai tiré de leur conversation et j'ai composé un opuscule intitulé *De principatibus…* » Mais avant qu'on me tienne pour un téméraire et un prétentieux de suivre ainsi la trace de Machiavel, je dois expliquer la genèse de ce commentaire.

Ces remarques sont la trace, Thomas, de nos nombreuses discussions, nourries par nos lectures et relectures du *Prince* et par nos déchiffrages des *Discours sur la première décade de Tite-*

Live. Lectures et discussions s'insérant dans une longue conversation encore inachevée qui inclut Machiavel. Son sujet ? Beaucoup l'appelleraient philosophie politique. Moi je préfère dire que nous parlons de ce qui intéresse vivement tout être humain : sa vie, ses projets et ceux des autres, les idées qui les motivent, les font agir, qui sous-tendent leurs actions ; mais que nous en parlons, sinon avec plus de finesse, du moins avec plus d'acharnement que la plupart : nous voulons voir clair, nous y consacrons l'énergie de nos convictions et les occasions que les circonstances nous prêtent.

Selon le temps dont nous disposions et la profondeur à laquelle nous pouvions atteindre, voire selon nos humeurs, notre conversation a pris diverses formes ; je voudrais lui en donner une nouvelle : celle d'un écrit qui élimine certains des va-et-vient qu'un tiers juge souvent inutiles, qui exclut certains de nos bégaiements. Ayant résumé ma position sur divers points, je me suis permis d'y insérer régulièrement ce que j'ai retenu de tes propres questions, objections et intuitions. Cette nouvelle forme est-elle meilleure ? Certes, elle sera plus unifiée, plus cohérente. Ensuite elle permettra peut-être que ces paroles si passionnées, si amicales, parfois si perspicaces, vivent un peu plus longtemps. Si je savais peindre, je reproduirais les objets et les personnes que la vie m'a donné l'occasion de connaître et d'aimer. Je sais un peu écrire : je tente de conserver ce qui passe trop vite.

Enfin, j'écris parce que je veux inviter d'autres êtres humains à lire et à parler comme nous l'avons fait. Et si tu me demandais : « Comme nous l'avons fait ! Est-ce à dire que tu veux que les autres disent et pensent la même chose que toi et moi ? », je répondrais comme suit. Fruits de la conversation et de la lecture, nos conclusions sont le terme d'un certain mouvement ; du fait même de leur genèse et nature, elles sont, à vrai dire, intransmissibles. Mais il est possible d'encourager la libre réflexion qui a été à leur source. Et puis comment nier la nécessité de continuer notre cheminement et ainsi de faire naître hors de nous une autre parole, une réflexion indépendante, qui puisse nous interroger un jour et nous faire réfléchir une autre fois. Cette voix, sera-t-elle semblable à la nôtre ? Tant mieux. S'y opposera-t-elle ? Cela ne serait pas mauvais. Il faudrait donc sans doute avertir les lecteurs éventuels de ce commentaire qu'ils n'auront pas l'occasion de s'étonner ici devant l'érudition talmudique d'un Leo Strauss, ni d'admirer le labeur incessant d'un Claude Lefort ; ils n'entendront, pour ainsi dire, que quelques paroles échangées entre deux amis, paroles qui attendent les leurs.

Je crois utile d'exposer dès maintenant, en quelques mots, ce que tu penses du Grand Secrétaire, Nicolas Machiavel, opinion qui de loin ou de près t'a poussé à traduire son *Prince*. Selon toi, c'est un penseur fort et, surtout, redoutable, un peu à l'image du prince nouveau qu'il décrit. Mais au moment même où tu comprends ce qu'il dit, acquiesçant en partie à ses suggestions et, parfois, à ses exigences, tu ne peux t'empêcher de penser qu'il y a, en plus de la vérité effective qu'il décrit, des *réalités* que Machiavel relègue dans ce qu'il appelle les régimes imaginaires. Il t'est impossible de nier certaines des propositions qu'il avance, mais aussi de reconnaître, lorsqu'il s'est tu, que tout a été dit. Il te laisse toujours mal à l'aise, mais toujours décidé à regarder plus loin. Et parfois, tu ne peux tout simplement pas accepter ce qu'il dit, et les assauts de sa voix et de la prose qui la porte t'obligent à trouver de meilleures assises pour tes convictions. Ces convictions, tu en trouves la plus parfaite expression chez ceux qui sont à la fois les précepteurs de Machiavel et ses adversaires : les penseurs anciens. C'est en partie pour mieux comprendre ces positions en conflit que tu t'es astreint au travail de traduction.

J'avouerai que malgré les différences de points de vue inévitables existant même entre les personnes les plus unies, je suis en grande partie d'accord avec ton jugement. Et j'ai tenté de participer à ton travail en reconstruisant ici nos efforts de compréhension d'une pensée fine et lourde de conséquences. Tu trouveras donc ici ce que nous nous sommes dit mille fois ; et j'espère que tu trouveras plaisir à l'entendre dire une fois de plus.

1

Ordre et pensée

Le premier chapitre offre au lecteur une division des sortes de régimes et, en même temps, un abrégé du parcours allant des chapitres II à VII (au fond, en tenant compte des expressions *armes d'autrui* et *armes propres* et des mots *vertu* et *fortune*, on pourrait soutenir que le premier chapitre trace un itinéraire allant, selon les cas, des chapitres II à X, II à XIV, II à XIX, ou même II à XXIII). Ainsi, dès le début, nous sommes confrontés au problème de l'unité, existante ou non, du livre : qu'arrive-t-il, en effet, après le chapitre VII ou X, après l'épuisement des éléments des divisions les plus évidentes ? Ce livre est-il un ? N'est-il rien de plus qu'un ensemble de parties disparates réunies de force sous un même chef ?

L'importance de ces questions n'apparaîtra pas dès le début à tout lecteur ; il sera donc utile de les justifier. Je me référerai à l'œuvre stratégique la plus importante de Machiavel : *L'Art de la guerre*. L'ordre de la disposition des armées et des camps lui a paru si essentiel qu'il ne s'est pas satisfait d'en parler longuement, ou plus exactement d'en faire parler ses personnages (car il affectionnait la forme du dialogue) ; il dessina pour ses lecteurs des schémas, sept en tous, pour mieux faire comprendre certaines de ses considérations. L'ordre est pour Machiavel un facteur clé.

D'aucuns déclareront sans doute qu'une comparaison entre la disposition d'une armée et l'organisation et la division d'un livre est farfelue : quoi de plus différent, diront-ils, qu'un livre, œuvre de paix, et une armée, œuvre de guerre ? Je leur répondrai en m'appuyant sur ta perception du *Prince*. La pensée machiavélienne est, selon toi, un brillant exercice d'encerclement qui doit forcer tôt ou tard son lecteur à capituler et à reconnaître, fût-ce inconsciemment, que l'art de la guerre et l'art de la paix sont semblables au point de se confondre. Ceux qui trouvent cette supposition trop hardie admettront au moins que des objets fort différents peuvent parfois servir d'images éclairantes l'une et l'autre, par exemple l'amour et la guerre ; ce que prouve la fin du fameux chapitre XXV [173]. Quoi qu'il en soit, nous conclurons que Machiavel était un passionné de l'ordre sous toutes ses formes, et que c'est se conformer à son esprit que de le rechercher partout où on le peut.

L'ordre et la division donc. Heureusement, Machiavel a laissé des indications ça et là, particulièrement au début des chapitres, qui me permettent de dessiner ici une anatomie de l'œuvre. Le chapitre XXVI est un vibrant appel à la maison des Médicis : il faut libérer l'Italie au moyen d'une armée nationale et ce, à la lumière de préceptes découverts ou révélés dans les chapitres précédents. Les chapitres II à XXIV analysent le pouvoir politique, c'est-à-dire les moyens que les chefs utilisent de fait, et ainsi peuvent et doivent utiliser, pour commander et agir efficacement. Le chapitre XXV, quoiqu'il soit introduit en quelque manière par les considérations du chapitre XXIV, bien qu'il réponde à une question posée implicitement à plusieurs reprises dans les pages qui le précèdent, et même s'il prépare manifestement le cri de guerre qui retentit à la fin du *Prince*, le chapitre XXV est isolé, différent: on pourrait facilement sauter du chapitre XXIV, qui résume le passé et le présent, au chapitre XXVI, qui dessine l'avenir. Machiavel consacre son chapitre XXV à la description de la matière rebelle à l'action vertueuse, à l'adversaire par excellence de l'homme : cette femme qu'est la fortune ; mais ce n'est pas tout : il explique les tactiques à appliquer pour la renverser. Les chapitres XV à XXIII traitent de la vertu, ou du prince face à ses amis ou concitoyens ; les chapitres XII à XIV traitent des armes, ou du prince face à des ennemis. Il deviendra clair, selon toi, que les armes sont aussi peu différentes de la vertu que les ennemis des amis, la vie militaire de la vie politique ou privée, la guerre de la paix ; ce serait l'essentiel du paradoxe machiavélien. Le chapitre X est une charnière : on y examine d'un regard un peu plus universel les diverses espèces de principautés (chapitres II à IX) du point de vue des forces militaires (chapitres XII à XIV), mais sans distinguer encore entre les différentes espèces d'armées. Cette revue des chapitres a aussi fait ressortir l'inclassable chapitre XI qui porte et pourtant refuse de porter sur la nature de l'État pontifical.

Le livre de Machiavel fait preuve d'un souci de division et d'ordre (diviser pour régner ?) qui rend d'autant plus troublants des écarts comme ceux que j'ai signalés. On peut les expliquer par toutes sortes de théories (la hâte excessive de Machiavel lorsqu'il écrivit *Le Prince*, le caractère passionné de l'auteur, la faiblesse commune à tous les hommes qui leur fait faire des erreurs involontaires). Mais on fait mieux, t'a-t-il semblé, de se laisser questionner par eux : ces écarts n'ont-ils pas un sens, qui confirme ou réaffirme le message le plus évident du livre ? ces écarts ne sont-ils pas l'écho affaibli de la parole puissante de Machiavel ? Car *Le Prince* porte en lui un message évident. C'est pourquoi en t'appuyant sur quelques ressemblances entre les deux chapitres qui sortent des cadres établis ici (chapitres XI et XXV), tu m'invites souvent à les rapprocher et, à partir d'un tel rapprochement, à percevoir que dans la pensée de Machiavel, un des problèmes fondamentaux, celui de la force de la fortune, dépend du statut de la foi religieuse, de l'influence de la religion sur la vie humaine en général et sur la vie politique italienne en particulier.

« Mais, pourrais-je m'objecter, si comme tu l'as dit le message fondamental du *Prince* est évident, il est évident pour tous et doit donc se trouver partout dans le livre, même dans le premier chapitre consacré à la division d'une partie du traité.» Ce à quoi tu répondrais en détaillant les remarques suivantes qui semblent s'imposer : la division des États se fait par référence au pouvoir et à la puissance : on parle d'empire, d'acquisition, d'armes ; on ne parle pas de bien et de mal, de bons et de mauvais princes. Ce silence marque une indifférence morale troublante. À l'objection : « Machiavel parle pourtant ici, ne serait-ce qu'en passant, de la liberté de certains peuples; son texte n'est donc pas moralement neutre », tu répondrais que la considération de la liberté n'est qu'accidentelle : il en parle en se demandant comment faire pour l'arracher aux peuples. Et à l'autre objection : « Machiavel parle ici, ne serait-ce qu'en passant, de vertu; il n'est donc pas seulement question du pouvoir politique ou militaire », tu répliquerais qu'au premier chapitre la vertu se manifeste comme un moyen d'acquérir le pouvoir s'opposant à la fortune ; la suite du

Prince montrera que la vertu a tendance à s'assimiler aux armes. Voilà de bonnes réponses claires.

Et pourtant, doivent-elles empêcher un nouveau questionnement ? Le message de Machiavel serait évident, soutiens-tu ? Mais alors il se serait frayé un chemin jusqu'à la conscience de tous, du moins de ceux qui ont lu son livre ou ont entendu parler de lui. Que dit le nom *Machiavel* ? Peu de chose à la plupart. Et *machiavélique* ?

Voilà un mot qui parle, voilà un mot qui fait image. Est machiavélique, proposes-tu, non pas le rusé ou le menteur sans plus, mais celui qui ruse et ment consciemment pour *avoir* les autres, pour leur faire du tort ; l'homme machiavélique est celui qui maîtrise des moyens divers, surtout immoraux, dans le but de maîtriser les autres ; il est inhumain parce qu'il est dur, mais aussi parce qu'il ne connaît pas les incohérences et les maladresses humaines ; il est tout l'opposé de l'honnête homme chrétien ; en un mot, il est diabolique.

Ce tout dernier adjectif doit sans doute te rappeler à la réalité : l'image que porte avec lui le mot *diabolique*, peut-elle être juste ? Elle ne peut l'être, si on signifie par là qu'elle est précise : Machiavel, un des grands écrivains de l'Occident, a certes une pensée plus complexe que cette représentation commune, vive mais élémentaire. En supposant que la pensée de Machiavel est identique au message du *Prince* et que ce message est bel et bien évident, l'image peut être juste, si on signifie par là *exacte quant à l'essentiel*. Seuls les faits et la lecture peuvent permettre de confirmer ou d'infirmer tes hypothèses et conclusions quelles qu'elles soient.

Pour le moment, je me contenterai de nier que le meilleur homme est celui qui fait consciemment et prudemment ce que réprouve la morale traditionnelle pour atteindre un but qu'elle réprouve encore plus : comment une telle idée pourrait-elle être juste ? Quoi qu'il en soit, il faut lire... et réfléchir.

2

Quelques considérations sur le naturel

Au chapitre II, Machiavel met délibérément de côté une analyse des républiques pour n'examiner que les principautés et, ici, les principautés héréditaires. Celles-ci sont stables, on les gouverne avec douceur et modération, elles sont naturelles : ce qui est naturel s'oppose à ce qui est forcé et passager. Machiavel étaie ses affirmations par des exemples précis et clairs. Un chapitre fort simple ; aussi simple que l'est la vie du prince héréditaire, du prince naturel défenseur des traditions, qu'il incarne d'ailleurs.

Mais, comme tu ne manques jamais de le souligner, la barque de la tradition flotte sur une mer tempétueuse ; et à l'intérieur, il y a violence, lutte et menace de mutinerie. On n'a qu'à remarquer que les seuls exemples que donne Machiavel sont des princes héréditaires qui se font attaquer, par une république et par Jules II. Et encore : Machiavel mentionne comme en passant que le prince héréditaire est *moins* obligé d'offenser son peuple que ne l'est, disons, un prince tout à fait nouveau. Le prince de sang lui aussi fera couler le sang, ne serait-ce que pour conserver son cher bien, souvent attaqué, chèrement défendu.

Cela me conduit à une autre remarque que je formulerai à la manière de Socrate : « Mon cher ami, tu as parlé tantôt de princes héréditaires. Mais qu'est-ce qu'un prince héréditaire ? » C'est un prince naturel, répondrait Machiavel. « Fort bien. Cependant je comprends mal ce dernier mot. Qu'est-ce donc qu'un prince naturel ? » C'est le fils d'un prince naturel. « Et son père ? » Son père aussi est un prince naturel. « Pour la même raison ? » Oui, il est lui-même né d'un prince. « Et le père de ce père ? » Il est vrai, Socrate, qu'il faille remonter, à court ou à long terme, à un premier prince, c'est-à-dire à un homme qui se fit prince, à un homme dont le père n'était pas prince. « Il semble donc, mon très cher ami, que, malgré notre zèle, nous n'avons pas trouvé de définition du prince héréditaire qui nous satisfasse. » – Et voilà ! Nouvelle victoire de la dialectique socratique : le naturel de la catégorisation machiavélienne est naturel, d'une part, parce qu'il naît d'un naturel qui est spécifiquement identique à lui, mais, d'autre part, l'un et l'autre surgissent tôt ou tard d'un non-naturel génériquement autre ; la chasse aux faits mène à la découverte de cas qui n'entrent pas dans le cadre établi de concepts ou bien obligent l'interlocuteur à se contredire. – Pourtant... la victoire supposée de l'investigation socratique est-elle, elle-même, exempte de contradiction ? Car, en parlant ainsi, ne fais-je pas de Socrate un Machiavel de la pensée, un rusé personnage, qui réduit l'autre à être son esclave en maniant habilement ses armes propres, la dialectique ? Le but de Socrate serait-il de vaincre son adversaire ? Et puisque ce Socrate est en définitive mon Socrate, quel est mon but ? Encore mieux : que dire, si Machiavel était conscient de la contradiction révélée par la dialectique et voulait justement faire monter à la conscience de son lecteur cette contradiction dans les choses ? Ma dialectique socratique serait-elle, malgré elle, l'instrument du réalisme machiavélien ? La moralité socratique serait-elle vouée à être vaincue par un soi-disant amoralisme machiavélien ? Vaincue, dis-je, parce que personne ne voudra admettre que le socratisme est le moindrement réconciliable avec le machiavélisme. Que de questions !

Un autre problème, mais cette fois que tu aimes à souligner : sur quoi se fonde le naturel des choses politiques ? Au risque de paraître simplifier, tu avances l'hypothèse suivante : le naturel se fonde sur un non-être, c'est-à-dire sur l'oubli du peuple ; à force de régner, le chef d'une famille donnée devient *naturellement* prince, car ceux qui lui appartiennent, les siens, le peuple, s'habituent à le voir en place et oublient que lui-même ou un de ses pères a pris le pouvoir et donc l'a arraché à quelqu'un ou à tous ; le prince héréditaire est légitime parce qu'on ne met pas en question sa légitimité : il est né prince, se dit-on avec l'assurance qui vient de l'évidence du bon sens, donc son lieu naturel est celui du pouvoir. Quoi de plus naturel qu'un raisonnement pareil ? L'oubli qu'il suppose semble naturel, lui aussi. Que faire alors de la remarque finale du chapitre selon laquelle un changement laisse toujours une pierre d'attente pour un autre changement politique ?

Tu as parlé du peuple. C'est la première fois ; ce ne sera pas la dernière. Peut-être faut-il oublier, pour le moment, ce que

Machiavel dit de ceux qui n'ont aucune mémoire des faits politiques, de ceux qui aiment qui ne les offense que modérément. Mais, à mon avis, c'est maintenant qu'il faut se souvenir que, dans sa lettre dédicatoire, l'auteur avait semblé exclure les remarques sur la nature du peuple. Y a-t-il d'autres sujets qu'il exclut ou semble exclure pour ensuite en parler ? Souvenons-nous que, dans cette même lettre dédicatoire, il promet de traiter de « ... tout ce que j'ai connu et compris en tant d'années et avec tant d'embarras et de dangers personnels ». Est-il sûr que la science de Machiavel se restreigne aux seules règles de l'art du gouvernement monarchique ? Est-ce même possible ?

3
Le médecin et l'honnête homme

Ce chapitre est consacré, sur le plan universel, au problème de la principauté nouvelle mixte, mais, sur le plan particulier, à la conquête de la Grèce par les Romains et, surtout, à la conquête de l'Italie par le roi de France. Machiavel se montre ici un *virtuose* de la politique : il divise les problèmes, détaille et ordonne les solutions possibles, explique les mécanismes qui font se mouvoir l'horlogerie politique. Mais c'est une autre image qui inspire ou hante ce chapitre : le prince conquérant est moins un horloger ou un mécanicien qu'un médecin qui administre des médicaments à un corps politique malade ; les problèmes politiques sont comparés à des problèmes médicaux.

Cette assimilation, assez classique par ailleurs, de l'art politique à l'art médical a fait surgir à tes yeux le problème du patriotisme. Machiavel est un Italien et un républicain farouche, répètent les uns après les autres tous ses biographes, inquiets qu'ils sont qu'on aime peu leur protégé ; sa vie active au service de la république de Florence en serait une preuve éloquente. Pourtant, en ce chapitre, fais-tu ressortir, il décrit froidement les actes, les ruses, les erreurs, les succès et les échecs d'un roi de France fonçant comme un fauve sur l'Italie. Ce n'est pas seulement le ton de scientifique détaché, le ton de coroner qui heurte, ce sont les propos eux-mêmes qui se réconcilient difficilement avec la réputation qu'on veut faire à Machiavel : « Moi *je ne veux pas blâmer* ce parti pris par le roi ; parce que, voulant commencer à mettre pied en Italie et n'ayant pas d'amis en cette province – au contraire toutes les portes lui étant barrées à cause des comportements du roi Charles –, il fut forcé de nouer les amitiés qu'il pouvait.» Et tu protestes, non sans droit : comment un Italien et un républicain peut-il sans s'émouvoir considérer même en imagination la conquête de l'Italie par les Barbares ! comment peut-il la comparer, même implicitement, à la guérison d'un corps malade !

Mais nous risquons de nous emporter : il faut regarder les choses plus froidement avant d'accuser Machiavel, avant de soupçonner même le patriotisme du Grand Secrétaire. Car le cas est beaucoup moins catégorique que ces premières remarques le laisseraient supposer. Je signale d'abord à ton attention les chapitres XII et XXVI ; tu trouveras là des passages émus, ardents, voire violents, dignes du patriotisme le plus intransigeant : « Et le résultat de leur vertu, c'est que l'Italie a été courue par Charles, pillée par Louis, forcée par Ferdinand et déshonorée par les Suisses » ; « …pour connaître la vertu d'un esprit italien, il était nécessaire que l'Italie se réduise à sa situation présente et qu'elle soit plus esclave que les Hébreux, plus servile que les Perses, plus dispersée que les Athéniens, sans chef, sans institution, battue, dépouillée, déchirée, courue, et qu'elle ait supporté toutes sortes de pertes». En écrivant *Le Prince*, Machiavel, il est manifeste, n'est pas devenu soudainement insensible aux sentiments qui animent et doivent animer un honnête homme de quelque pays que ce soit ; le chapitre III a beau être froid et même dur, Machiavel se rachète ailleurs.

Ces rapprochements font réfléchir sur la relation entre la pensée et la vie, la raison et la vertu. Car je sais que rien de grand ne se fait sans passion mais que rien de sûr ne se fait sans raison ; la froideur de l'une s'allie mal à la chaleur de l'autre et, pourtant, l'une et l'autre sont nécessaires. L'homme n'est-il pas un composé de l'un et de l'autre ? N'est-ce pas l'appauvrir que de nier l'un ou l'autre ? N'est-il pas justement un difficile équilibre ? – Mais peut-être suis-je allé trop loin; sans doute m'accusera-t-on, et très justement, de dépasser la pensée de Machiavel. Quoi qu'il en soit, ce problème me semble être au cœur du *Prince*.

Du reste, pour en revenir à la question du patriotisme, c'est toi-même qui m'a appris que la fin du chapitre III offre déjà un démenti formel à ceux qui voudraient mettre en doute l'honnêteté du citoyen Machiavel. S'efforçant de montrer que ce ne fut pas l'effet du miracle qu'on chassât Louis XII de l'Italie, l'auteur prend pour interlocuteur le cardinal de Rouen, l'homme politique, l'homme de Dieu, l'Italien, le Français. Ils parlent de César Borgia, le fils naturel du pape Alexandre VI ; le cardinal français s'étant moqué des Italiens qui ne connaissent rien à la guerre, l'envoyé de la république de Florence se moque, à son tour, des Français qui ne connaissent rien à la politique, soutenant l'Église alors que celle-ci sera nécessairement la cause de leur chute. Voilà la réplique vive et acerbe d'un patriote qui sait instinctivement défendre ce qu'il a de plus cher. Et ces sentiments furent ceux de Machiavel jusqu'à sa mort comme le prouve la lettre du 16 avril 1527 où il écrit : «... *amo la patria mia più dell' anima*, j'aime ma patrie plus que mon âme.»

J'ajoute un dernier mot sur la médecine. La panoplie du médecin n'inclut-elle pas des instruments qui font gicler le sang ? Le médecin, dans sa sagesse, ne choisit-il pas parfois de faire souffrir pour guérir ? Sang et souffrance : Machiavel a donc choisi une analogie bien adaptée aux thèmes qu'il juge cruciaux et aux solutions parfois désagréables qu'il préconise. Par ailleurs, depuis le temps de Machiavel, des médecins et des scientifiques renversent l'image et considèrent le corps humain et la nature comme une terre à conquérir, à maîtriser et à posséder par tous les moyens.

4

Les centres de pouvoir

L'auteur répond, au chapitre IV, à une objection tirée d'un des hauts faits de l'histoire de l'Occident : si les principautés neuves sont si difficiles à acquérir et surtout à conserver, comment se fait-il que les conquêtes fulgurantes d'Alexandre le Grand furent si stables et ce, même après la mort du prince-général ? La réponse de Machiavel revient essentiellement à ceci : là où règne une puissante unité politique, la conquête d'un État est difficile, mais sa conservation est facile ; inversement, là où l'autorité politique est divisée entre plusieurs hommes, la conquête d'un État est assez facile, mais sa conservation difficile.

Cette réponse élégante et simple voilerait, à ton avis, un développement important de la pensée de Machiavel quant à la doctrine politique et quant à son application à l'histoire de l'Italie. Développement de la doctrine ? Il s'agit ici, expliques-tu, au moins autant du gouvernement interne d'une principauté à conquérir ou conquise que des manœuvres du prince conquérant ou cherchant à conquérir. Machiavel voudrait mettre son lecteur face à la vérité politique des centres de pouvoir, qui devient le dilemme pratique suivant : ou bien ne connaissant qu'une seule autorité politique, le royaume est stable et donc facile à défendre, mais une fois conquis par un envahisseur étranger, tout aussi facile à conserver ; ou bien l'autorité politique étant partagée, le royaume est instable et donc difficile à conserver, que ce soit par le prince héréditaire ou par le prince nouveau. Et ensuite ton esprit se reporte de l'Antiquité au temps de Machiavel, de la Turquie et de la France à l'Italie de Machiavel, pour éclairer un autre point : Louis XII n'a pas su conquérir l'Italie, non seulement parce qu'il fit des erreurs, mais aussi parce que le peuple italien était dirigé par une foule de républiques et de principautés, grandes et petites, et que cette diversité et cette division des centres de pouvoir rendaient la conquête définitive de l'Italie par les Français difficile ou même impossible : « [La victoire] entraîne ensuite, pour te maintenir, des difficultés infinies et auprès de ceux qui t'ont aidé et auprès de ceux que tu as opprimés. » Un patriote italien devait-il se réjouir de la division qui régnait alors dans sa patrie ? Oui ? Mais alors que penser du fameux chapitre XXVI et du projet d'unification de l'Italie qu'il propose ? Qu'est-ce qui prime dans l'esprit de Machiavel, demandes-tu, la libération de l'Italie ou son unification ? Peut-on faire l'une sans l'autre ?

J'ajouterai deux remarques. Si un pouvoir plus décentralisé est meilleur pour la nation malgré la subséquente instabilité du régime politique, alors un pouvoir tout à fait décentralisé, c'est-à-dire une république, sera le meilleur et le plus instable, c'est-à-dire le plus violent. Cela est la conclusion logique de ce qui est affirmé ici ; et ce sera écrit au chapitre suivant : «... dans les républiques, il y a une vie plus grande, une haine plus grande, davantage de désir de vengeance... » Le problème politique le plus important auquel le prince doit faire face est moins de choisir, par exemple, entre l'établissement de colonies ou l'entretien de garnisons que d'extirper de la mémoire des hommes le souvenir des divers anciens centres de pouvoir pour le remplacer par une conscience de l'autorité innovante, unique source de toute légitimité : la volonté du prince nouveau. Le problème politique crucial est, dirais-je en d'autres termes, non pas logistique mais psychologique ; la lutte pour le pouvoir se joue moins sur la terre que dans la tête des hommes ; mieux encore, les victoires militaires ne sont pas sûres à moins d'être mises au service de victoires spirituelles qui les complètent et les justifient. Le spirituel dont je parle ici, est-il besoin de le dire, a fort peu à voir avec la foi chrétienne. Quoi qu'il en soit, ici comme au chapitre II, la légitimité et la mémoire des hommes sont liées.

Par ailleurs, tu m'as souvent fait remarquer que l'exemple de la république romaine est apparu deux fois en deux chapitres (chapitres III et IV) ; comme il faut s'y attendre, Machiavel, l'auteur des *Discours sur la première décade de Tite-Live*, fait de Rome son exemple par excellence ; mais on est en droit de s'étonner que Machiavel, l'auteur du *Prince*, en parle autant. Il avait promis qu'il ne parlerait pas de république (chapitre II) ; il affirmera sous peu que ses remarques ne concernent pas les républiques (chapitre VIII). Nous pouvons toujours nous réjouir que Machiavel en fasse plus qu'il ne promet. Cependant cette générosité intellectuelle, qui consiste finalement à proposer l'exemple de la république romaine dans un livre qui s'intitule *Le Prince* ou *Des principautés*, soulève un problème. Y a-t-il une différence essentielle entre les comportements d'un prince nouveau et ceux d'une république impérialiste ou d'une république tout court ? Un des deux régimes est-il le meilleur quant au gouvernement interne – pour ne pas employer une expression apparemment désuète comme *bien commun* – ou encore quant à l'équilibre international ? Quelles sont les relations nécessaires entre une république et une principauté ? Par le passé, tu as cru trouver des débuts de réponse à tes questions dès le chapitre V.

Mais avant de nous y rendre, je me permets de souligner un dernier point : les conseils de Machiavel partent toujours de la supposition suivante, corroborée par l'histoire, que la mémoire des anciennes allégeances peut s'éteindre dans le cœur des hommes ; car les peuples conquis par les Romains se considérèrent à un certain moment membres légitimes de l'Empire. Il faudra revenir là-dessus en raison de ce même chapitre V.

5
La république

Malgré un titre qui mentionne les principautés (*Comment administrer les cités ou les principautés qui vivaient selon leurs lois avant d'être occupées*), il est clair que Machiavel pense ici d'abord, ou même exclusivement, aux républiques. En tout cas, les exemples qu'il présente sont tirés de l'histoire des républiques anciennes ou modernes ; à la fin, comme je le signalais tantôt, les républiques sont reconnues plus vivantes, plus véritablement des sociétés, parce que plus capables de lutter tant à l'intérieur qu'à l'extérieur ; l'auteur va jusqu'à écrire : « ... le souvenir de leur ancienne liberté ne les quitte pas, ni ne leur permet le repos... » Cette remarque et le fait que le chapitre est consacré aux cités qui sont habituées à vivre libres, lesquelles s'opposent aux principautés, semblent révéler, encore une fois, une sympathie viscérale pour les républiques : le cœur trahit, au moment même où le cerveau se met presque obséquieusement au service du prince. D'ailleurs, il s'est démasqué lui-même dès le premier chapitre, car il y opposait les peuples « ... accoutumés à vivre sous un prince... » à ceux qui sont « ... habitués à être libres... » Aveu initial, refait ici, que la liberté et le prince ne font pas bon ménage.

Et pourtant, répondrais-tu, Machiavel pousse froidement le prince à détruire de fond en comble les républiques, car c'est, selon lui, le seul moyen de les tenir véritablement, c'est-à-dire en toute sécurité. Bien sûr, il présente d'abord trois conduites possibles, mais il montre ensuite que la première – établir dans la cité une oligarchie qui soit fidèle au prince – est inefficace, et ne parle pas de la deuxième. Et quelle est, au juste, cette deuxième conduite ? Habiter personnellement dans la nouvelle principauté. Tu t'es souvent demandé pourquoi Machiavel n'en parle pas si ce n'est que pour la suggérer comme tactique, sans plus. Ou bien elle est efficace, et alors il aurait dû s'attarder un peu sur ce point ; d'autant plus que cela offrirait sans aucun doute une voie médiane qui plairait aux princes et aux peuples : aux premiers parce qu'elle mènerait elle aussi au pouvoir, et à un pouvoir qui s'exercerait réellement et non sur un pays dévasté, aux seconds parce qu'elle ne mènerait pas à un croisement des routes : Liberté ou Ruine. Ou bien elle aussi est, en fin de compte, inefficace, et alors Machiavel aurait dû le démontrer à son lecteur. Tu n'as jamais trouvé de réponse satisfaisante à ton interrogation.

J'ajoute un autre fait de lecture difficile à interpréter. L'auteur affirme que le peuple n'oublie jamais, que le nom sacré de liberté résonne toujours aux oreilles de la nation qui l'a autrefois prononcé passionnément et fermement. Pourtant, il a dit et répété (chapitre II et IV) que les peuples oublient. Donc, d'une part, Machiavel, le républicain, suggère au prince de ravager les républiques parce que les hommes qui y vivent n'oublient pas ; d'autre part, Machiavel, le conseiller des princes, fait reposer le pouvoir sur l'oubli qui serait le lot politique de tous les peuples et même des peuples vaillants. Ceux qui cherchent une pensée toute droite et toute claire ne peuvent espérer être servis dans ce chapitre. La tentation serait grande, ici et ailleurs, de reconnaître Machiavel et son *Prince* coupables d'incohérence et de les reléguer aux oubliettes de l'histoire de la pensée ou, ce qui serait plus *charitable* sans doute, de réduire les *inconséquences* à l'unité d'une interprétation définitive qui domine l'auteur et son livre. Sans même prendre en compte ce que Machiavel aurait pensé de cette rigueur et de cette charité, j'ai toujours préféré suivre les méandres d'une réflexion qui se révèle dans ses va-et-vient. Mais, pour changer d'image, je ne peux malheureusement pas offrir de fil d'Ariane pour se retrouver en toute sûreté dans ce labyrinthe. C'est pourquoi il est nécessaire à chacun qui s'y aventure de penser les paroles de Machiavel à la lumière de *son* expérience des « choses modernes », dont on parle dans la lettre dédicatoire, et vice versa.

Ainsi, à la suite des remarques de Machiavel, tu te demandes : un peuple peut-il se dire honnêtement : « Je me souviens » ? De quoi se souvient-il au juste ? et à quelles conditions ? Est-ce un cri de guerre ou le dernier radotage d'une nation vieillarde, peureuse devant la vie, se rattachant à quelques vagues souvenirs de gloire et d'injustices, mais incapable de vouloir la première et de redresser les secondes une fois pour toutes ?

6
Le prince nouveau

Dès les premières lignes du chapitre VI, Machiavel avertit son lecteur qu'il y aborde un sujet particulièrement important, choisissant pour l'illustrer les exemples les plus grands : l'œuvre de prince nouveau, qui est la plus difficile. D'ailleurs, il change de ton : les « moi je » et la longue comparaison militaire font entendre la voix pressante de l'auteur. Il m'a toujours semblé qu'il fallait lire ce chapitre avec une attention particulière, paragraphe par paragraphe, voire phrase par phrase. Machiavel présente d'abord les deux voies qui conduisent le prince nouveau au pouvoir : la fortune et la vertu. Ce sont, sans doute, les deux voies présentées dès le premier chapitre. Il devient vite évident que le chemin sûr, c'est la vertu ; cependant la définition de la vertu est moins claire.

Quatre exemples sont proposés au lecteur : Moïse, Cyrus, Romulus, Thésée. Et pourtant, ce qui ne manque jamais de t'intriguer, c'est qu'il faut aussitôt laisser tomber le premier : étant donné le lien particulier qui rattache le saint homme Moïse à Dieu, il est plus prudent, dit Machiavel, de s'en tenir aux trois derniers exemples qui lui sont, à toutes fins utiles, identiques. À quoi tu ajouterais deux remarques : quoiqu'en dise Machiavel, il est inquiétant de voir Moïse assimilé à des princes nouveaux, à des rois ou même à des fondateurs de peuples ou de nations ; autre affirmation peu rassurante, Dieu, le divin éducateur de Moïse, a inspiré à celui-ci des actions parfaitement semblables à celles des trois héros anciens, ce qui revient à dire que la méthode politique divine serait identique à celle des trois rois païens, et de Machiavel. Or il est loin d'être certain que Cyrus, Romulus et Thésée aient été des modèles de sainteté ou même de vertu morale. Et surtout, que dire alors des dix plaies d'Égypte ? Ou bien elles n'étaient pas des moyens essentiels à la libération du peuple hébreu, ce qui nous obligerait à faire peu de cas de la Bible, notre livre saint ; ou bien Cyrus et les autres ont dû en faire autant, c'est-à-dire accomplir des miracles, ce qui nous obligerait à placer sur le même pied les livres saints des autres peuples et le nôtre. Cette objection suppose évidemment qu'on croit au récit biblique. Tu m'as souvent souligné que des remarques de ce type devaient rester généralement incomprises, parce qu'incompréhensibles de nos jours où la foi chrétienne n'est plus tellement influente, ni vive, même chez les croyants. Passons pour l'influence et la vitalité de la foi d'aujourd'hui ; pour ma part, je reconnais au nom de l'objectivité historique que Machiavel parlait à un auditeur qui avait été éduqué dans cette foi énergique qui poussa un Savonarole à établir à Florence une république essentiellement chrétienne ; plusieurs passages font sentir que Machiavel croyait la religion chrétienne puissante.

Après avoir dit qu'il ne parlerait pas de Moïse, Machiavel montre pourtant, cas par cas, comment le grand prophète et les autres ont reçu de la fortune (et de Dieu ?) une occasion favorable pour se faire valoir ; cette occasion, dont ils ont profité, leur a permis de manifester leur vertu, d'être heureux et de rendre leur patrie heureuse. À mon tour, je ferai deux remarques : la fortune, en offrant aux grands hommes une occasion de se faire valoir, joue un rôle important même lorsqu'il s'agit de ceux qui ont exercé admirablement leur vertu (mais qu'est-ce que la vertu ?) ; contrairement aux autres, Romulus n'a pas reçu de la fortune un peuple disposé à la révolte et au changement, mais seulement le violent désir de se venger et de vaincre que provoqua son exil forcé (mais qu'est-ce que la fortune ?). Le chapitre XXVI confirme ma dernière observation, puisque le cas de Romulus se voit exclu lorsque Machiavel énumère des exemples historiques qui pourraient encourager les Médicis à arracher des Barbares le pouvoir en Italie ; il y parle de Moïse, dont il ne voulait pas parler, de Cyrus, de Thésée, mais non de Romulus. J'en déduis que Romulus est, en un sens, supérieur aux trois autres fondateurs du fait que la fortune lui offrit moins qu'à eux. Malheureusement on ne parle plus de Romulus dans *Le Prince* ; heureusement, il en est souvent question dans les *Discours*.

La difficulté principale que rencontre le prince nouveau, te semble-t-il, est le manque d'enthousiasme de la partie de la nation qui est sauvée, élevée ou protégée par la révolution qu'il instaure, tiédeur inégale à la férocité de l'autre partie, qui risque de perdre le pouvoir et de se voir opprimée. Cette difficulté est surmontée par la force des armes (et la vertu ?) ; de là, l'aphorisme bien connu de Machiavel : « ... tous les prophètes armés vainquirent et les prophètes désarmés se perdirent ». Comment ne pas être surpris, pour ne pas dire indigné, par cette affirmation ! Le mot *prophète* rappelle qu'il est toujours question de Moïse ; d'ailleurs son nom, qu'on avait voulu éloigner, apparaît de nouveau dans ce paragraphe ; tout cela indique que ce chapitre dépasse la question de la prise de pouvoir politique pour aborder le problème de la réforme ou de la transformation spirituelle. Et les noms de Cyrus, de Romulus et de Thésée montrent que cette réforme spirituelle n'est pas proprement religieuse, puisqu'il s'agit de transformer les institutions et les mœurs politiques : le moyen à prendre est, en dernière analyse, non pas la prière mais la force ou les armes. Cette phrase étonnante ne manque jamais d'évoquer pour toi la personne et la mission du Christ, le prophète des prophètes, le prophète désarmé par excellence, le prophète des désarmés ; il ne peut être que douloureux pour un cœur chrétien d'entendre que le Christ, innocent, se perdit lorsqu'il refusa l'arme que lui tendait Pierre au Jardin de Gethsémani ; c'est dans ce contexte et non lorsqu'on parlait de Moïse qu'il aurait fallu distinguer entre les inspirés de Dieu et les hommes ordinaires.

Machiavel ajoute à la fin du chapitre deux derniers exemples : Savonarole qui ne sut utiliser la force lorsqu'il tenta la réforme politique et morale de la ville de Florence, ce qui aurait assis son autorité, et l'exemple d'Hiéron qui « ... anéantit la vieille milice et en organisa une nouvelle... laissa les anciennes amitiés et en prit de nouvelles... ; et lorsqu'il eut des amitiés et des soldats qui fussent siens... put sur tel fondement bâtir tout édifice qu'il voulait...» Hiéron se retrouve donc parmi les vertueux. Et le saint prêtre Savonarole ? Non, certes. Mais alors qu'est-ce que cette vertu qui est au delà des capacités d'un élu de Dieu ? Et réciproquement quels sont les actes vertueux d'Hiéron ? Plus particulièrement, je m'interroge sur la façon dont il «... anéantit la vieille milice...» et «... laissa les anciennes amitiés...» Au chapitre XIII où il est question du même Hiéron, Machiavel nous l'apprend : « Comme moi je l'ai dit alors, celui-ci, élevé au grade de chef des armées par les Syracusains, sut tout de suite que cette milice mercenaire n'était pas utile, du fait qu'elle était composée de condottieres construits sur le modèle des nôtres ; comme il lui semblait qu'il ne pouvait ni les tenir ni les lâcher, il les fit tous tailler en pièces ; ensuite, il fit la guerre avec ses armes et non avec celles d'autrui.» Voilà l'action d'un prince nouveau qui emprunte le chemin de la vertu ? Et Savonarole a été rejeté du groupe des vertueux pour ce personnage ? Malgré le trouble où ce rapprochement jette mon esprit, je réserverai mon jugement un moment encore pour mieux poser une question qui doit nous conduire au cœur de la pensée machiavélienne.

7
Qu'est-ce que la vertu ?

Le chapitre VII est, pour ainsi dire, le royaume de César Borgia : sa figure trône dans cette brève représentation de la scène politique italienne du début du *Cinquecento*. Il ne faut pas pour autant oublier François Sforza, lui aussi donné en exemple ici : la réapparition (voir le chapitre I) de ce traître et meurtrier, revêtu, pour l'occasion, de la réputation de la vertu, rend encore plus pressante la question qui sert de titre à cette septième section.

César Borgia, dans le vocabulaire machiavélien, est un prince nouveau *fortuné*, c'est-à-dire un prince qui acquit sa principauté grâce à la fortune et aux armes d'autrui. Pourtant, à deux reprises,

Machiavel affirme qu'il est un parfait exemple du prince vertueux : «... moi je ne saurais quels préceptes me donner qui soient meilleurs pour un prince nouveau que l'exemple de ses actions...» ; chaque fois il explique l'échec de Borgia, non pas par son manque de vertu, mais par sa malchance extrême. Comme tu le signales dans tes notes, Machiavel est si pris par son héros qu'il laisse glisser un datif d'intérêt qui le rapproche même grammaticalement du fils d'Alexandre VI.

Ton examen de ce cas important est révélateur, surtout lorsqu'il est fait à la lumière de questions comme : que fit-on pour César Borgia ? que fit-il lui-même ? que projetait-il ? Car les propos de Machiavel permettent à son lecteur de connaître de Borgia même les résolutions silencieuses qui ne virent jamais le jour. L'infâme Alexandre VI permit à Louis XII de divorcer afin d'acquérir pour son fils les bonnes grâces du roi français : il délia ce que Dieu avait lié pour lier les armées de la France à la personne de son fils. César Borgia acheta l'allégeance des gentilshommes de la famille Orsini et massacra les chefs de file parmi les Orsini ; en Romagne il mit au pouvoir un homme cruel qu'il sacrifia ensuite de la façon la plus spectaculaire ; il tua autant de princes dépossédés qu'il put ; il acheta des voix dans le Sacré Collège pour contrôler l'élection du prochain pape. On pourrait résumer le tout en disant que son père et lui multiplièrent les mesures frauduleuses, cruelles, cyniques et impies afin de consolider un pouvoir mal acquis. Voilà ce que Machiavel détaille à peu près sous le thème : *actions d'un homme vertueux*, ou plus exactement : *meilleurs exemples qu'on puisse proposer à tout prince nouveau*. Ces exemples sont comme autant de coups de bélier qui défoncent les murs de la conscience... et libèrent quoi ?

Et pourtant, soulignes-tu, César Borgia connut un échec cuisant, car il fut renversé à la suite d'une erreur: il laissa le pontificat entre les mains d'un ennemi ; cela ne put se faire que grâce aux promesses faites par Jules II, qui n'avait pas la moindre intention de leur donner suite. Le trompeur fut trompé, le violent violenté. Néanmoins, ton âme éprise de justice trouve bien peu de consolation à voir un homme malhonnête détruit par un pape plus malhonnête encore agissant par esprit de vengeance.

Peut-être vaut-il mieux détourner les yeux de cette triste scène et tenter de se perdre dans l'examen rigoureux de ce qui peut sembler une contradiction dans le texte de Machiavel : au début et à la fin du récit de la vie de César Borgia, il écrit que celui-ci n'avait fait aucune erreur, la cause de sa chute ayant été la malchance ; mais la dernière phrase se lit comme suit : « Le duc fit donc une erreur en ce choix, et ce fut la cause de sa perte ultime. » Les derniers mots du chapitre VII ébranlent sérieusement le socle de ce qu'il est convenu d'appeler, depuis Montesquieu, l'idole machiavélienne [174]. Dans l'esprit de Machiavel, y a-t-il eu faute de la part de César Borgia, oui ou non ? Le mot *faute*, il va presque sans dire, est vidé de son contenu moral. D'ailleurs, même si j'accepte le jugement final de Machiavel, à savoir que ce prince exemplaire aurait fait une faute, il reste que je comprends difficilement comment César Borgia ait pu se laisser berner ainsi et s'imaginer que « chez les grands personnages, les avantages nouveaux font oublier les vieux outrages… » César Borgia n'était-il pas lui-même un des ces grands personnages ? N'était-il pas évident pour lui que François della Rovere, dit saint Pierre-ès-Liens, dit Jules II, était lui aussi de cette race ? A-t-il pu oublier ce qu'il était lui-même au point de croire que le futur Jules II lui pardonnerait ses nombreuses traîtrises envers la famille della Rovere ? Quelle serait la cause d'une telle ignorance, d'une telle imprudence ? Que faut-il faire pour ne pas se laisser séduire par les promesses des hommes, ces menteurs endurcis ? Comment les tromper avant qu'ils ne me trompent ? Mais qu'est-ce que je fais ? J'ai soudain l'impression, Thomas, d'être allé trop loin, porté que j'étais par le mouvement que le texte m'imprima. À force d'essayer de comprendre ce que Machiavel a écrit et pensé, je nous ai conduits à réfléchir comme un de ces froids calculateurs politiques dont la conduite glace le cœur d'un honnête homme.

8

Qu'est-ce que le crime ?

Ce même honnête homme, mais lecteur attentif, sera conduit à s'exclamer à la fin du chapitre VII : « Si ce sont là l'innocence et la vertu, qu'est-ce alors que le crime ! » Comme pour répondre à cette objection-interrogation, Machiavel, notre guide, indique deux nouvelles voies qui mènent au pouvoir : le crime et l'élection. Il faut d'abord remarquer que ces chapitres VIII et IX sont ajoutés au programme qui fut annoncé au chapitre I et repris au chapitre VI ; on est en droit de se demander pourquoi Machiavel n'a pas dit, dès le début, qu'il y avait quatre chemins par lesquels le prince nouveau pouvait accéder à la place forte du pouvoir politique. Serait-ce qu'imitant Borgia devant le peuple de Romagne, Machiavel voulait faire ressortir ces deux chapitres en les faisant surgir soudain devant nos yeux stupides mais satisfaits ? Serait-ce, au contraire, pour les faire immédiatement disparaître en quelque sorte derrière les chapitres VI et VII ?

Quoi qu'il en soit, dirais-tu, il est de notre devoir de lecteurs de nous remémorer dans le détail les hauts faits d'Agathocle et d'Oliveretto. Or comme pour César Borgia, ton analyse conduit à conclure que leurs vies sont des tissus de crimes. Machiavel lui-même résume bien la réaction de tout homme juste, lorsqu'il écrit : « On ne peut pas encore appeler vertu tuer ses concitoyens, trahir ses amis, être sans foi, sans pitié, sans religion ; ces façons peuvent faire acquérir le contrôle politique, mais non la gloire. » L'honnête homme se jettera sur cette belle phrase comme une bête sur sa proie, ou plutôt comme un affamé sur quelques vieux rogatons. Pourtant, est-ce bien la voix de la justice qu'on entend ici ? Car tu protestes : « Les actions d'Agathocle et d'Oliveretto sont semblables à celles de César Borgia. Si Machiavel ne peut pas appeler cela vertu, il laisse entendre qu'on peut penser ou savoir que ces actes sont des actes vertueux, mais qu'on ne peut pas le *dire* pour diverses raisons. De plus, Machiavel ne peut pas *encore* appeler tout cela vertu. Mais que pourra-t-il dire une dizaine de chapitres plus loin ? »

Ces réflexions troublantes, que tu me fais partager, ne seront pas calmées par les dernières lignes du chapitre où il est question de cruautés bien utilisées : « Si du mal il est permis de dire du bien, sont des cruautés bien utilisées celles qui se font d'un trait, par nécessité de s'assurer soi-même, où on ne persiste pas, mais qu'on convertit en le plus de profit possible pour ses sujets. Sont mal utilisées celles qui, encore qu'elles soient peu nombreuses au début, croissent avec le temps plutôt que de s'éteindre. » Après les avoir relues, je me prends à imaginer qu'il aurait été plus reposant de parler de *sévérités* plutôt que de *cruautés* ; mais sans doute Machiavel tient-il à ce mot choquant parce qu'il veut réveiller la conscience sommeillante de l'homme : l'essentiel du message que porte *Le Prince* est moins telle ou telle révélation percutante que le choc qui l'accompagne et blesse l'oreille et la conscience, moins telle ou telle mise à nu que ce regard intense et persistant qui s'est décidé à voir à travers les voiles.

Et à mes remarques tu ajouterais, je le sais : « N'est-ce pas aussi que Machiavel tient à nous rappeler par ce mot *cruautés* les actes perpétrés par Agathocle et Oliveretto, et par César Borgia, Hiéron et les autres, et qu'il faut trahir et tuer ses amis, être sans parole, sans miséricorde, sans religion ? La soudaine loquacité de l'auteur, quand il s'agit de décrire les agissements suggérés par la vertu et le vice, et la richesse des détails qu'il nous lègue à ce sujet s'accompagnent d'un silence moral et d'une avarice d'indignation, au point que le lecteur est entraîné à admettre que ces cruautés sont précisément nécessaires, bonnes et approuvées par Dieu. Et Machiavel sait, on le jurerait, qu'une certaine insensibilité morale sera l'effet probable de ses remarques ; sans doute pense-t-il que ce résultat est bon, parce qu'il est nécessaire. À l'instar des crimes bien faits, l'œuvre de Machiavel ne serait-elle pas, elle aussi, approuvée par le dieu de la nécessité ? » C'est à la lumière de cette observation que tu voudrais que j'examine la remarque selon laquelle Dieu est le précepteur du vertueux Moïse, celui qu'on comparait à Cyrus, Romulus, Thésée et à Hiéron. Sans doute. Mais cette ligne de pensée est un long calvaire pour une conscience chrétienne.

Un dernier mot et nous passerons au chapitre IX. Le sort d'Oliveretto est exemplaire, me semble-t-il : Machiavel a pris la peine d'écrire une *Description de la façon dont le duc Valentinois s'y est pris pour tuer Vitellozzo Vitelli, Oliveretto de Fermo, le seigneur Paul et le duc de Gravina Orsini*, qui fut publiée d'ailleurs avec *Le Prince*. Relis la dernière phrase de la biographie d'Oliveretto qui se termine « ... il fut étranglé » : les mots et la cadence de cette phrase du *Prince* imitent le dernier paragraphe de la *Description*. Je regroupe quelques faits : Oliveretto assassine son oncle et de nombreux citoyens de sa ville natale ; il est étranglé par César Borgia qui en étrangla tant d'autres ; César Borgia est capturé et emprisonné par Jules II, le successeur de son père. Est-ce justice ? Peut-être. Pour moi, j'ai l'impression d'assister à une lutte sans pitié entre fauves sanglants. Est-ce l'état de nature ? Peut-être. Mais alors une nature conçue en fonction de forces qui agissent et réagissent les unes par rapport aux autres, créant involontairement un ordre nécessaire mais accidentel. On pourrait toujours répondre que les hommes sont des monstres aveugles, certes, mais qu'ils suivent une destinée voulue par un Autre qui les dépasse et qui surveille le Tout. Idée consolante, séduisante, voire juste. J'avoue que, dans le texte de Machiavel, cet Autre se révèle surtout par son absence. J'ai ici le souvenir de quelques belles et fines paroles de Pierre Manent : « Dans le monde de Machiavel, l'air est rare et le ciel bas sur les lances hostiles. Un assombrissement mystérieux nous y prive du ciel intelligible [175]. »

9

La lutte dans la cité

Les propos du chapitre IX – et du livre entier ? – sont attachés et tenus captifs par une incassable chaîne d'idées : il y a deux classes ou deux clans dans une cité : les grands et le peuple, les riches et les pauvres, les puissants et les démunis ; et ces deux clans s'opposent irrémédiablement, les dynamismes interne et externe de la cité s'alimentant de cette opposition, la paix sociale naissant de la guerre, les institutions et les constitutions s'élevant sur les sables mouvants de passions éternellement opposées.

C'est justement en s'insérant prudemment dans la lutte, poursuis-tu en suivant Machiavel à la trace, qu'un homme peut changer de condition et devenir prince d'un État ; il serait donc naïf de sa part de croire qu'il y a un bien commun qui puisse unir les cœurs et servir de roc inébranlable à la construction de son château, puisqu'il n'y a plus de centre de l'univers politique : il lui faut choisir un point d'appui politique sûr, quoique mouvant, réel, et donc particulier ; il lui faut, en conséquence, choisir directement ou indirectement un ami, et du même coup un ennemi. Machiavel, pour sa part, suggère au prince à venir de s'allier au peuple contre les nobles.

Les raisons qu'il avance ne font que peu référence à la morale, je l'avouerai bien ; elles s'articulent comme un calcul quasi mathématique des forces politiques ; c'est la physique expérimentale ou le génie mécanique du monde humain qui nous est proposé dans *Le Prince* : il faut soutenir le peuple parce qu'il obéit mieux que ne le fait la noblesse, parce qu'il est impossible de corriger tous les gens du peuple, parce que le peuple est peu entreprenant et donc peu dangereux, parce que, de toute façon, on ne peut être prince s'il n'y a pas de peuple.

La relation entre le prince et les grands, dirais-tu, est du genre lutte larvée quand elle n'est pas une guerre ouverte : les grands veulent opprimer le peuple et tenir la première place, alors que le prince leur enlève, du fait même de son existence, la possibilité de réaliser ce double désir qui définit tous ceux qui sont vraiment grands. En conséquence, la relation entre le prince et le peuple peut sembler être beaucoup plus honnête : le peuple a de la bienveillance pour celui qui lui fait du bien, ne lui fait pas de mal ou, en tout cas, moins de mal qu'il ne s'y attendait. En somme, s'il y a honnêteté, cela provient de l'innocence du peuple.

Mais Machiavel ne t'a pas permis de conserver longtemps cette opinion partiellement consolante : de lui tu as appris que le peuple est traître à sa façon, car il promet tout à son prince dans les moments calmes de la vie politique, mais ne livre pas la marchandise dans les moments de crise, où, justement, le prince en aurait le plus besoin ; que tous sont égoïstes : mis au pouvoir par l'un des deux groupes politiques pour mieux satisfaire les désirs de ses membres, le prince doit, d'un côté, craindre la vertu des grands, mais, de l'autre, la paresse des peuples, surveillant les uns et les autres pour régner en sûreté et heureux. Et tu t'interroges sur la qualité de cette sécurité et de ce bonheur.

Certains soutiennent que Machiavel, malgré ses déclarations bruyamment immorales, garde un fond de moralité, ou, du moins, soutient la bonne cause, à savoir le bien-être du menu peuple. Cette position fut défendue de longue date, par exemple, par Rousseau qui écrivit : « Machiavel était un honnête homme et un bon citoyen ; mais attaché à la maison de Médicis, il était forcé dans l'oppression de sa patrie de déguiser son amour pour la liberté. Le choix seul de son exécrable héros manifeste assez son intention secrète et l'opposition des maximes de son livre du *Prince* à celles de ses *Discours sur Tite-Live* et de son *Histoire de Florence* démontre que ce profond politique n'a eu jusqu'ici que des lecteurs superficiels ou corrompus [176].» Je ne puis nier sentir chez Machiavel une sympathie véritable pour le régime républicain et même pour le peuple ; l'opposition répétée entre le régime princier et la liberté, la suggestion faite ici que l'intention du peuple est plus honnête que celle des grands serviraient d'indices de cette sympathie.

Mais il reste, me le rappellerais-tu, que Machiavel écrit pour un prince, lui donne des règles pour acquérir le pouvoir, lui apprend comment berner le peuple et lui faire violence ; il reste que l'auteur s'attarde à montrer les faiblesses intellectuelles et morales du peuple et à enseigner non pas comment corriger ses défauts, mais comment en tirer parti le plus efficacement possible. En somme, les lecteurs avertis, comme Rousseau et Spinoza, ne devraient pas faire disparaître ce qu'ils appelleraient le superficiel du texte, et l'oreille qui cherche à entendre les sous-entendus ne doit pas se faire sourde au sens premier des mots. On ne peut faire du Grand Secrétaire un républicain sans faille ni faiblesse. Certains lecteurs de Machiavel font penser aux chrétiens qui se satisfont, de la part d'un auteur, du moindre signe de bienveillance à leur égard, pour y découvrir la foi inconsciente d'un fidèle qui s'ignore, d'un homme qui respecte pieusement la religion ou l'esprit religieux ; or un auteur qui avouerait que le christianisme est utile ou qu'on ferait mieux de ne pas l'attaquer est encore très loin de confesser le Christ.

10

Charnière

Ce chapitre sert de charnière aux propos annoncés aux chapitres I et XII, aux remarques sur les diverses principautés et à celles portant sur les armes. D'ailleurs, à deux reprises ici, Machiavel renvoie son lecteur à ce qui «... est dit plus haut...» et à ce qu'«... on dira plus bas...» : la charnière est nécessairement liée aux deux choses qu'elle unit.

Examinons-en trois points précis. À la fin du chapitre, l'auteur affirme que « La nature des hommes est de se sentir des obligations tant pour les avantages qu'ils offrent que pour ceux qu'ils reçoivent ». Même en supposant que cette remarque soit juste, elle ne perd rien de son côté paradoxal. Qu'on enchaîne, dis-tu, les hommes par la violence ou la ruse, soit, du moins théoriquement : c'est compréhensible ; qu'on se les gagne par les bienfaits (ce qui est souvent un assujettissement plus subtil et, partant, plus efficace), soit : c'est conforme à l'expérience et à un certain sens commun. Mais les enchaîner en recevant leurs bienfaits ! Par quel mystérieux mécanisme psychologique en arrive-t-on à obéir à un homme et même à le respecter du fait de lui sacrifier quelque chose qui nous est cher ? Malheureusement, Machiavel se tait, sibyllin. C'est toi-même qui me propose l'explication suivante : la douleur qui suit une perte importante et irréparable ne peut être mitigée que si le sujet sent qu'elle a servi à une bonne cause ; mais des sacrifices faits pour son prince ne sont ennoblis que si son prince est digne de l'être, que s'il est un prince bon et le bon prince ; pour la paix de son âme et pour son propre bien, le sujet en conclut que le prince est bon ; mais si le prince est bon et digne d'être prince, le sujet lui doit sa fidélité entière. Et le nœud est noué.

Machiavel dit qu'il faut avoir une armée juste pour pouvoir résister aux attaques de ses ennemis. Le contexte montre que *juste* signifie *adéquat, apte à résister à une attaque lors d'une bataille rangée*. Le mot est pris dans un sens très éloigné de son acception ordinaire, laquelle fait référence à la vertu de justice qui règle la moralité de nos rapports avec les autres hommes. Je m'arrête à ce mot ; je fais marche arrière et découvre qu'il apparaît ici pour la première fois : on a réussi à discuter de toutes les principautés sans le prononcer une seule fois ; je cours au chapitre XV et constate à mon grand étonnement que la justice n'est pas incluse dans la liste des vertus et des vices dressée par Machiavel. Un silence parlant, certainement. Mais que signifie-t-il ? Il faut, me semble-t-il, que nous gardions toujours à l'esprit ces questions que Socrate aurait posées à Machiavel : « Mon cher ami, la justice n'existe-t-elle pas ? N'est-elle pas une vertu ? Mais alors, qu'est-ce que la justice ? » – Et toi de me répliquer : « Et si Machiavel avait répondu à la première question par un " non " retentissant, aurait-il été tenu de répondre aux deux autres ? »

Enfin, tu as plusieurs fois remarqué qu'il n'y a que deux passages, dans ce chapitre et aux dernières lignes du chapitre XXII, où Machiavel parle des aspects strictement économiques de la vie politique. Il y consacre peu de temps et lorsqu'il en parle, c'est comme en passant. Par ce demi-silence, l'auteur affirme implicitement, à ton avis, que si les métiers sont le nerf de certaines cités, le nerf de la politique comme telle est tout autre chose que l'économie, qu'il est, en dernière analyse, le nerf des hommes. On serait tenté alors de conclure que Machiavel a oublié l'aspect économique de la politique, tout occupé qu'il était par une autre intuition : son analyse serait incomplète. C'est possible. Il est certain en tout cas qu'il n'en parle pas thématiquement. Mais avant qu'on ne conclue là-dessus ou même qu'on ne passe au si étrange chapitre XI, je tiens à rapporter le passage suivant des *Discours sur la première décade de Tite-Live* : « Et quoiqu'en cette guerre les Athéniens connurent quelques succès, à la fin ils la perdirent ; la prudence et les bons soldats de Sparte ont valu plus que l'industrie et l'argent d'Athènes. Mais Tite-Live est un meilleur témoin de la vérité de cette opinion qu'aucun autre, là où se demandant si Alexandre le Grand venu en Italie aurait vaincu les Romains, il montre qu'il y a trois choses nécessaires à la guerre : assez de bons soldats, des capitaines prudents et la fortune; et où comparant les Romains et Alexandre quant à ces points, il tire ensuite sa conclusion sans jamais examiner l'argent (II 10). » Machiavel interprétait les silences; il faisait parler les muets :

d'un silence de Tite-Live, il déduit non pas un oubli, mais un jugement ferme, quoique discret, sur l'économie. Machiavel n'est-il pas le disciple de Tite-Live ?

11
Dialogue

Le chapitre XI est étrange : soudain se présente une principauté qui n'avait pas été prévue et qui diffère du tout au tout, me semble-t-il, des autres ; après un chapitre X qui détourne notre regard des cas particuliers pour le fixer sur les questions militaires en général, qui prépare, en somme, au chapitre XII, voici un chapitre qui examine une espèce on ne peut plus particulière de principauté, qui ne touche pas aux questions militaires, mais à l'histoire récente de l'Italie ; le chapitre s'ouvre sur une description de la singulière principauté ecclésiastique, coupe court pour annoncer qu'un tel sujet est trop élevé pour se permettre d'en parler, mais donne malgré tout un bref aperçu des règnes de Sixte IV, d'Alexandre VI et de Jules II.

Plus étranges encore sont les réactions qu'il a suscitées et qu'il peut susciter même aujourd'hui. Plutôt que de piger dans l'histoire de la critique machiavélienne, je te raconterai une conversation que j'ai eue dernièrement avec quelqu'un qui m'avait donné tous les signes d'avoir fréquenté sérieusement l'œuvre de Machiavel. Je venais de lui faire part de ma perplexité toujours renouvelée face au onzième chapitre. « Que peuvent signifier les hésitations de l'auteur ? » lui ai-je demandé à la fin.

« Je ne puis croire que tu ne saisis pas le sens de toutes ces manœuvres, m'a-t-il répondu assez brusquement.

− Peut-être comprends-tu mieux que moi. Pour le moment, je ne puis admettre que ceci : Machiavel veut faire sentir que la principauté ecclésiastique est digne d'admiration.

− Tu aurais mieux fait de dire que pour Machiavel la principauté ecclésiastique et ce qui la rend possible est digne d'étonnement. Le mot *étonnement* est moralement neutre : on s'étonne devant un monstre comme devant une beauté parfaite, devant les extrêmes du bien et du mal.

– Tu reconnaîtras pourtant que Machiavel loue les principautés ecclésiastiques : " ... ces principautés seulement sont sûres et heureuses " ; elles tiennent debout comme par le miracle de la seule grâce de Dieu.

– La courte histoire de l'Église, que Machiavel présente ensuite, dément tes pieuseries : si le pontificat est stable, c'est que les papes agissent comme les autres princes. Nous le savons déjà au sujet d'Alexandre VI ; on tente de nous démontrer, faits à l'appui, que c'est une vérité générale.

– Mais alors comment Machiavel entend-il expliquer la stabilité spéciale des principautés ecclésiastiques ?

– Ta question peut-elle être sérieuse ? Si on nous prépare à lire un chapitre consacré aux choses militaires mais qu'on nous parle en lieu et place du pontificat, nous sommes en droit d'en inférer que notre interlocuteur tient à lier ou, si on veut, lie inconsciemment les deux choses. Le double message de Machiavel est très certainement le suivant : d'abord, il veut nous obliger à admettre que malgré les apparences d'un régime détaché des contingences de ce bas monde, le pontificat leur est aussi soumis : les papes avaient des armées, achetaient les hommes et vendaient ce qu'ils avaient sous la main, à savoir les charges ecclésiastiques, pour accumuler les sommes nécessaires à leurs entreprises ; mais en même temps, Machiavel veut montrer que les papes, les ecclésiastiques, qui doivent et veulent se battre, sont obligés de le faire par procuration à cause de la nature même de leur fonction : ils achètent des armées ou utilisent leur influence pour se les attirer. En somme, les papes ont besoin d'armées, mais peuvent difficilement avoir des armes propres. On peut ainsi comprendre pourquoi, aux chapitres XII et XIII, les vigoureuses dénonciations des armées mercenaires et auxiliaires et, au chapitre III, la description d'une descente étrangère en Italie font une large part aux noms des papes et des cardinaux. Enfin, on sent que Machiavel veut et ne veut pas à la fois aborder le problème des principautés ecclésiastiques. S'il ne s'agissait que de dénoncer les comportements de tel ou tel pontife, une fois leur mort survenue, alors qu'un rival était sur le trône de Pierre, il n'y aurait eu aucune difficulté. Ses hésitations signalent que son opposition est plus profonde. Le pouvoir temporel des papes a sa racine dans leur pouvoir spirituel : ils ont une mine d'argent sans fond et une autorité morale insondable, et donc infinie. Contre nature pour les princes ordinaires, leur pouvoir militaire (armées mercenaires et auxiliaires) leur est naturel parce qu'il est conforme à leur force véritable ; ce type de pouvoir militaire est en un sens le seul qu'ils puissent avoir, car ils ne peuvent se mêler franchement aux luttes politiques ; ils doivent lutter par personnes interposées : " Ces partis ne se tiendront jamais tranquilles, chaque fois qu'ils auront des cardinaux, parce que ceux-ci maintiennent les partis à Rome et en dehors, et les barons sont forcés de les défendre ; ainsi c'est de l'ambition des prélats que naissent les discordes et les désordres entre les barons. " Il y a eu sans aucun doute des exceptions, comme Jules II, mais je crois que, selon Machiavel, l'essence spirituelle ou religieuse du pouvoir pontifical exige un certain type d'appendice militaire, partout ailleurs contre nature.

    – Tu dois avouer malgré tout, glissai-je, que Machiavel ne s'attaque pas ici à l'essentiel du message chrétien : il ne fait que signaler ce qu'il aurait peut-être nommé les abus naturels qui naissent nécessairement du pouvoir pontifical, et donc de la religion révélée, et qui ont manifesté leur affligeante efficacité en Italie à la Renaissance.

    – Sans doute feins-tu la crédulité. Je serais, au contraire, tout à fait enclin à conclure comme avec Gentillet que Machiavel est auteur à " vomir ce blasphème " : non seulement pense-t-il ces deux critiques, il les relie dans son esprit. »

    Tu jugeras de mon étonnement, Thomas, quand j'entendis ses remarques indignées ; mon interlocuteur semblait voir dans le texte de Machiavel un travail de sape acharné visant l'Église et le christianisme. Mais en relisant le chapitre XI et les passages qu'il m'avait signalés, je compris comment on pouvait soutenir une position qui, aujourd'hui, peut sembler si extravagante.

12

Le problème militaire

Le chapitre XII qui aborde *officiellement* l'art militaire, un sujet nouveau qu'on n'avait pas annoncé (et pourtant : voir les dernières lignes du chapitre I, où il est déjà question des armes), commence par ce que tu dénonces comme une simplification : des deux fondements essentiels d'un État, les armes et les lois, Machiavel décide brusquement de n'en examiner que le premier (et la suite du livre ne traitera jamais officiellement des lois) ; Machiavel suggère même, crois-tu, que les armes sont la condition nécessaire et suffisante pour que les lois, et les actions aussi sans doute, soient dites bonnes. (Dans la même ligne, Montesquieu n'écrit-il pas : « ... ce ne fut que la victoire qui décida s'il fallait dire la *foi punique* ou la *foi romaine* [177].») Le Grand Secrétaire réduit le problème politique et moral au problème militaire. C'est qu'il joue avec le mot *bon*, signifiant deux choses : la justice puis l'efficacité, lorsqu'il parle de bonnes lois et de bonnes armes.

Quoi qu'il en soit, l'essentiel du chapitre me paraît consister en une dénonciation soutenue et vigoureuse des armées mercenaires en général, et de leur effet sur la vie politique italienne en particulier. L'objection de Machiavel, adressée aux princes italiens, se formulerait comme suit : les armées mercenaires t'appartiennent en autant que tu peux les payer adéquatement ; les soldats sont énergiques en autant que l'argent que tu leur donnes est jugé un bien supérieur aux maux qu'ils ont à affronter ; or la souffrance intense et surtout la mort sont des maux incommensurables ; donc, quant à l'essentiel, les armées mercenaires te sont inutiles et même nuisibles. Mais, comme d'habitude, Machiavel dit tout cela si finement que je ne puis résister à la tentation de le citer : « ... elles [à savoir les armées mercenaires] sont désunies, ambitieuses, sans discipline, infidèles; vaillantes parmi les amis, lâches parmi les ennemis; sans crainte de Dieu, ni foi envers les hommes ; la ruine se diffère pour autant que l'attaque se diffère ; en temps de paix tu es dépouillé par elles et en temps de guerre par tes ennemis. » En conséquence, à mon avis, tout le problème militaire qu'il soulève se retrouve dans des questions du genre : comment le prince inspirera-t-il à ses soldats un vrai respect à son égard ? comment leur inspirer une passion plus forte que la crainte de la mort au combat ? comment faire pour que ses troupes ne soient pas mauvaises, mais bonnes, c'est-à-dire fidèles ? n'y a-t-il pas un mobile plus puissant que l'argent ?

D'ailleurs, m'as-tu fait remarquer, le problème de la fidélité refait surface un peu partout en ce chapitre. Car Machiavel affirme sans ambages que le chef mercenaire de troupes mercenaires, à la première occasion, se retournera contre ceux-là mêmes qui l'ont pris à leur solde. Il reconnaît, de plus, qu'il faut surveiller de près un citoyen devenu général en chef de l'armée afin qu'« ... il ne dépasse pas la limite » ; en clair, cela veut dire que même une république doit craindre qu'un général élu par elle n'utilise l'armée nationale pour prendre en main le gouvernement ou du moins transformer le régime. Et l'auteur d'entasser les uns sur les autres des exemples de troupes ou de chefs mercenaires qui causèrent ou auraient voulu causer la ruine de leurs maîtres.

Mais, à ma grande déception, Machiavel, qui fit établir presque à lui seul la première armée nationale à Florence, laisse en plan la solution du problème fondamental qu'il a si habilement mis en relief. Car au bout du compte, on ne sait pas plus comment créer des troupes nationales ou des « armes propres » solides et fidèles. Or il admet, ici et ailleurs, que même des troupes mercenaires peuvent être fidèles à leur chef et donc être efficaces entre ses mains. Je te prie de remarquer que l'équivalent politique de ce problème militaire est déjà apparu aux chapitres IV et V, où il était question des centres de pouvoir et du désir de liberté qui anime les citoyens d'une république. Généralisant ma question, je demande : d'où viennent la fidélité et l'autorité, qu'elles soient politiques ou militaires ? comment créer cette fidélité et se donner cette autorité ? sur quoi asseoir l'une et l'autre comme sur un roc infrangible ? Seraient-ce là *les* questions machiavéliennes ? Ce sont sûrement des interrogations qui dépassent les simples préoccupations politiques et qui interpellent aussi les autorités politiques, sociales, morales et même intellectuelles ; la fidélité n'est pas seulement un problème pour généraux et politiciens en mal de victoires.

13

La fidélité des autres

Le chapitre XIII examine les désavantages des armées auxiliaires et les avantages des armes propres : nouveau sujet. Malgré cela, les questions de la fidélité et de l'autorité ne disparaissent pas ; elles n'en deviennent que plus actuelles : tu es heureux de constater que Machiavel tente d'y régler le problème pratique de la création des armes propres, c'est-à-dire d'une armée fidèle au pouvoir politique qui la dirige.

Les armées auxiliaires sont, selon lui, encore plus dangereuses que les armées mercenaires : elles sont vertueuses, c'est-à-dire puissantes, organisées, efficaces, parce qu'elles se tiennent fermement sous l'autorité d'un seul ; mais du fait que ce chef n'est pas le prince qui les a fait venir, elles sont toutes prêtes à se retourner contre lui au premier signe. Pour faire suite à certaines remarques de la section 11, je me dois de souligner l'exemple de Jules II auquel Machiavel est manifestement très attaché, quoiqu'il soit problématique et exige un discours assez long pour l'élucider : les armes auxiliaires et la papauté semblent être intimement liées dans l'esprit de l'auteur.

À ton avis, dans ce chapitre, la preuve se fait de la valeur des forces nationales, ne serait-ce que par l'opposition de nature entre les armées mercenaires et auxiliaires dont on a prouvé la nocivité, d'une part, et les armées nationales ou les armes *propres*, de l'autre. En passant, cette expression bien machiavélienne t'a toujours semblé très évocatrice et en parfaite harmonie avec l'esprit général du petit traité. Les armées sont des *armes* : on croit voir le prince tenant à bout de bras ses armées, qui lui répondent comme l'épée d'acier répond au moindre mouvement de la main ; l'action humaine est réduite, dans *Le Prince*, à sa plus simple expression : un homme contre un autre, un homme contre la fortune en combat singulier. C'est pourquoi, n'en déplaise à certains érudits, qui ont sans doute raison sur le plan purement historique, le livre de Machiavel porte mieux son titre traditionnel, *Le Prince*, que son titre véritable, *Des principautés*.

Donc, Machiavel a prouvé la supériorité des armes propres sur les armes auxiliaires ou mercenaires. Mais, as-tu souvent fait ressortir, il insiste : comme pour fermer toute issue à un lecteur récalcitrant, d'autres exemples sont apportés, une analogie est présentée. On y découvre que les armes sont propres moins parce qu'elles sont formées de citoyens que parce qu'elles naissent par ordre du prince ou par ordre d'une institution à laquelle il est identifié. Ainsi, Hiéron a enfin ses troupes à lui lorsqu'il fait massacrer les anciens soldats que la cité lui a confiés et qui étaient probablement fidèles à celle-ci et lorsqu'il constitue par sa propre autorité une nouvelle armée. Tu voudrais comparer le processus à celui qui se trouverait à l'origine du sentiment de piété filiale : ce sentiment, contrairement à l'idée établie, n'a rien de proprement biologique, il est tout à fait psychologique ; le fils est lié viscéralement à son père du fait de se croire, de se penser issu de lui ; le fils, ne se connaissant lui-même qu'en tant que fils du père, est ainsi spontanément soumis ; cette spontanéité est le signe de la nature, mais encore une fois, d'un naturel fondé dans les nécessités de la psychologie humaine plutôt que dans une nécessité physique et encore moins dans un droit inscrit au ciel.

À la fin, Machiavel écrit : « La façon d'établir les armes propres sera facile à trouver, si on examine les institutions des quatre que j'ai nommés plus haut... » On voit là, ordinairement, une référence à César Borgia, Hiéron, David et Charles VII dont Machiavel parle en ce chapitre. Je croirais plutôt qu'il faut y voir une référence au chapitre VI et donc à Moïse, Cyrus, Romulus et Thésée. Le cas de David est moins un exemple qu'un symbole, et la reprise de l'exemple de Hiéron nous renvoie explicitement du chapitre XIII au chapitre VI où l'on trouve justement les quatre princes fondateurs. Quoi qu'il en soit, le cas de David, si on le prend à la lettre, montre comment un prince fait mieux d'avoir confiance en ses armes, quelque faibles qu'elles puissent être, qu'en celles qui viennent d'un autre.

Remarque en plus que la citation de Tacite est fautive : « ... *nihil rerum mortalium tam instabile ac fluxum est quam fama potentiæ non vi sua nixæ*... » (parmi les choses mortelles rien n'est si instable et variable que la réputation d'avoir un pouvoir ne s'appuyant pas sur sa propre force) devient « ... *nil sit tam infirmum aut instabile quam fama potentiæ non sua vi nixa...* » (rien n'est si faible et instable que d'avoir une réputation de puissance mais sans y ajouter une force propre). Les divers commentateurs disent que Machiavel citait de mémoire et expliquent ainsi les différences entre l'original et sa version machiavélienne ; je ne puis que me réjouir de leur connaissance intime du processus de rédaction du *Prince*. Je soulignerai malgré tout que Machiavel oublie la partie de la phrase de Tacite qui parle des choses mortelles (*rerum mortalium*) et, par implication, des choses immortelles. Quant à l'erreur qui fait que *nixa* (*s'appuyer sur, ajouter*) se rapporte sous sa plume à la réputation (*fama*) plutôt qu'au pouvoir ou à la puissance (*potentia*), comme l'aurait voulu Tacite, cette transformation, quelle qu'en soit par ailleurs la cause, fait qu'on distingue deux éléments cruciaux dans l'économie du pouvoir : la réputation et, en plus, la force personnelle ; la réputation est faible sans la force effective : sans celle-ci, la réputation, et donc l'autorité, devient faible (*infirmum*). Ceci amène à repenser la relation entre le pouvoir moral et la puissance physique ou militaire. En effet, de l'œuf ou de la poule, qui a précédé l'autre dans le temps ?

14
L'éducation du prince

Si les armes propres sont portées, en quelques sorte, par la personne du prince ou par son bras vertueux, on ne doit pas s'étonner de trouver quelques pages dédiées au prince en tant que général, à l'art ou à la vertu militaire du prince. Cependant, tu as noté plusieurs fois avec insistance que l'auteur réduit ici le prince à être un général, l'art de gouverner à l'art militaire, et qu'il ramène de force la vertu du prince à la force du militaire. Cet aplatissement serait l'essence même du message machiavélien.

J'oserai dire, pour ma part, que ce chapitre est une apologie de l'éducation, adressée aux hommes d'action. Machiavel reprend un thème cher aux Anciens : on s'éduque par les œuvres et par la réflexion, écrit-il à l'instar d'Aristote. Mais, insiste-t-il, l'éducation par les œuvres n'est elle-même efficace qu'en autant qu'elle est complétée par la réflexion : la chasse est moins utile comme exercice physique que comme occasion de réfléchir sur les accidents géographiques et les accidents de la guerre. On retrouve alors encore une idée des Anciens ; qu'on examine sous ce biais *L'Art de la chasse* ou *La Cyropédie* de Xénophon.

J'ai maintes fois noté que les citations implicites ou explicites et les références aux grands auteurs du passé, commencées à la fin du chapitre précédent, multipliées ici, se continuent pendant plusieurs pages encore, disons jusqu'au chapitre XIX. Je prends par exemple les réflexions sur Philopœmen : Machiavel écrit à son sujet que les écrivains anciens le louaient de ne penser qu'à la guerre en temps de paix : sans doute fait-il référence à Tite-Live et à Plutarque. Pour n'examiner que ce qu'écrivait ce dernier, je te rappelle que Plutarque loue effectivement Philopœmen, mais qu'il le blâme aussi d'avoir consacré *trop* de temps et d'énergie aux choses militaires. La différence entre ces deux jugements portés sur un obscur général grec indiquerait-elle une discrète mais décisive opposition entre les deux auteurs quant au statut de la guerre ? En dernière analyse, cette opposition remonterait-elle à deux conceptions opposées de l'existence [178] ?

Tu préfères réfléchir au deuxième exercice que suggère Machiavel : l'exercice, donc l'éducation, de l'esprit. Il se fera par une lecture sélective de l'histoire : « Quiconque lira la vie de Cyrus, écrite par Xénophon, reconnaîtra ensuite, dans la lecture de celle de Scipion, combien cette imitation servit à sa gloire et combien Scipion se conforma pour la chasteté, l'affabilité, l'humanité, la générosité à ce que Xénophon a écrit au sujet de Cyrus. » Tu comprends par là qu'un livre comme *Le Prince* pouvait jouer auprès de tel ou tel prince italien un rôle analogue à celui que joua *La Cyropédie* auprès de Scipion. D'ailleurs, la vertu éducative du traité de Machiavel s'est vu proclamée dès la lettre dédicatoire ; le chapitre VI a déjà présenté cette idée que l'imitation des hommes les plus excellents, et donc le récit de leurs actions, est utile au prince. Il ne peut donc y avoir aucun doute : le Grand Secrétaire est, à ses propres yeux, un éducateur.

La vertu particulière du prince étant la clairvoyance dans les choses militaires ou le courage, tu es en droit de te demander quelle est la vertu propre du maître et éducateur du prince, de l'auteur du *Prince*. N'est-il pas clair que, du fait de stimuler l'émulation des princes italiens, Machiavel imite à sa façon les grands hommes, cette fois les grands auteurs, de l'Antiquité ? Machiavel serait le Xénophon des temps modernes, puisque *Le Prince* veut être la *Cyropédie* des temps modernes. Pour espérer être complète, l'analyse du *Prince* doit en être une de l'auteur du *Prince* ; l'analyse des tactiques militaires doit se doubler d'une méditation sur les tactiques pédagogiques de Machiavel.

Poursuivant cette ligne de pensée, je rappelle que Xénophon, l'auteur de la *Cyropédie*, est aussi l'auteur des *Mémorables*, qu'il a été touché par un Socrate au moins aussi profondément que par un Cyrus. En somme, ma question devient : y a-t-il chez Machiavel une dimension autre que celle qui consiste à dévoiler, analyser et recommander les ruses et les violences politiques ? une telle dimension est-elle importante pour lui ? et pour nous ? D'ailleurs, la *Cyropédie* ne comporte-t-elle rien de plus qu'une sorte de conception machiavélienne de l'existence à compléter ou à corriger par les points de vue plus innocents d'un Socrate ? ou, au contraire, h'implique-t-elle pas, déjà sur le pur plan politique, une prise de position dont se démarque celle de Machiavel [179] ?

J'offre, en dernier lieu, une sorte de contre-épreuve de ton affirmation de base ; sous la plume de Montaigne, ces mêmes noms d'Achille, d'Alexandre, de Cyrus, de César et de Scipion sont liés à celui de Machiavel : « On raconte au sujet de plusieurs chefs de guerre qu'ils ont eu certains livres en estime particulière, comme le grand Alexandre, Homère ; Scipion l'Africain, Xénophon ; Marcus Brutus, Polybe ; Charles V, Philippe de Comines ; et on dit qu'en notre temps Machiavel est très estimé par d'autres encore [180]. »

15
Les couleurs d'une nouvelle patrie ?

Avec le chapitre XV, sans avertissement, si ce n'est le mot *vertu* du premier chapitre, le lecteur aborde un nouveau moment de la réflexion machiavélienne, nouveau quant à la matière et quant au ton. Depuis le chapitre XII, il a été question de guerre et donc d'ennemis ; il est maintenant question d'amis (et donc de paix ?). Plus précisément, on spécifiera ici comment traiter les sujets et les amis du prince. De plus, Machiavel nous avertit que cette fois, il approfondira le sujet et que « ... surtout pour discuter de cette matière-ci », il s'éloignera de ce qu'ont dit les autres, c'est-à-dire ceux qui, avant lui, ont écrit sur la politique, en imaginant des principautés et des républiques, des royaumes célestes ou des républiques purement verbales.

Tu crois, toi, que ces deux éléments sont complémentaires en ce sens que l'originalité de sa pensée, jusqu'ici laissée dans l'ombre, éclate au grand jour précisément *parce qu'*il parle d'amis et de sujets plutôt que d'ennemis et de guerriers : Machiavel est le premier à dire qu'il faut traiter l'ami comme on traite l'ennemi, qu'il n'y a pas de différence, en vérité, entre l'un et l'autre, que la ruse et la cruauté sont nécessaires aussi, et peut-être surtout, quand on a affaire à ses amis et sujets. Certains, il est vrai, suggèrent que Machiavel cherche plutôt ici à minimiser l'effet de ces pages, en préparant son lecteur et en adoucissant le choc à venir. Mais comment ne pas entendre la bravade qui enfle maintenant les mots : le Grand Secrétaire montre son pavillon, hisse les couleurs de sa république ou de sa principauté idéale, en montrant les hommes et les princes tels qu'ils sont.

Je te concéderai que ce chapitre diffère de l'ensemble du livre parce qu'aucun exemple moderne ou ancien ne vient étayer les affirmations qui en font la charpente. Serions-nous parvenus au sommet théorique de la pensée du *Prince* ? Certes, nous avons atteint un des hauts lieux d'où Machiavel surveille la plaine de l'action humaine.

Si le statut de ce chapitre demeure incertain pour moi, ton jugement sur la dimension du propos de Machiavel est sans équivoque : le titre et plusieurs remarques du chapitre la révéleraient. Machiavel ne parle pas seulement de principautés, mais aussi de républiques, donc de politique dans son ensemble ; il ne parle pas seulement des princes, mais aussi des hommes, donc de la conduite morale dans son ensemble. En somme, tu crois de courte vue de percevoir *Le Prince* comme un simple traité de règles politiques ou un compendium historique de techniques politiques, qui ferait abstraction des problèmes moraux : il y a ici une vision de la vie humaine complète et, au moins de l'avis de sont auteur, nouvelle[181]. En d'autres termes, toute pratique d'une technique suppose en dernière analyse une déontologie, un traité des devoirs qui s'accorde ou non avec ce que le sens commun affirme être juste ou injuste ; seuls des auteurs de petite envergure, ce que Machiavel n'est pas, occultent pour eux-mêmes et pour leurs lecteurs le tout dans lequel s'inscrit la partie dont ils traitent : ce petit livre contient, comme le dit la lettre dédicatoire, «... tout ce que j'ai connu et compris en tant d'années et avec tant d'embarras et de dangers personnels.». Tu refuses aussi catégoriquement l'échappatoire qui consisterait à dire que ce tout n'est rien d'autre qu'un tas, c'est-à-dire des cas singuliers qu'on a liés sous des rubriques diverses.

Tu serais tenté d'exposer l'originalité de Machiavel de deux façons. D'abord comme suit : Il y a des actes qui sont vertueux de fait, tout en paraissant vicieux au sens commun ; ce qui permet d'en juger en vérité, c'est le résultat : ce qui conduit à la réussite, c'est-à-dire à la sécurité et au bien-être, est vertueux. On n'a pas besoin de réfléchir longtemps pour trouver des situations où l'honnête homme serait déchiré entre ce qu'on considère juste, dire la vérité par exemple, et ce qui est utile ou nécessaire, comme mentir habilement pour voler les secrets politiques ou militaires d'un pouvoir tyrannique menaçant. Nous savons tous que les honnêtes gens, tiraillés qu'ils sont entre le juste et l'utile, deviennent d'ordinaire moins entreprenants lorsque se présentent de telles circonstances. Machiavel, en éliminant ce tiraillement perpétuel, libère les honnêtes hommes des entraves morales qui les retiendraient dans la pusillanimité ou l'inefficacité. Mais il libère de même coup les pulsions d'hommes violents que la crainte de la voix de la conscience tempérait jusqu'ici un tant soit peu ; et il libère en chacun des pulsions, portant le masque de la nécessité, qui jusqu'alors ont été retenues par la vénérabilité de l'idée du juste. Est-ce là le prix à payer pour accéder à une unité et à une stabilité psychologiques qui assureraient l'action vigoureuse et efficace des bons ? Quel prix !

Ta deuxième formulation de la position de Machiavel revient à ceci : Il faut être réaliste, regarder de front les choses et surtout les hommes et les voir tels qu'ils sont : en général, ils ne sont pas bons et il y a un abîme entre ce qu'ils font et ce qu'ils devraient faire. Il faut accepter cette vérité et construire sur ce roc : la pluie peut tomber, le vent peut souffler, la crue de la rivière balayer tout devant elle, mais la maison que bâtira un machiavélien tiendra [182]. Car il a su confesser la vérité effective, c'est-à-dire celle qui, tirée des faits, mène aux effets.

J'ai découvert récemment que cette parole a reçu un écho chez Spinoza : « Les philosophes croient faire une œuvre divine et accéder au faîte de la sagesse, lorsqu'ils ont appris à louer sur tous les tons une nature humaine qui n'existe nulle part et à harceler par leurs discours celle qui existe réellement. Ils se représentent les hommes, en effet, non pas tels qu'ils sont, mais tels qu'eux-mêmes désireraient les voir. C'est pourquoi, au lieu d'une éthique, ils ont la plupart du temps écrit une satire et n'ont jamais conçu une politique qui put être appliquée pratiquement ; la leur est tenue pour une chimère, ou bien alors c'est dans l'île d'Utopie qu'on aurait pu l'établir ou dans l'âge d'or des poètes – c'est-à-dire précisément là où l'on n'en avait aucun besoin [183]. » En somme, proclament l'un et l'autre, finies les utopies qui sont toutes mort-nées. Thomas More, le Grand Chancelier, créateur de l'*Utopie*, le céderait devant le Grand Secrétaire, créateur du *Prince*. Mais même en acquiesçant à la vérité effective de Machiavel, je me demande à mon tour s'il est prudent de la proclamer comme il le fait et ainsi de détruire la supposée illusion morale qui fait partie de la vie politique depuis toujours. La sagesse populaire dit : qui sème le vent récolte la tempête.

Paradoxalement, me rappellerais-tu, c'est à partir du moment où Machiavel renonce aux imaginations de ses prédécesseurs qu'il parle le plus de la réputation, de l'opinion, de la renommée, de la louange, de la honte, c'est-à-dire de toutes les dimensions de l'imaginaire. Machiavel d'ailleurs se soucie moins ici d'être présomptueux que d'« ... être tenu pour présomptueux... » Le message serait le suivant : pour un homme qui est ou devient prince, les relations publiques ou les impressions sont presque tout. Aussi, Machiavel n'est pas un parfait cynique, en ce sens qu'il ne méprise pas les illusions que les hommes se font pour se rendre la vie plus tolérable ; au contraire, crois-tu, il cherche à accroître la conscience de l'efficacité et donc de la réalité du paraître, et il juge que l'attitude cynique est le fruit d'une illusion aussi dangereuse que celle dont le cynique voudrait nous détacher. Machiavel corrige Diogène.

Liant toutes ces remarques, je reprends comme suit : Dans les faits, les hommes ne sont pas très vertueux et il faut souvent, pour ne pas dire toujours, agir en homme vicieux pour contrer les poussées de leur égoïsme agressif ; d'autre part, ces mêmes hommes voudront toujours croire que la vertu est possible et que c'est le devoir de chacun de suivre en tout temps la voie vertueuse. Cette situation impossible qui fait en sorte que les autres nous obligent à être méchants, mais nous veulent bons, nous force à tenir compte de notre réputation : si, à chaque occasion, on ne la renforce pas, elle sera nécessairement petite ou mauvaise, et donc impuissante ou nocive. Machiavel concède sans doute qu'il faille parfois accepter la mauvaise réputation associée à tel ou tel acte, mais jamais qu'il faille être indifférent à l'impact *publicitaire* de ses actes.

Encore une fois, l'auteur lui-même dit tout cela mieux que moi : « Moi je sais que chacun confessera que ce serait une chose très louable que de toutes les qualités susmentionnées, celles qui sont tenues pour bonnes se trouvent en un prince ; mais parce qu'elles ne se peuvent avoir ni observer entièrement, à cause de la condition humaine qui ne s'y prête pas, il lui est nécessaire d'être assez prudent pour savoir fuir la honte des vices qui lui enlèveraient son État et, s'il est possible, se garder de ceux qui ne le lui ôteraient pas... »

16

Rupture ?

Le chapitre XVI parle quelque peu d'économie politique et beaucoup de propriété privée, d'argent, et de l'usage prudent à faire de l'une et de l'autre. De plus, comme nous l'avons signalé plus haut, son propos se situe en plein dans le domaine des relations publiques : la réputation, la renommée et l'opinion, tout y est.

La générosité véritable, *dixit* Machiavel à son prince, est inutile et même nuisible : le menu peuple et les nobles ne sont pas conscients de tes actes de vertu ; au contraire, ils te croient ladre, c'est-à-dire, pour employer une expression bien française, grippe-sou, parce que le vertueux ne fait pas montre de sa générosité. La prodigalité, elle, te fait connaître et est donc utile, mais seulement pour un temps : tu dépenses beaucoup, tu deviens pauvre, par suite tu es obligé de devenir avare, c'est-à-dire grippe-sou et voleur, et tu acquiers encore une fois une mauvaise réputation. La ladrerie te cause des ennuis, certes, mais avec le temps, du fait que tu ne leur enlèves rien, les gens du peuple te croient généreux.

L'auteur répond ensuite à deux objections. Tu m'as appris à voir que les objections – ne parlons pas des réponses – sont intégrées à l'argumentation de Machiavel, c'est-à-dire qu'elles sont déjà sur le terrain doctrinal conquis depuis peu par l'auteur : elles supposent que l'opinion publique doit être manipulée en faveur du prince. Ses réponses reviennent à ceci : pour arriver au pouvoir, il faut être *tenu* pour généreux ; une fois au pouvoir, il faut *être* parcimonieux ; pour tenir une armée fidèle, il faut la laisser ravager à peu près à volonté les terres conquises, et donc *être tenu* pour généreux, mais l'*être* avec le bien des autres. En examinant le deuxième point, tu as fait ressortir que Machiavel présente non seulement le prince, mais aussi ses sujets ou, du moins, ses soldats (ses amis ?) comme des êtres fondamentalement égoïstes : si tu as une armée assez puissante, tu peux voler les autres impunément, car les tiens ne diront mot, au contraire ils accepteront tes vols et, ils participeront même au pillage.

J'en suis amené souvent à me demander si la différence, pourtant autrefois si nette, entre les armes mercenaires et les armes propres n'est pas en train de perdre de sa précision : ne faut-il pas payer, d'une façon ou d'une autre, toute armée, qu'elle soit mercenaire ou non ? Sans doute, il demeure cette différence non négligeable que les armées mercenaires ne se font pas une idée élevée de leur employeur, alors que « ... dépenser le bien des autres ne t'enlève pas de réputation, mais t'en ajoute... ».

Mais ici tu me coupes chaque fois et tu soulignes que l'essentiel te semble clair : dans ce chapitre, Machiavel démontre son originalité, c'est-à-dire sa rupture d'avec la pensée et les actions des honnêtes gens. Machiavel s'oppose à eux parce qu'il refuse de faire l'apologie de l'opinion commune qui veut que la vertu soit le fondement naturel, voire divin, du pouvoir. Pour lui, c'est moins la vertu que la vertu bien utilisée qui en est le fondement effectif. Ce bon usage suppose qu'on connaisse l'impact psychologique de l'action ; il suppose qu'on ait transformé, au moins pour soi, sa conception même de la justice et de l'honnêteté. Car l'ancienne vertu n'est défendable qu'en supposant tous les hommes honnêtes, ou voués à l'être par une mystérieuse nature. Machiavel rompt avec les conceptions traditionnelles parce qu'il refuse de croire en la bonté fondamentale des hommes.

Ta prise de position me semble rendre compte du texte. Malgré cela, je ne puis être réduit à affirmer que Machiavel a été le premier à découvrir la méchanceté humaine. Aristote était-il inconscient de la violence et de la ruse politiques, alors que dans sa *Politique* il analyse à plusieurs reprises les tensions internes d'un régime à la lumière de la distinction entre les riches et les pauvres, alors qu'il sait faire une liste des sophismes qu'utilise le pouvoir pour séduire ses adversaires, alors qu'il reconnaît, lui aussi, que le meilleur régime est à toutes fins utiles une utopie ? En quel sens peut-on parler de rupture ?

17

Quelques auteurs

Je te concéderai comme par le passé que Machiavel n'est pas seulement un fin observateur, mais aussi un penseur : il connaît la dialectique. Le chapitre XVII me paraît en offrir quelques exemples frappants.

Au chapitre XIV, il loue Scipion pour son humanité, laquelle lui était redevable à son maître Xénophon, et qui avait grandement contribué à sa gloire. Or ici, ce même Scipion est considéré sous une tout autre lumière ; il est toujours un homme extraordinaire, mais, selon Machiavel, il doit susciter notre étonnement d'abord et avant tout, semble-t-il, parce que ses troupes se rebellèrent. Suit une explication : la miséricorde de Scipion, son humanité, furent la cause directe de cette rébellion. Toujours selon Machiavel, ce bon *naturel* de Scipion lui aurait enlevé toute sa gloire si le Sénat romain n'avait été là pour corriger son défaut ou sa « qualité dommageable ». Je sors de la lecture de ce texte quelque peu perplexe : faut-il suivre l'enseignement du chapitre XIV ou celui de ce chapitre XVII ? Machiavel approuve-t-il ou non la bonté et l'humanité de Scipion ? approuve-t-il ou non l'enseignement de Xénophon, l'objet de son émulation ? Alors que tu conclurais : Machiavel s'oppose au plus humble des socratiques et condamne Scipion [184], d'autres questions se pressent dans mon esprit : l'opposition entre les deux auteurs va-t-elle jusqu'au fondement de leurs pensées ? Et quel est ce fondement ? Machiavel va-t-il jusqu'à s'opposer à la seule doctrine morale que propose sans hésitation le Socrate xénophontique ? Croirait-il que le « Connais-toi toi-même » delphique n'est pas un impératif humain [185] ?

L'opposition entre Machiavel, auteur des *Discours sur la première décade de Tite-Live*, et Tite-Live lui-même est moins évidente, plus étonnante, tout aussi importante. Qui devinerait que la phrase : « Les écrivains qui ont peu considéré l'affaire, d'une part, admirent son action et, de l'autre, condamnent sa cause principale » vise entre autres ce Tite-Live que Machiavel commente ailleurs si attentivement ? J'en conclus – remarque anodine ? – qu'on peut bien lire et admirer un auteur, suggérer à d'autres la lecture de son œuvre, sans pour autant être d'accord avec lui sur les points les plus importants. Quoi qu'il en soit, Tite-Live condamne nettement la cruauté d'Annibal que notre auteur approuve et recommande non moins nettement ; Tite-Live refuse de mettre la cruauté (en plus de la perfidie et de l'impiété) au nombre des vertus d'Annibal, ce que Machiavel fait. Je remarque qu'il appelle Annibal un prince. Pourtant, qui ne sait pas qu'Annibal était général des armées carthaginoises, qu'il n'était pas un monarque. Étrange ; et pourtant non : le début du chapitre XIV, où il réduit l'art de gouverner à l'art militaire, éclaire pour moi ce *lapsus calami*. Ce passage sur les vertus d'Annibal est d'autant plus dérangeant qu'il avait déjà été question de cruauté inhumaine au chapitre VIII, consacré aux crimes de certains princes nouveaux ; là il avait semblé la condamner sans appel. Je serais tenté de dire, avec toi, que Machiavel fait évoluer sa position, ou plutôt dose la présentation de ses idées.

Qu'en est-il maintenant de Machiavel en tant que lecteur de Cicéron ? Car certaines phrases de ce texte prennent le contrepied de plusieurs belles pages du grand orateur que tu as lues dernièrement [186]. Dans son *Les Devoirs*, traité de philosophie morale adressé à son fils, Cicéron avance les canons suivants : la crainte engendre nécessairement la haine ; l'amour ou la bienveillance est le meilleur ou même le seul moyen sûr de se faire des amis ; la justice est la plus importante des vertus, étant nécessaire non seulement entre amis, mais même entre ennemis. Le Grand Secrétaire écrit, pour sa part : « À ce sujet, naît une controverse : s'il est mieux d'être aimé plutôt que d'être craint ou le contraire. On répond qu'il faudrait être l'un et l'autre ; mais parce qu'il est difficile de les assortir, il est beaucoup plus sûr d'être craint que d'être aimé, quand on doit se défaire de l'un des deux. » Je t'entends déclarer à ton tour : « On n'a qu'à relire le chapitre pour savoir que Machiavel fait fi systématiquement de l'enseignement de Cicéron ; on n'a qu'à relire *Le Prince* pour saisir qu'il représente le rejet de la pensée modérée de Cicéron. »

Et je réponds ici encore que cela n'est pas aussi évident que tu le voudrais : la solution la plus *efficace* à ce problème me semble résider dans la lecture du traité de Cicéron ; c'est de la fréquentation du problème politique et moral que nous proposent les deux auteurs, et de la confrontation de leurs idées, c'est de la lecture *active* que viendront les conclusions théoriques fermes et, il faut l'espérer, les actions plus justes, ou plus conformes à la condition humaine.

En tout cas, je conclus que Machiavel se fait l'adversaire des Anciens dont il tire idées et images. Cependant, je le répète, quelle est la nature de cette opposition ? Rupture, comme tu le veux ? Mise en valeur de certains faits bien connus des Anciens, mais accompagnée ici d'un accent d'urgence inconnu jusqu'alors ?

Une dernière observation : Machiavel ne cesse depuis le début d'utiliser deux mots qui devraient éveiller notre attention : *fede* et *pietà*. Le contexte exige qu'on les traduise par *parole donnée* et *miséricorde*. Pourtant, m'a appris ta traduction, les mots italiens nous rappellent une Parole de foi (*fede*) et de piété (*pietà*) qui annoncerait une principauté toute nouvelle où la loi de l'amour remplacerait celle de la crainte. Machiavel ne veut ni de la parole donnée ni de la foi, ni de la miséricorde ni de la piété.

18
Dialogue deuxième

Tu admettras que cette dernière remarque prépare bien à l'analyse du chapitre XVIII ; car, selon toi, il faudrait le lire avec le cœur et les yeux d'un croyant : sans cœur, on est insensible à certaines présuppositions de la pensée de Machiavel ; ce n'est qu'avec ces yeux qu'on peut voir toutes les implications de sa doctrine. Dans l'espoir de contribuer à une semblable lecture croyante, je te rapporte la suite du dialogue commencé plus haut.

À ma demande, mon interlocuteur exposa ainsi les points saillants du chapitre XVIII :

« Machiavel appelle Chiron le précepteur d'Achille. Le mot *précepteur*, qui signifie *éducateur*, apparaît une seule autre fois dans ce livre, au moment où Machiavel parle de Dieu qui fut le précepteur de Moïse. La seule question importante est la suivante : Dieu approuverait-il les méthodes révélées et recommandées par Machiavel, à savoir l'emploi de la force pour assurer une maîtrise politique ? Or voici qu'au chapitre XVIII, Machiavel ajoute à son enseignement : la force n'est pas suffisante, la ruse est nécessaire elle aussi ; d'abord pour éviter les pièges des autres, ensuite pour tendre des pièges à son tour et surtout pour colorer, c'est-à-dire cacher, ses actions et sa ruse elle-même. La ruse t'est nécessaire parce qu'obligatoire aux autres du fait de ton existence. Cercle vicieux peut-être, qui entoure des lutteurs éternels ; cercle de la vertu machiavélienne. Machiavel n'est pas d'accord avec la huitième loi de Moïse, et donc avec son précepteur ; il ne se réjouit pas d'entendre l'exhortation de Jésus-Christ : " Que ton oui soit oui, que ton non soit non [187]. " La ruse, c'est-à-dire la liberté radicale par rapport à toute loi ou tout précepte, face à tout précepteur, législateur ou prophète, est essentielle à la survie du prince.

Mais Machiavel ne s'en tient pas là. Il choisit comme exemple Alexandre VI, un exemple, dit-il, qu'il ne veut pas taire ; il nous laisse conclure que le Prince des chrétiens fut lui aussi un prince, qu'il fut, en quelque sorte, *le* prince des princes, *le* menteur parmi les menteurs, grand dissimulateur devant Yawveh. Libre à nous de penser que celui qui ne respectait pas la *fede* des hommes n'avait pas la *fede* tout court ; libre à nous de sentir même obscurément que Machiavel ne s'en indigne pas du tout. »

Voulant faire plaisir à ce lecteur si passionné du *Prince*, j'ajoutai un deuxième exemple proposé par Machiavel, toujours pour notre édification : « Il y a à la fin du chapitre la mention de ce prince, qu'il ne fallait pas nommer sans doute parce qu'il était encore vivant et très puissant : il prêchait la *fede* sans pour autant la respecter dans son for intérieur. S'il s'agit ici de Ferdinand le Catholique, comme s'entendent à le dire presque tous les commentateurs, il faut vite passer au chapitre XXI afin d'y trouver une large confirmation de ce que tu dis maintenant.

– Je puis montrer encore mieux toute la perfidie de la position machiavélienne. Car la ruse, toujours selon notre conseiller des princes, doit trouver son premier et principal champ d'application dans la croyance feinte en la religion. Or la nature étant bien faite, les hommes sont naturellement crédules et donc faciles à tromper. Selon la tournure hardie qu'emploie Machiavel, les hommes voient, mais ils ne touchent pas ; heureux, mais rares, sont ceux qui croient seulement après avoir touché [188] : peut-être n'auront-ils plus la foi, mais ils sauront à quoi s'en tenir ; certes, ils ne se laisseront plus tromper par ce qui sort de la bouche des hommes, par la parole, le *logos*.

– Je m'étonne, remarquai-je alors, de la passion que tu sais montrer lorsque nous abordons ces sujets. Je te concéderai que Machiavel n'est pas doux pour l'Église. Cependant, ne pourrait-on citer de bons auteurs catholiques qui ne soient guère plus tendres pour les Alexandre VI ?

– Il n'est pas question d'Alexandre VI ici, mais bien de son immoralité efficace qui devient une arme entre les mains de Machiavel.

– Tu sembles croire que de bons chrétiens devraient lire ce texte en frémissant d'indignation.

– Voilà !... Mais ce n'est pas le cas. C'est peut-être parce qu'à la suite d'une révolution combien tranquille, ils croient maintenant à autre chose : par exemple au peuple, à la bonté du peuple, à la juste promotion du peuple, à la moralité indubitable de tout acte qui conduit à sa libération, historiquement inévitable. Je suis convaincu qu'il y a d'honnêtes gens de cette sorte qui, faute de croire en Dieu, croient en son peuple délaissé et ainsi pardonnent à Machiavel ce qu'ils appellent bénignement ses excès de langage. Que de surprises les attendraient s'ils avaient des oreilles pour entendre ce qu'on peut faire au nom de ses doctrines et des yeux pour lire ce que Machiavel dit lui-même de la juste promotion du peuple. »

C'est ainsi que se termina notre conversation.

19

Le peuple

Le chapitre XIX est de loin le plus long du *Prince* ; il traite principalement des conspirations montées contre le monarque, ce qui est aussi le sujet du plus long chapitre des *Discours sur la première décade de Tite-Live* (livre III, chapitre 6). Plusieurs commentateurs ont suggéré que Machiavel y fait l'apologie de la conjuration tout en semblant en détourner son lecteur. Cela se peut très bien : on n'a qu'à remarquer le nombre de conjurations, rapportées dans ces deux livres, qui réussissent au moins partiellement. Néanmoins, on y parle aussi du peuple. Je m'attarderai sur ce dernier thème, tout en recommandant fortement la lecture en parallèle de ce chapitre et de sa source parfois textuelle, l'*Histoire romaine* d'Hérodien [189].

Machiavel serait l'ami inconditionnel des peuples, et ce chapitre en serait le témoin. Certes, il y plaide pour les peuples auprès du prince en s'appuyant sur un motif vil, mais sûr : le prince qui veut régner en toute sécurité doit respecter les désirs des citoyens ordinaires ; il doit, en particulier, éviter de voler les petites gens et de leur enlever leurs biens et leurs femmes, « ... la fin que chacun désire, c'est-à-dire la gloire et les richesses... (chapitre XXV) ». D'ailleurs, cet enseignement n'est pas nouveau ; il le propose depuis le chapitre II. Mais force est d'admettre que, depuis le début, cet enseignement de modération s'est lui-même modéré, c'est-à-dire que, de plus en plus clairement, Machiavel défend non pas une politique activement bénéfique envers les peuples mais une retenue calculée : « À nouveau, je conclus qu'un prince doit estimer les grands, mais ne pas se faire haïr du peuple. »

De plus, comme tu l'as remarqué à quelques reprises, cette doctrine, peu ambitieuse sur le plan moral, s'accompagne cette fois de contre-enseignements déconcertants. On nous dit que celui qui a de bonnes armes aura de bons amis et que celui qui a de bons amis peut être sans crainte : nulle mention du peuple ici, nulle exhortation à encourager sa bienveillance naturelle par un régime modéré. Et puis, l'exemple des Bentivogli est troublant non seulement pour le prince qui craint au sujet de sa sécurité, mais aussi pour ceux qui désirent une émancipation des peuples et une égalité réelle entre les hommes : les gens de Bologne, libérés du joug d'un souverain, cherchèrent partout un remplaçant pour le prince assassiné ; ne pouvant pas mettre un enfant au pouvoir, ils jetèrent leur dévolu sur un forgeron vivant à l'étranger qui était vaguement rattaché à la famille princière et lui donnèrent le pouvoir. Tu vois là la peinture saisissante d'esclaves courant après leur maître, lui demandant de leur remettre les chaînes ; mieux, s'enchaînant les uns les autres pour lui. De plus, l'exemple du parlement français montre, en dernière analyse, comment utiliser une institution pour éviter la colère des grands et les injures du peuple : le parlement cautionnera certaines mesures impopulaires (par exemple, ce que Machiavel tait, des violences faites contre les gens du peuple) et détournera ainsi dans sa direction le flot de l'indignation ; or, cela évité, le reste importe peu.

J'ajouterai que le principe servant d'introduction à toute l'analyse des cas des empereurs romains est que le prince pour régner doit plaire à cette partie de la collectivité qui lui donne, et donc peut lui enlever, ultérieurement, le pouvoir. À un moment donné de l'histoire de Rome, celle-ci était l'armée ; les empereurs faisaient donc bien de satisfaire les soldats sur le dos des citoyens. Les exemples commentés par l'auteur me semblent significatifs. Chacun des empereurs violents aurait pu survivre avec autant de sûreté que Sévère s'il avait su garder le respect de ses troupes en projetant, grâce à son comportement, l'image d'un homme fort. La seule condition additionnelle soulignée par Machiavel est de ne pas paraître plus cruel envers le peuple que les soldats ne l'étaient eux-mêmes ; car la brutalité, du moins celle qui dépasse les bornes selon l'opinion de ceux qui fondent le pouvoir, mine l'autorité. Par ailleurs, aucun des empereurs bienveillants n'a pu survivre, si ce n'est Marc-Aurèle dont le pouvoir reposait sur la tradition et qui pouvait s'offrir le luxe d'oublier, en quelque sorte, le pouvoir militaire. Ce qui est sûr, c'est que selon la lecture de l'histoire que fait ici Machiavel, ce n'est pas la vertu, dans le sens ordinaire du terme, qui fut la cause de la survie politique de Marc-Aurèle, n'en déplaise à tous les amateurs de stoïcisme et de philosophie : le pouvoir s'enracine dans une apparence de légitimité qui peut avoir diverses origines.

Quoi qu'il en soit des conseils précis de ce chapitre, insisteras-tu, il en ressort que l'allégeance fondamentale du prince doit se faire envers lui-même : les circonstances peuvent faire qu'il doive taper fort sur le vulgaire à la suite du même calcul qui l'aurait obligé à être modéré : la masse est bien loin d'être aimable en soi. Quand on ajoute à cela les remarques de Machiavel sur l'inconscience et l'inconstance de la plèbe éternelle, tu ne vois pas comment un lecteur objectif pourrait voir en lui un champion inconditionnel des peuples et des républiques : il est impossible de voir en lui un égalitariste de quelque acabit que ce soit. D'ailleurs, une analyse plus détaillée ne fait qu'étayer ce qui apparaît déjà clairement à la première lecture du texte. Quelles que soient ses sympathies finales, Machiavel a pu se permettre d'écrire un bref traité qui encourage les princes à manipuler armes et opinions pour mieux assurer leur règne, un règne qui se comprend essentiellement en fonction de l'acquisition et de la conservation du pouvoir sur le peuple. Un vrai démocrate n'aurait jamais fait de même.

En supposant que le fond ne trahit pas la forme, j'en infère que le secrétaire de la république de Florence voulait se montrer auteur du *Prince* et donc fidèle conseiller d'un despote ; même devant ses amis plus jeunes et moins expérimentés aux énergiques sympathies républicaines, même dans les *Discours*, son livre républicain, il ne récuse nullement *Le Prince*, qu'il appelle bien fièrement « notre traité [190] ». La seule réponse à faire à cette argumentation, et encore me semble-t-elle bien faible, est de rappeler les années de service que Machiavel consacra à la république de Florence.

20
Propos épars ?

Le chapitre XX est un assemblage de cinq questions auxquelles l'auteur répond en donnant des conseils appropriés ; le lecteur peut en retirer l'impression d'un fatras où s'entassent les brèves recommandations d'un technicien.

Machiavel s'oppose aux sages qui l'ont précédé et qui conseillaient aux princes d'entretenir dans leur État des partis opposés et de faire construire des forteresses. Mais il s'oppose aux conseils de ses prédécesseurs avec infiniment plus de précautions qu'il ne le fit au chapitre XV. Il affirme, en somme : ces *sages* ne comprennent pas la politique, leurs recettes sont simplistes et, pourrait-on dire, mécanistes ; la politique est d'abord une affaire spirituelle, une affaire d'autorité et de fidélité ; donc ce n'est pas en affaiblissant, au sens strict, ses ennemis, ou en augmentant ses forces défensives que le prince assure son pouvoir, car il n'est en sécurité que lorsqu'il crée un consensus politique autour de sa personne. Cette question de la réputation est si importante que Machiavel ose avancer qu'un prince prudent doit parfois se créer des adversaires qu'il saura vaincre au moment venu, afin de mieux asseoir sa réputation et donc son pouvoir. En bref, s'il faut choisir entre la sécurité que promettent les armes et la division de ses adversaires et celle qu'apporte l'unité des amis causée par la force spirituelle du prince, on fait mieux de choisir la seconde. Mais souvenons-nous toujours qu'il nous a enseigné aussi que les amis sont des êtres très instables et qu'il faut démontrer beaucoup de vertu pour attirer leur regard puis gagner et garder leur fidélité. Et au fond, comment démontrer sa vertu si ce n'est par les armes ?

J'ai cru comprendre que Machiavel était un penseur ; d'un autre côté, tu ne permets pas qu'on oublie qu'il était aussi, et peut-être surtout, un homme d'action. Sans doute que la quatrième question, au sujet des alliés du prince, peut s'interpréter comme la suggestion faite à la famille de Médicis de voir en lui un allié sûr ; ce qui est paradoxal parce qu'il a été un ennemi implacable de celle-ci lorsqu'il était secrétaire de la république.

De plus, ce conseil intéressé reprend une idée soulignée à plusieurs reprises déjà : le prince ne trouve d'alliés sûrs qu'en ceux qui n'ont pas une ambition égale à la sienne. Veux-tu affirmer que Machiavel n'était pas un ambitieux, qu'il manquait de force d'âme ? Non. Tu soutiens que selon sa logique, il ne peut espérer attirer le regard bienveillant du pouvoir en place à moins d'afficher sa fidélité foncière à quelque régime que ce soit, à moins de se présenter comme un administrateur indéfectible : quand il y a eu un régime républicain, il a été habile administrateur de la république, et maintenant qu'il y a un régime monarchique, il se montrerait habile administrateur de la principauté.

Je me perds, d'ailleurs, très tôt dans le dédale des mobiles possibles : Machiavel ne peut-il pas être un républicain dans l'âme, qui feint de n'avoir aucune consistance morale pour mieux trahir la principauté et les Médicis ? ou un suppôt éventuel du pouvoir monarchique, qui montre de temps en temps ses couleurs républicaines pour mieux se protéger contre l'envie des gens du peuple ? Et si cet agent double jouait sur les deux plans en même temps, à mi-chemin entre les hauteurs du pouvoir princier et les bas lieux qu'occupent les sujets ? Lorsqu'on accepte l'apologie de la duplicité, comment espérer retrouver le moi premier ? Mes élucubrations permettent au moins de mettre de l'avant le thème de la sincérité, et, donc, de l'amitié : qui est un ami ? comment se fait-on un ami ? Car, en fin de compte, le tout premier problème proposé en ce chapitre : doit-on ou non armer ses sujets, conduit tôt ou tard le lecteur à ces deux dernières questions. Et Machiavel de répondre...

21

Une réputation d'homme vertueux

Un des problèmes centraux, pour ne pas dire *le* problème central, de la politique est celui de la réputation : un prince qui sera perçu comme un grand homme aura des armées fidèles et saura couvrir ses cruautés du manteau de la sévère mais équitable justice. Alors, comment acquérir ou entretenir cette estime des soldats et des gens du peuple ? Comment se montrer si vertueux que tous voudront être de tes amis ? Machiavel donne ici quelques conseils pratiques.

Tu aimes bien l'exemple de Ferdinand le Catholique : par ce biais, Machiavel rappelle la nécessité de bien se servir de la religion comme d'un moyen de protéger et même d'accroître sa réputation. Mais il te paraît plus important encore de noter l'apologie de ce qu'on pourrait appeler une politique énergique, qui consiste à gagner le respect en évitant les partis prudents, à s'engager à plein dans les vicissitudes de la vie politique. L'image du roi sage et prudent peut séduire les sages et les prudents, mais les hommes ordinaires respectent l'homme d'action, celui qui entreprend tout avec vigueur et décision. Cette conduite a, de plus, l'avantage de laisser ses adversaires perplexes, voire pantois : ils n'ont pas un moment de répit qui leur permette d'examiner la situation et de calculer leur réaction ; ils ne peuvent donc jamais prendre l'initiative.

Le prince, comme chacun le sait, doit punir les méchants et récompenser les bons ; faute d'être juste lui-même, il doit cependant rendre la justice. Or je vois ici Machiavel compléter sa pensée en soutenant sans pudeur que l'administration de la justice est au service de la réputation : il faut que la nation soit pleine du nom d'un seul, que les actes des bons et des méchants deviennent l'occasion de mettre en valeur le prince ; on ne parlera plus de la prouesse ou du crime accompli, mais de la punition subie ou de la récompense reçue : le prince ne punit pas comme vous et moi, il flétrit ; il ne récompense pas, il honore [191]. Si tu as dit plus haut que la renommée de la vertu est plus importante que la vertu, j'ajoute maintenant que la renommée de la justice est au service de la renommée tout court : il faut que les yeux du peuple ne voient que la force du prince, que ses oreilles n'entendent rien d'autre que le tonnerre de son pouvoir.

Le message de Machiavel te semble trouver son expression la plus claire dans son conseil d'être un ami véritable ou un ennemi déclaré : « Assez de ces ruses dilatoires ! » affirmerait-il. Puisqu'il est impossible d'éviter la guerre, puisqu'on retarde seulement l'échéance militaire inévitable en tentant de demeurer neutre et qu'on donne ainsi à son adversaire l'occasion d'augmenter ses forces ou, du moins, d'affaiblir des alliés possibles, le prince doit toujours choisir ouvertement un parti ou l'autre lorsque deux superpuissances le courtisent ; et même le prince qui se voit plus puissant que deux adversaires qui s'affrontent a tout intérêt à entrer au plus épais de la mêlée : il pourra écraser l'un avec l'aide de l'autre et ainsi dominer les deux. Puisque la lutte est partout, il faut s'y engager sans arrière-pensée. Il faut, donc il faut : la nécessité amorale est cause d'un certain impératif moral. Tu trouves que ces conseils aussi se situent bien dans le contexte d'une analyse des moyens d'augmenter sa réputation. Les recommandations machiavéliennes ont sans doute leur importance sur le plan strictement tactique ; mais l'engagement et l'action, tels qu'ils sont présentés ici, sont considérés en fonction de la renommée. D'où : puisque la lutte est partout, il faut s'engager dans la lutte afin que les autres sachent très tôt et se souviennent pour longtemps à qui ils ont affaire.

Je ne puis m'empêcher de noter que le mot *justice* apparaît pour la deuxième fois dans le discours de Machiavel. Au chapitre XIX, il nous avait appris que l'amour de la justice n'avait servi qu'à l'empereur Marc-Aurèle, que cet amour avait été, en quelque sorte, la cause principale de la chute de Pertinax et d'Alexandre. Ici, il affirme que même un vainqueur sur le plan militaire doit respecter la justice et craindre les effets de l'injustice flagrante : « ... ensuite les victoires ne sont jamais si franches que le vainqueur n'ait besoin d'avoir quelque crainte, et surtout envers la justice. » Cette remarque ne prend-elle pas tout son sens du fait qu'un prince doit avoir soin de sa réputation ? Je ne dirai donc jamais que Machiavel n'a aucun souci de la justice ; je ne dirai jamais que Machiavel sépare tout à fait la morale, ou plutôt le plan moral, de la politique : au contraire, en tant que penseur, il tente de les souder ensemble et d'enfermer le transpolitique et le transhistorique dans l'étau des exigences politico-militaires.

De toute façon, à travers sa recommandation économique, à savoir de récompenser l'activité des artisans et des agriculteurs, la question de la réputation, affirmes-tu, est liée d'une autre manière à celle de l'amitié. Il ne suffit pas de dire que pour Machiavel on se fait des amis par la force en réduisant les hommes à l'amitié ; il ne suffit pas d'ajouter que pour lui, on se fait des amis par la réputation en séduisant les hommes : selon l'auteur, le bien précieux de l'amitié doit se payer d'une monnaie sonnante. Et à ton avis, les deux chapitres qui suivent nous permettront de saisir mieux encore ce qu'est un ami.

En supposant que tu aies raison, y apprendrons-nous quelque chose que Socrate ne sut pas dire à Lysis [192] puis à Critoboulos [193] lorsqu'ils parlèrent ensemble d'amitié ?

22

Le bon ami

Quelqu'un objectera sans doute qu'on ne peut réfléchir à l'amitié à partir des chapitres XXII et XXIII, puisque les mots *ami*, *amitié*, *aimer*, n'y apparaissent jamais ; ce sont même presque les seuls chapitres où c'est le cas. Néanmoins tu déclares que, pour le Grand Secrétaire, celui qui connaît les secrets du prince, c'est-à-dire le secrétaire, doit justement être son ami, qu'il est le type même de l'ami. Cela se conçoit facilement : celui qui connaît mes pensées les plus intimes doit m'être irréductiblement fidèle, car un ennemi semblable serait un homme on ne peut plus dangereux. Tu notes aussi que le prince peut créer une bonne impression, augmenter sa bonne renommée, en choisissant un habile homme comme ministre ou comme secrétaire. Puisque dans l'arène politique la renommée est pour ainsi dire l'arme par excellence, Machiavel montre ainsi toute l'importance du thème de ces deux chapitres.

Le problème se ramène finalement à deux questions pratiques : comment découvrir un habile homme, c'est-à-dire quelqu'un qu'il serait bon d'avoir comme secrétaire-ami, et comment, l'ayant découvert, se le garder fidèle. La première ne trouve pas sa réponse dans les préceptes d'un art. Puisqu'il y a trois sortes d'hommes : inventifs, bons juges et nuls, il faut être au moins un bon juge des idées des autres pour pouvoir dépister l'habile homme et le bon ministre [194].

Le problème pratique crucial devient donc à tes yeux : comment savoir si son secrétaire-ami est fidèle et comment s'assurer qu'il le demeure. Machiavel distingue d'abord entre deux types d'hommes : ceux qui ne peuvent penser qu'à leur bien et ceux qui ne pensent qu'au bien du prince. Il s'agit donc d'examiner les actes de son ministre pour voir dans laquelle des deux espèces on doit le classer, et le chasser s'il ne fait pas l'affaire, c'est-à-dire s'il fait partie du premier groupe. Au fond, me diras-tu, cela ne suffit pas : Machiavel lui-même nous a trop bien renseignés au sujet des hommes pour que nous puissions croire qu'ils sont spontanément bons ou altruistes ; nous savons maintenant grâce à son enseignement qu'il faut éduquer les hommes, c'est-à-dire les rééduquer sans fin.

D'ailleurs, immédiatement après avoir parlé de ces hommes merveilleux qui pensent plus au bien du prince qu'à leur propre bien, j'entends le Maître ajouter que les hommes ont tous, d'abord et avant tout, des intérêts privés, et ainsi que le prince doit pleinement satisfaire son ministre afin que celui-ci ne désire rien de plus et que pour cette raison il lui devienne fidèle. Conséquence et conclusion : l'homme gavé est l'ami fidèle. Et pourtant...

C'est toujours ici que tu me poses quelques-unes de tes questions presque sans réponse : Machiavel est-il l'ami des princes ? est-il l'ami de Laurent de Médicis ? faut-il plutôt le croire un digne émule de Brutus, fondateur de la république romaine, prodiguant la flatterie pour mieux endormir les princes ses ennemis [195] ? Son livre le place d'emblée parmi les ministres-conseillers du prince ; il te semble clair qu'il veuille trouver un emploi auprès des Médicis ; nous ne pouvons nier qu'il se place, du fait même de son livre, parmi les esprits inventifs si utiles aux princes. Mais il n'a certes rien reçu d'eux qui puisse soutenir sa vertu chancelante et l'encourager à être fidèle : il n'a encore obtenu ni honneur ni richesse ni emploi ; ayant été démis de ses fonctions, emprisonné et même torturé, il a connu, jusqu'ici, tout le contraire. S'il se montre fidèle, ce ne peut être que dans l'espoir de recevoir ces biens. Il est, au mieux, un ami virtuel. Est-ce tout ? S'il n'est pas un ami sûr des princes, ne serait-il pas un ami vertueux des républiques et des peuples ? Et poursuivant cette suite de questions, je demande : serait-il au moins l'ami d'une certaine sorte de lecteurs, c'est-à-dire de ceux qui voudraient, comme nous, voir clair dans les choses politiques et qui sauraient le récompenser à leur façon ? De tels lecteurs sont-ils des républicains vertueux ou des princes virtuels [196] ?

23
Face à face

Le problème qu'on nous apprend à régler dans le chapitre XXIII est de savoir distinguer les flatteurs des bons conseillers. Machiavel incite à penser que les hommes ne pensent jamais à l'autre, même lorsqu'on les a éduqués ou réduits à être ses amis. On m'accusera peut-être de trahir l'auteur et cette partie au moins de son œuvre. Cependant, si on veut bien relire le texte lui-même, je crois qu'on y trouvera les idées suivantes.

Une action utile et efficace présuppose une connaissance exacte du problème pratique à régler. Le prince a donc besoin de conseillers, car personne n'est omniscient. Il a besoin d'excellents conseillers, car il ne peut que très difficilement revenir sur sa décision une fois qu'il l'a prise : s'il hésite ou change de conduite, on le jugera faible ou instable et on ne voudra plus compter sur lui. De plus, il ne peut permettre à tout un chacun de l'aborder : adopter une politique semblable lui enlèverait encore une fois le respect et la réputation, qui sont le fondement le plus important de son pouvoir. Le prince doit donc se protéger contre les flatteurs, c'est-à-dire contre ceux qui lui disent non pas ce qui est vrai, mais ce qu'il aimerait entendre. La clé du problème consiste à trouver une méthode qui lui permette de recevoir quelques conseils éclairés, tout en se conservant le bénéfice de la décision finale. S'il se met à la discrétion d'un autre, Machiavel nous informe que le prince sera immanquablement renversé par ce conseiller-ministre. Il ne pourra pas non plus laisser la décision finale entre les mains d'un groupe de conseillers, car les hommes ayant toujours en vue leur intérêt propre, chacun exprimera et promouvra son projet ou son rêve. Le prince doit donc être jour et nuit aux aguets pour ramener les points de vue des autres au sien propre. Cette obligation repose sur le constat que les hommes restent toujours viscéralement méchants (ils pensent à eux) même lorsque tu les obliges à être bons (à penser à toi). En dernière analyse, la relation entre le prince et ses conseillers est assez semblable à celle qui existe entre le prince et son peuple. Mais alors que le peuple est obligé d'être bon en raison des mesures sévères dont use le prince et du respect qu'il lui inspire, alors que le peuple en quelque sorte ne demande qu'à être bon en raison de ses faiblesses morale et intellectuelle, les conseillers, quant à eux, deviennent bons à condition que le prince ne perde rien de sa vigilance.

La lutte et la méfiance sont donc installées au cœur de la politique et du discours rationnel. Chacun tente de réduire l'autre à soi, car l'autre n'est pas soi ; la seule sécurité est fondée, et encore de façon bien instable et incertaine, dans l'énergie, la force et l'intelligence de l'individu constamment et totalement opposées à l'autre, l'adversaire indestructible. Ou pour le dire comme Machiavel, pour être heureux, il faut être vertueux et savoir se *faire* des amis.

24
Un certain résumé

Le chapitre XXIV résume l'ensemble des propos de Machiavel et en applique l'esprit à la situation de l'Italie. Il annonce les chapitres XXV et XXVI, mais, en même temps, nous fait sentir tout le chemin parcouru sur la voie de notre rééducation.

Au début du livre, au chapitre II, l'auteur avait dépeint les principautés héréditaires. Ici, on fait la louange du prince nouveau : celui-ci est, comme par nature, supérieur au prince héréditaire ; un prince nouveau qui a su s'imposer est effectivement plus stable, plus puissant, au moins à l'intérieur, qu'un prince héréditaire. En voici un exemple : Ferdinand le Catholique au chapitre XXI, bien que prince héréditaire, est élevé par Machiavel au statut de prince nouveau. Au chapitre II, Machiavel parlait de la relation simple qui existe entre le prince et son État. Ici, on divise l'État entre le peuple et les grands ; on suppose qu'il y a lutte ou compétition là où la politique entre en jeu, puisqu'il faut rendre le peuple bienveillant et s'assurer contre les grands. Au chapitre II, Machiavel ne mentionne pas les armes. Ici, renvoyant le lecteur aux nombreuses remarques faites sur cette question, on affirme qu'elles sont un élément essentiel de l'art de gouverner et un appui nécessaire du pouvoir. Au chapitre II, Machiavel n'a encore parlé que des Modernes. Ici, on oppose les Anciens, fermes et vigoureux, aux Modernes, indécis et lâches : Philippe, roi de Macédoine, a réussi à faire ce que nos princes italiens n'ont pas su faire, c'est-à-dire défendre son royaume contre une « force extraordinaire et excessive » (chapitre II), à savoir les irrésistibles légions romaines.

En fin de compte, résumerais-tu à ton tour, le chapitre II rassurait les princes paresseux, alors que le chapitre XXIV distille la pensée de l'auteur en proclamant que le devoir du prince et, en même temps, sa seule et unique voie de salut, est d'agir toujours, d'agir énergiquement : la ruine est la punition attendant ceux qui ne connaissent pas ou ne reconnaissent pas la nécessité comme leur devoir. Et la raison de tout cela est que l'homme ne peut pas compter sur les autres : ou bien ils n'aident pas celui qui est tombé, ou bien ils méprisent celui qu'ils ont relevé : « Ces défenses seulement sont bonnes, sont certaines, sont durables, qui dépendent de toi-même et de ta vertu. »

Ce dernier mot du chapitre résonne à nos oreilles d'un ton très riche, car il porte en lui, pourrait-on dire, toutes les harmonies de l'œuvre, de l'*opera* de Machiavel. La vertu, nous le savons maintenant, est *le* moyen à employer par le prince pour conserver son pouvoir ; elle s'oppose à la fortune, vue tour à tour comme aide et adversaire effectifs du prince : « Par conséquent, que nos princes, qui étaient demeurés dans leur principauté de nombreuses années, n'accusent pas la fortune, parce qu'ils l'ont ensuite perdue, mais qu'ils accusent leur paresse... » En faisant un avant-dernier éloge de la vertu-vigueur, en condamnant encore une fois l'impéritie des princes, Machiavel prépare son lecteur à entendre sa pensée finale sur la fortune.

25

La force de la fortune et la fortune de la force

Le chapitre XXV est consacré aux thèmes de la fortune et des possibilités humaines face à cette déesse malveillante. La position de Machiavel est à la fois extrêmement ferme, comme tu le répètes, et vacillante, voire indécise, comme j'aime à le montrer. Il commence en exposant la pensée de ceux qui croient que le monde est gouverné par la fortune et par Dieu, en concluent qu'il est inutile d'intervenir dans la suite imprévisible des événements et encouragent les hommes à détacher leur regard, leur pensée et leur cœur des aléas de ce bas monde. Machiavel avoue qu'il a parfois accepté au moins une partie de cette opinion.

Pour compléter et, sans doute, corriger ce qui vient d'être dit, il livre ensuite sa propre pensée : la fortune contrôle la moitié des événements du monde, et donc la moitié de nos actions, mais chacun de nous contrôle environ la moitié des actions qu'il accomplit et des effets qu'il vise. On voit tout de suite qu'une telle opinion doit inciter les hommes à s'engager, puisqu'ils croient alors pouvoir influer sur le cours de l'histoire. L'action étant raisonnable, la raison doit devenir agissante.

Une image détaillée, émouvante, fixe cette opinion dans notre mémoire : la fortune est comme un fleuve qui, lors de ses crues, détruit tout sur son passage. En clair, la fortune est ordinairement, pour ne pas dire essentiellement, nocive. Serait-ce parce qu'elle est la somme des forces naturelles et humaines, dressées contre l'homme qui agit ? Serait-ce parce que l'autre, l'homme en face de soi, est nécessairement méchant, c'est-à-dire égoïste ? Cependant, le poète de ces quelques lignes conclut que celui qui agit à temps contrôlera la fortune comme un fleuve endigué : la crue ne fera que peu de dommages, ou tout simplement n'aura pas lieu ! Ce qui rappelle l'aphorisme du chapitre X selon lequel un ennemi n'attaque pas une principauté bien défendue, mais cherche ailleurs matière à assouvir sa faim de domination.

Machiavel passe ensuite de cette considération plutôt générale à propos de la condition humaine, ou des situations politiques, à une considération appropriée au sujet de son livre : le sort des princes qui vont du succès à l'échec, du bonheur au malheur, et vice versa. Comment expliquer ces revirements subits ? Une première explication a été donnée dans les pages qui précèdent et est conforme à ce qui vient tout juste d'être redit : les princes, étant hommes, luttent sans fin les uns contre les autres ; lorsque croyant pouvoir s'appuyer sur la fortune, certains d'entre eux ne font plus rien ou laissent d'autres agir pour eux, invariablement connaissent-ils le malheur, puisque les autres, qu'ils soient alliés ou ennemis, agissent, et donc agissent pour eux-mêmes et contre ces princes.

La deuxième explication est toute nouvelle. D'abord, un résumé de l'expérience politique de l'auteur ; un même comportement, par exemple sévère ou violent, conduit parfois au succès et parfois à l'échec ; ensuite, deux comportements radicalement opposés, disons violent puis humain, conduisent parfois au même résultat, par exemple à l'échec [197]. Cela vient, dit Machiavel, du fait qu'il est nécessaire, pour connaître le succès, que les actions des hommes se conforment aux « qualités des temps ». Lorsque le prince agit cruellement et que les temps, en d'autres mots la situation politique, exigent la cruauté, le prince réussit ; si la situation change, il échoue. La fortune, ici, regagne une partie de l'importance qu'elle avait perdue à cause de la magie de l'image d'un fleuve maîtrisé. L'homme ne réussit que s'il surveille sans cesse la situation qu'il tente de contrôler et à laquelle il doit s'adapter sans cesse, s'il le peut. Mais cette explication est-elle si nouvelle ? N'a-t-on pas entendu souvent des propos fort semblables dans les pages qui précèdent ?

Or il faut faire un pas de plus et admettre qu'aucun homme ne sait se contrôler suffisamment, que personne ne sait s'adapter suffisamment pour contrôler efficacement les résultats qu'il recherche. Chacun est limité par sa nature et par son histoire ; chacun se tourne, spontanément ou à cause de son expérience, vers certains moyens plutôt que d'autres. Ce qui revient à dire, en dernière analyse, que l'homme est le pantin de la fortune, c'est-à-dire de causes qu'il ne maîtrise pas ; bien mieux, qui le maîtrisent en déterminant son individualité. L'exemple de Jules II, prince qui ne connut que des succès, se termine avec cette phrase on ne peut plus claire : « Moi je veux passer sous silence ses autres actions, qui ont toutes été semblables : elles ont toutes bien réussi. Et la brièveté de la vie ne lui a pas laissé éprouver le contraire ; parce que, s'il était venu des temps où il eût fallu procéder dans la crainte, sa ruine s'ensuivait : il n'aurait jamais dévié de ces façons auxquelles la nature l'inclinait. » La boucle est bouclée. Machiavel nous a reconduits là d'où nous étions partis, c'est-à-dire là où la fortune règne en maîtresse incontestée.

À ma conclusion tu réponds chaque fois : « Et pourtant non ! La première opinion proposée par Machiavel soutenait que Dieu et la fortune règnent sur le monde. Il n'est plus question de Dieu dès la deuxième opinion, car le hasard, ou plutôt la fortune, est soudain, et pour le reste du chapitre, le seul prince du monde. De plus, cette première opinion concluait qu'il ne donnait rien de lutter contre les forces suprahumaines. Machiavel déduit de sa présentation de la chose précisément le contraire : il faut, dit-il à la toute fin du chapitre, s'engager dans la lutte, il faut choisir de préférence les méthodes sévères, c'est-à-dire, en définitive, les méthodes brutales. Une seule et même idée se trouve derrière ce dur énoncé : puisque les uns agissent contre les autres, l'unique parti sûr est d'agir avec vigueur et en inspirant aux autres de la crainte, laquelle est le fondement de l'amitié véritable. Seule l'énergie intempérante des jeunes peut espérer arracher quelques compromis à la fortune. Et cela malgré la concession vite reprise que la fortune est, en dernière analyse, la plus puissante. »

Je reconnais que les dernières lignes retrouvent ce ton et cet esprit énergiques et décidés qui appartiennent au livre et particulièrement au chapitre XXIV : « ... c'est pourquoi, comme une femme, elle est toujours l'amie des jeunes, parce qu'ils sont moins craintifs, plus féroces, et qu'ils la commandent avec plus d'audace. » Malgré tout, il me semble que c'est une erreur d'oublier le mouvement dialectique du chapitre. Prendre ces dernières paroles pour la somme de la position machiavélienne sur la fortune équivaut à prendre telle remarque précise sur la vertu pour le total de la position machiavélienne sur la vertu ; une erreur que nous tentons d'éviter depuis le début. Je te concéderai encore une fois

que les propos de Machiavel sont ici fort peu moraux, fort peu
galants. Oser dire qu'on se fait une amie par la violence, par la
hardiesse méprisante et même par la cruauté !

26
Exhortation

Puissante est la rhétorique du dernier chapitre du *Prince*, violente
la passion qui l'anime ; à tel point que certains ont soutenu qu'il
ne fait pas vraiment partie du *Prince*, considéré comme un froid
traité scientifique. Ici, serais-tu prêt à croire, le cœur enflammé
du patriote s'exprime enfin et enflamme encore aujourd'hui le
cœur du lecteur. Ici, le penseur politique détourne son regard des
événements anciens et même contemporains pour se transformer
en prophète. La triste situation de l'Italie lui fait jeter un long cri
que seule l'éloquence la plus sincère aurait pu exprimer. Emporté
par l'enthousiasme pour un avenir qui serait possible, Machiavel,
nouveau Savonarole, Savonarole laïc, prêche aux Médicis la sainte
croisade de la libération : « En plus de cela, on voit ici des événements extraordinaires, sans exemple, conduits par Dieu : la mer
s'est ouverte ; une nuée Vous a guidé sur le chemin ; la pierre a
versé de l'eau ; ici il a plu de la manne : tout concourt à Votre
grandeur. Vous devez faire ce qui reste. Dieu ne veut pas tout
faire, pour ne pas nous enlever la liberté et la partie de la gloire
qui nous revient. » À la toute fin, Machiavel se fait même poète :
le cynisme et le désespoir fuient devant lui, ainsi que l'indifférence, attitude si confortable : la vertu n'est pas morte dans les
cœurs de ses compatriotes. Partout dans ce chapitre, m'as-tu fait
remarquer, le mot *justice* résonne à nos oreilles.

Ce qui ne manque pas de m'étonner d'ailleurs. Machiavel
n'a presque jamais parlé de justice dans les chapitres précédents ;
c'est même lui qui nous a appris à ne pas compter sur une justice,
qu'elle soit immanente ou transcendante, et, pour ce qui dépend
de nous, à ne pas viser la justice. Comme il serait tentant de citer
ses propres mots contre lui, de l'accuser d'avoir imaginé une république ou une principauté italienne qui ne saurait jamais voir le
jour.

Ton malaise doit augmenter en songeant qu'il fait appel ici au sentiment religieux : il parle de prières, de rédemptions, de miracles. D'ailleurs, quels sont ces faits extraordinaires sans exemple dont il parle ? Ne sont-ils pas tout simplement tirés de l'*Exode* ? Comment alors oublier le chapitre XVIII qui conseillait d'utiliser la religion à des fins politiques ? Comment oublier le chapitre XXI et la description des tactiques de Ferdinand le Catholique ? «... pour pouvoir exécuter de plus grandes entreprises, se servant toujours de la religion, il opta pour une miséricordieuse cruauté, chassant les Marranes de son royaume et l'en expurgeant ; cet exemple ne peut être plus misérable ni plus rare. Sous le même manteau, il attaqua l'Afrique et fit l'entreprise de l'Italie...» Ce qui fut le manteau d'un homme peut être le manteau d'un autre ; il ne faudrait jamais l'oublier.

Je ne puis certainement pas oublier les nombreuses questions que tu m'as posées sur les motifs profonds de l'auteur du *Prince*. Aucune hypothèse ne me satisfait pleinement ; mais je reconnais que, selon le scénario présenté au chapitre XXVI, la montée des Médicis assurerait simultanément la remontée de Machiavel. C'est lui qui a révélé en ce livre des livres une vérité bonne et nouvelle sur la politique, qui a longuement discuté des avantages d'une armée nationale, qui a trouvé et mis au plein jour les moyens et les institutions nécessaires à la libération des Italiens ; c'est lui qui dans ce dernier chapitre offre un ultime conseil militaire qui serait la clé de la conquête et de la libération de l'Italie. Comme il fut suggéré plus haut, si Xénophon a la gloire d'avoir éduqué Scipion, Machiavel peut espérer avoir une gloire comparable. Dans cette perspective, relisons cette phrase : «... rien ne fait tant honneur à un homme qui se présente nouvellement que les lois et les institutions nouvelles trouvées par lui.» L'histoire de la pensée, la renommée de Machiavel n'a-t-elle pas démontré, en un sens, la vérité de cet énoncé ?

Mais, en dernière analyse, Thomas, il n'est pas question du sort de Machiavel, mais du nôtre, du tien et du mien. Avons-nous saisi, voire capturé la pensée de Machiavel ? Sans doute faut-il espérer que nos nombreuses lectures, nos longues discussions nous ont permis d'en pressentir l'essentiel, car il est peu probable qu'un écrivain aussi *vertueux* que lui n'ait pas su s'exprimer de façon à rendre sa pensée claire quant au principal. En avons-nous suivi tous les méandres, toutes les contorsions ? Non, sans aucun doute. Certes, nous avons mieux compris qui nous sommes, ce que signifient ces mots de tous les jours : *justice, amour, crainte*. Quel que soit notre jugement sur la pensée de Machiavel, sur son « argumentation jubilant de cruauté », comme l'a écrit Pierre Manent, force nous est d'admettre qu'on lui doit beaucoup.

Lorsque deux amis se quittent, après une de ces conversations qui portent sur toutes les choses du monde, incapables de briser le charme qui les lie, tout heureux des heures passées ensemble, ils étirent les derniers moments sur le seuil de la porte ; parfois ils partagent une dernière anecdote, se permettent une dernière plaisanterie. J'ai recueilli l'histoire suivante comme de la bouche du Grand Secrétaire. De quoi t'aider à mesurer la distance qui te sépare de lui.

On dit donc que sur son lit de mort Machiavel aurait raconté à ses amis réunis à son chevet un rêve fait la nuit précédente. Il avait vu une maigre troupe de pauvres déguenillés, squelettiques, émaciés. Ayant demandé qui ils étaient, il avait appris qu'ils étaient les bienheureux du paradis, dont il est écrit : « Bienheureux les pauvres, car le royaume des cieux est à eux. » Ceux-ci ayant disparu, il lui est apparu une foule de personnages d'aspect noble, vêtus comme des courtisans qui discutaient sérieusement de politique. Il reconnut parmi eux Platon, Plutarque, Tacite et d'autres hommes fameux de l'Antiquité. Ayant demandé qui étaient ces nouveaux venus, il avait compris qu'ils étaient les maudits de l'enfer, car il est écrit : « La sagesse de ce monde est l'ennemie de Dieu. » Ceux-ci ayant disparu à leur tour, on lui demanda avec qui il voulait aller. Il répondit qu'il préférait aller en enfer avec les esprits nobles et raisonner de politique, plutôt que d'aller au paradis avec les déguenillés.

LECTURES

« Insouciants, railleurs, violents – ainsi *nous* veut la sagesse :
elle est femme, elle n'aimera jamais qu'un guerrier. »

Nietzsche, *Ainsi parlait Zarathoustra.*

Certains lecteurs de Machiavel seront sans doute étonnés d'apprendre que l'auteur du *Prince* était lui-même un lecteur, et un fin lecteur, des Anciens. Connaissant son apologie de l'action et son rejet de la morale traditionnelle, ils trouveront difficile de s'imaginer un Machiavel intellectuel, ou plutôt humaniste, pratiquant les chefs-d'œuvre de l'Antiquité : ils supposent qu'une pensée comme la sienne ne peut être que le résultat d'une expérience toute vibrante du terrible monde politique. En somme, le charme du mot *machiavélique* opère sa magie sur leur imagination et fait prêter à cet homme de la Renaissance une vie essentiellement active.

Il existe, de plus, toute une école d'interprètes de Machiavel qui insistent sur la situation historique du Grand Secrétaire pour tenter d'éclaircir son œuvre et sa pensée, sombres à plus d'un titre. Le renversant amoralisme machiavélien ne pouvant leur échapper, ils s'efforcent de l'expliquer, et peut-être ainsi de l'innocenter, en lui assignant comme causes les circonstances politiques contemporaines de l'auteur : Machiavel a écrit son *Prince*, suggèrent-ils, parce qu'il a eu la triste expérience d'un monde politique décadent, peuplé de lâches, d'assassins, de traîtres et d'impies [198]. Le lecteur en tire l'impression que Machiavel s'est *trompé* sans plus et qu'il s'est trompé *parce qu*'il se trouvait à un moment et un lieu malheureux de l'histoire où il était impossible d'atteindre une efficacité politique tout en respectant la morale. Pire encore, cette suggestion sert de frêle esquif pour atteindre l'île de l'indifférence : l'œuvre de Machiavel n'est qu'une curiosité historique de plus. Ainsi son *Prince* n'oblige pas à remettre en question nos conceptions vitales, puisqu'il est le fruit d'un esprit trop actif et donc captif de son époque, le condensé de l'expérience d'un homme à tout faire, harcelé par les soucis de son poste.

Ce portrait, assez répandu, d'un Machiavel exclusivement homme d'action et d'expérience est une caricature grossière qui ne rend justice ni à l'homme, ni au penseur et à l'écrivain. Le Machiavel qu'on se représente, correctement d'ailleurs, en ambassadeur de la république de Florence, se tenant aux côtés de César Borgia à Senigallia et observant sur le vif les actions de ce monstrueux-merveilleux condottiere, était aussi un lecteur assidu des Anciens, qu'ils aient été poètes, historiens ou philosophes. Ne trouve-t-on pas dans sa correspondance, celle, justement, de la période des terribles-remarquables meurtres de Senigallia, ces phrases de son ami et joyeux confrère, Biagio Buonaccorsi : « Nous avons fait chercher des *Vies* de Plutarque, mais il ne s'en trouve pas à vendre à Florence. Ayez patience, car il faut écrire à Venise. Pour vous dire toute la vérité, nous vous souhaitons d'aller pourrir avec vos nombreuses demandes [199]. » L'observateur de Borgia était simultanément lecteur de Plutarque. Chez Machiavel l'examen d'un présent extraordinairement violent a comme contrepartie le commerce avec les observateurs d'un autre monde et d'un autre temps [200].

Meilleur témoin encore est la fameuse lettre à François Vettori avec sa description fort belle de la genèse du *Prince*. Machiavel s'y peint déchu de ses fonctions politiques, lisant la poésie des Anciens, dialoguant avec les grands hommes du passé et prenant des notes qui deviendront l'œuvre illustre [201]. Or comment comment connaître Cyrus sans lire Xénophon, Annibal sans Tite-Live, Hiéron sans Justin ? Du reste, que Machiavel doive beaucoup aux penseurs politiques de l'Antiquité est clair dès la lettre dédicatoire adressée à Laurent de Médicis.

N'y lit-on pas que l'auteur a appris tout ce qu'il sait «*con una lunga esperienza delle cose moderne e una continua lezione delle antique* – par une longue expérience des choses modernes et une lecture continuelle des choses anciennes»? La littérature politique de l'Antiquité a donc eu un important rôle à jouer dans la découverte des vérités dont Machiavel se veut le prophète. Non pas simple transcripteur, adaptateur ou modernisateur des livres anciens, l'auteur entretient une relation bien plus complexe avec ses *maîtres*.

Afin de donner une idée du travail qui attend celui qui veut entreprendre un dialogue honnête et complet avec Machiavel, ces pages rendront audible le dialogue que le lecteur Machiavel entretint avec trois Anciens : Hérodien (*Histoire romaine depuis Marc-Aurèle*), Cicéron (*Les Devoirs*) et Plutarque (*Le Démon de Socrate*) [202]. Après avoir montré que Machiavel s'est sans doute inspiré de ces auteurs, on comparera les portraits, images et thèmes de l'un avec ceux des autres, dans l'espoir de mieux comprendre les assises et la portée du *Prince*. Car en comparant ce que dit Machiavel à ce que disent ses *tuteurs*, on percevra mieux certains points forts de sa pensée sur le politique, notamment sa conception de «*la natura de' populi... e quella de' principi* – la nature des gens du peuple... et celle des princes», comme il le dit dans cette même lettre dédicatoire [203].

*

necnon Herodianum [204]

L'édition du *Il Principe*, confiée à Burd [205], signale que le chapitre XIX doit beaucoup à l'historien Hérodien. Dans un premier temps, reprenons quelques-uns des éléments de la preuve. On pourra ensuite souligner et commenter les déviations que l'*adaptateur* florentin fait subir au texte dont il tire profit.

Dans le chapitre XIX, consacré au problème du respect et du mépris qu'un prince inspire à ses sujets, Machiavel se propose, comme il le fait souvent, une objection venue d'un lecteur imaginaire : si le prince vit en sécurité à la condition de montrer de la grandeur d'âme, de la *virtù*, comment expliquer le sort si souvent malheureux de certains empereurs romains ? Sa réponse commence comme suit : « Je veux qu'il me suffise de prendre tous ces empereurs qui se succédèrent à l'Empire, de Marc le philosophe à Maximin... [206] » Pourquoi Machiavel suppose-t-il que son lecteur imaginaire tirerait une objection de taille de l'histoire romaine sous les empereurs ? Pourquoi choisir précisément ces dix empereurs ? L'existence d'une traduction latine de l'œuvre d'Hérodien, publiée par Poliziano en 1493, explique l'objection et le choix de Machiavel. Hérodien avait été frappé par les successions nombreuses et violentes sur le trône impérial [207] ; l'époque examinée, notait-il, offrait un contraste très fort avec les deux siècles de stabilité relative qui la précédèrent et posait des problèmes intéressants pour un historien et pour son lecteur [208].

Il y a, de plus, le témoignage des citations comparées [209]. Parmi de nombreux exemples possibles, voici trois couples de passages. Selon Machiavel, Alexandre Sévère « ... fut de tant de bonté que parmi les autres louanges qu'on lui fait, est celle qu'en les quatorze ans qu'il tint l'Empire, il ne mit personne à mort sans jugement. » Or le texte d'Hérodien (VI.6,7) dit la même chose : « Durant les quatorze ans de son règne, il gouverna sans répandre le sang... sous Alexandre, personne ne pourrait dire, ni avoir souvenir, que durant ces années quelqu'un ait été mis à mort sans jugement. » La ressemblance est évidente.

Un peu plus loin, Hérodien, donnant les causes de la déchéance de ce même Alexandre, affirme que « ... les jeunes [soldats de l'armée]... méprisaient Alexandre parce qu'il était gouverné par sa mère et qu'il négligeait les affaires... par esprit de femme [210]. » Ce qui est repris par Machiavel comme suit : « ... néanmoins, étant tenu pour un efféminé et un homme qui se laissait gouverner par sa mère et pris en dédain pour cette raison, l'armée conspira contre lui et le tua. » – On remarquera, en plus du parallèle des expressions, la vigueur du verbe de Machiavel : après avoir élevé Alexandre au sommet de la vertu, dans le premier exemple, en lui reconnaissant une excellence morale qui, en toute justice, aurait dû lui mériter un sort des plus glorieux, il le fait, dans le second exemple, glisser vers l'abîme de la mort. De quoi nous rappeler brutalement la distance vertigineuse, et parfois tragique, entre ce qui devrait être et ce qui est. La litote est mise au service d'une apologie des extrêmes. –

Par ailleurs, le sort de Maximin, qui remplaça Alexandre et qui, quant au caractère, s'opposa à lui du tout au tout, ne fut guère plus heureux. Ce fut, évidemment, pour des raisons fort différentes selon Machiavel : « ... deux choses le rendirent haïssable et méprisable : l'une, qu'il était très vil pour avoir déjà gardé les moutons en Thrace – ce qui était très connu partout et le faisait grandement mépriser de tous... ». Machiavel ajoute qu'en raison de ce mépris le Sénat et les sujets de Maximin se révoltèrent contre lui. Hérodien, lui, écrit : « ... il craignait que le Sénat et ses sujets ne le méprisent... tous racontaient partout et disaient en l'accusant qu'il avait été un berger en Thrace [211]. »

À cela s'ajoutent des ressemblances moins évidentes, moins littérales, mais toutes aussi significatives. Machiavel regroupe les cas de Marc-Aurèle, de Pertinax et d'Alexandre pour les analyser. Or le texte d'Hérodien crée explicitement un lien entre ces trois empereurs : pour Hérodien, Marc-Aurèle servait de mesure et, seuls parmi les autres, Pertinax et Alexandre se rapprochaient de lui ; eux seuls sont dits avoir tenté de vivre comme l'empereur-philosophe. « Pertinax rivalisait avec le règne de Marc et l'imitait... ; cependant Alexandre évitait de les mettre à mort, une conduite que, depuis le règne de Marc, aucun empereur que nous avons connu n'a trouvé facile à avoir ou à respecter... [212] » Machiavel, à son tour, rapproche Marc-Aurèle de Pertinax et d'Alexandre. « ... Marc, Pertinax et Alexandre, étant tous de vie modeste, amants de la justice, ennemis de la cruauté, humains, indulgents, eurent tous, en dehors de Marc, une triste fin. »

Pour sa part, Machiavel préfère sans doute Sévère à Marc-Aurèle. Il est clair, d'abord, qu'il trouve le règne de Sévère particulièrement instructif : « Et parce que ses actions furent grandes et notables chez un prince nouveau, moi je veux montrer brièvement comme il sut bien user du personnage du renard et du lion...» Aussi Machiavel lui accorde-t-il matériellement deux fois plus d'attention qu'aux autres empereurs, Marc-Aurèle inclus. Le seul autre personnage historique présenté dans *Le Prince* qui puisse rivaliser avec Sévère est César Borgia. Or si Hérodien reconnaît la supériorité absolue de Marc-Aurèle, parangon de tout homme de bien, c'est Sévère qui règne en maître incontesté sur près de deux livres du texte de l'historien ; même mort, il demeure puissant, puisqu'on décrit minutieusement la cérémonie de l'apothéose qui fait de lui un dieu romain [213]. En clair, Sévère est, pour Hérodien aussi, une espèce de modèle. Il y a donc un rapprochement important à faire entre les deux auteurs quant à l'importance des rôles exemplaires qu'ils attribuent à Marc-Aurèle et Sévère.

Pour évaluer, maintenant, l'originalité de Machiavel dans son rapport à Hérodien, comparons leurs traitements d'un autre cas précis : Alexandre. Machiavel le décrit de vie modeste, amant de la justice, ennemi de la cruauté, humain, indulgent. Malgré ses mots flatteurs, il fait comprendre qu'Alexandre ne savait pas régner, qu'il était justement trop humain, trop indulgent, que ces *défauts* lui ont fait perdre le pouvoir. Hérodien parle autrement : « Pendant treize ans, il continua son règne sans interruption et sans reproche pour ce qui est de lui [214]. » En somme, il connaît un règne stable et honorable qui dure treize ans. Mais en cette treizième année, Artaxerxès le Perse s'attaqua aux limites orientales de l'Empire. Après avoir essayé de calmer les ambitions militaires et politiques de ce dernier par des paroles, Alexandre se tourna promptement, comme il le fallait, vers les moyens militaires. Il fit lever une armée, se rendit directement à Antioche et prépara ses soldats à l'affrontement nécessaire. Mais cette guerre ne fut pas très heureuse pour les Romains. Quelle en fut la cause ? Hérodien, contrairement à Machiavel, hésite : « ... le hasard renversa ses plans », écrit-il; puis ailleurs : « ... il rata et par manque de jugement et par malchance [215] ». Il est clair en tout cas que si l'Alexandre d'Hérodien ne fut pas, dans ces circonstances ultimes de son règne, tout ce qu'un chef aurait pu être, il ne fut pas non plus responsable en tout de sa défaite, si même elle en fut une. Et Hérodien termine son livre VI avec une revue élogieuse de son règne. On est assez loin des textes cités plus haut ; si Machiavel emprunte beaucoup à Hérodien, il n'en juge pas moins les faits très différemment.

Suite à cet exemple, on notera une différence plus substantielle entre les auteurs. Hérodien n'est pas schématique comme Machiavel ; ses *grilles d'analyse* sont plus diversifiées. Par exemple, il mentionne à plusieurs reprises que la jeunesse de certains empereurs fut la cause de leur déformation et de leur chute. Machiavel ne fait jamais mention de cette donnée importante : tout se réduit continuellement au problème des centres de pouvoir à respecter, à savoir le peuple et, surtout, les soldats, ou encore, ce qui revient au même, de la crainte et du respect, de l'art de les produire et de les gérer, des malheurs qui s'ensuivent de leur mauvais usage ou de l'oubli de leur efficacité politique. Hérodien, qui illustre lui aussi cet aspect des choses, concrètement et à de nombreuses reprises, présente un art politique plus subtil, plus complexe à tout le moins et plus difficile à maîtriser.

Ainsi il présente un récit beaucoup plus circonstancié des péripéties du gouvernement de chacun des empereurs : aucun n'est culbuté dans les oubliettes de l'histoire, assommé par une phrase superbe comme celle de Machiavel : « Moi je ne veux pas raisonner au sujet d'Héliogabale, de Macrin ou de Julien, qui, parce qu'ils étaient tout à fait méprisables, furent anéantis tout de suite… ». Même le triste cas de Julien mérite plusieurs pages de l'historien grec. On apprend par exemple qu'aux yeux d'Hérodien, Macrin n'est pas un homme à être englobé avec Julien et Héliogabale puisque sa vie présente des particularités qui méritent des commentaires propres (V.4,12). Même en considérant le but général de Machiavel et la forme littéraire qu'il avait choisie, lesquels lui permettaient rarement de s'arrêter aux circonstances précises d'un cas, le texte d'Hérodien crée une impression générale nettement différente de celui de Machiavel. Chez le premier, les aléas de l'action paraissent à tout coup ; de plus, la description de la vie privée particularise les empereurs, qui autrement ne seraient que des agents historiques unidimensionnels et interchangeables. Les choses ne sont pas simples, rappelle à chaque page Hérodien, et il conduit son lecteur à la même conclusion. Par contre, le livre de Machiavel, au chapitre XIX surtout, se veut la preuve d'une double maîtrise de l'homme sur l'histoire : maîtrise de la part des agents, plus exactement de certains d'entre eux, et singulièrement de Sévère le renard-lion ; et maîtrise théorique de ce prince du *Prince*, Machiavel, qui sait analyser, conclure et résumer comme si les imprévus n'existaient pas.

Enfin, le texte d'Hérodien se meut dans le sens contraire de celui du *Prince*. « Par conséquent un prince nouveau dans une principauté nouvelle ne peut pas imiter les actions de Marc, et il ne lui est pas nécessaire non plus de suivre celles de Sévère ; mais il doit prendre de Sévère ces qualités qui sont nécessaires pour fonder son État et de Marc celles qui sont convenables et glorieuses pour conserver un État qui est déjà stabilisé et ferme. » Voilà comment se termine le long chapitre XIX. La leçon tirée de l'histoire des dix empereurs si souvent malheureux se veut plutôt optimiste. L'auteur semble dire : un homme véritablement débrouillard et énergique peut contrôler le fleuve de l'histoire. Il prépare déjà son lecteur au chapitre XXV qui porte sur ces antagonistes essentiels que sont la vertu, arme propre, et la fortune, force étrangère. Et même, un thème du chapitre XIX sera repris dans ce chapitre XXV, preuve qu'un même esprit les relie : « ... il comprendra aussi pourquoi il arriva qu'une partie d'eux procédant d'une façon et l'autre de façon contraire, en chacune des deux manières un d'eux eut une fin heureuse, les autres une malheureuse » (chapitre XIX) ; et « ... deux princes, œuvrant différemment, obtiennent le même effet, et de deux princes œuvrant de la même manière, l'un atteindra sa cible, et l'autre non » (chapitre XXV). Et Machiavel de conclure que l'homme peut et doit battre la fortune pour s'assurer une fin heureuse.

Or la leçon à tirer du mouvement même de l'histoire écrite par Hérodien est très différent : on commence avec l'image bien marquée d'un règne idéal ; on voit l'empire tomber des mains d'un prince dans les mains d'un autre, passant presque sans intermédiaire d'un régime de paix et d'équité à des tyrannies violentes et souvent désordonnées, les répits étant peu nombreux ; plus on avance, plus le désordre augmente, les deux derniers livres décrivant trois longues années où trois, quatre ou même cinq individus se disputent le pouvoir ; à la toute fin, le silence d'Hérodien sur le règne naissant de Gordien III, presque un enfant, est éloquent. La conclusion se tire d'elle-même : l'homme est plutôt un jouet qu'un maître ; au fond, « les choses du monde sont gouvernées par la fortune et par Dieu [216] ».

Il demeure un point de ressemblance très important entre Machiavel et Hérodien : ni l'un ni l'autre ne présente la politique comme le terrain ordinaire de la vertu ou le terrain de la vertu ordinaire. De plus, Hérodien est très discret lorsqu'il s'agit de condamner moralement les hommes dont il décrit les actions ; si ses préférences ou ses opinions morales sont claires, ses censures sont rares : il n'a rien d'un prêcheur condamnant sans appel les vices des maîtres du monde et applaudissant à tout rompre la vertu du trop rare prince honnête. Son attitude très réservée pourrait, à l'extrême limite, être identifiée par certains, quoique anachroniquement, à ce qu'on appelle le machiavélisme. Cette possibilité disparaît lorsqu'on compare Machiavel à Cicéron : l'opposition de fond entre le lecteur et ses maîtres anciens paraît alors on ne peut plus clairement.

nihil quod alicuius momenti sit, præter Ciceronis [217]

Comme Machiavel a concentré ses références à Cicéron dans les chapitres XVI à XVIII, nous limiterons ces premières recherches à ces trois chapitres consacrés à des couples de vertus et de vices : la générosité et la parcimonie (chapitre XVI), la cruauté et la pitié (chapitre XVII), la fidélité et l'infidélité (chapitre XVIII). Examinons d'abord trois passages précis du *Prince* en les comparant matériellement à des extraits du traité *Les Devoirs* [218]. Cela permettra de montrer que Cicéron est une des sources de Machiavel ou, plus exactement, une des occasions de sa réflexion.

Au chapitre XVII, on lit : « À ce sujet naît une controverse : s'il est mieux d'être aimé plutôt que d'être craint ou le contraire. » L'auteur ne précise pas où et quand ce débat aurait eu lieu. Or ce couple de passions opposées est présent justement dans *Les Devoirs*, alors que Cicéron écrit : « De tous les moyens à prendre pour défendre et conserver sa puissance, il n'y en a pas de plus apte que d'être aimé, ni de plus défavorable que d'être craint [219]. » La controverse dont parle Machiavel se fit, en quelque sorte, entre Cicéron et lui-même, le premier affirmant la double supériorité, morale et pratique, de l'amour, le deuxième la niant.

Machiavel, lui, affirme que l'amour n'est pas efficace, qu'il est impossible de se faire respecter sans entretenir chez l'autre une crainte qui oblige au respect et enfin qu'il est possible de se faire craindre sans se faire haïr. Ce dernier point exige que le prince n'attaque pas directement celui qu'il veut impressionner, c'est-à-dire qu'il doit épargner son honneur et surtout ses biens. C'est dans ce contexte que le Grand Secrétaire avance cette maxime choquante : « ... les hommes oublient plus rapidement la mort de leur père que la perte de leur patrimoine.» Il passe ensuite au cas de la guerre et explique que la cruauté est absolument nécessaire à celui qui veut maîtriser moralement ses soldats ; Annibal, le très cruel, incarne cette indispensable vertu militaire. De son côté, après avoir recommandé l'amour, Cicéron admet qu'un *tyran* doive user de crainte et donc de violence ; il laisse à son lecteur le soin de conclure qu'à son avis ces méthodes ne sont pas, ne doivent pas être celles d'un roi et encore moins d'un juste citoyen de la République romaine. Puis, citant son cher Ennius, il établit, à l'opposé de Machiavel, que la crainte conduit inévitablement à la haine et que les peuples, passant de la première à la seconde, finissent toujours par faire payer celui qui a voulu les écraser. Plutôt que de se moquer des liens de sang, comme l'a fait Machiavel, il affirme qu'un tyran, comme Alexandre de Phères, sera frustré de la douce paix de la vie privée du fait d'être cruel. Cicéron, lui aussi, parle de la guerre, mais c'est pour déplorer que Rome dans les derniers temps se soit trahie et soit devenue le tyran du monde : à ses yeux la guerre civile est la conséquence et le juste châtiment de l'injustice romaine.

Deux autres exemples confirmeront qu'à partir de données très semblables que l'un prend de l'autre, les deux auteurs présentent des atmosphères morales fort différentes. Au chapitre XVIII Machiavel fait une distinction capitale : « Vous devez donc savoir qu'il y a deux genres de lutte : l'une se fait par les lois, l'autre par la force ; la première est propre à l'homme, la seconde propre aux bêtes ; mais parce que souvent la première ne suffit pas, il faut recourir à la seconde. Par conséquent, il est nécessaire à un prince de savoir bien user de la bête et de l'homme.» Il affirme alors que son enseignement est conforme à celui des Anciens ; la seule différence étant qu'il proclamerait ouvertement ce que ses prédécesseurs disaient sous couvert d'images. Or depuis le chapitre XV jusqu'au chapitre XIX, ce qui inclut donc les passages cités ici, Machiavel explique comment le prince doit traiter ses sujets ou ses amis. En somme, doit-on conclure, le prince *vertueux* aura quelque chose de la bête même quand il gouverne ses sujets ou amis. Or il y a une page de Cicéron qui ressemble à s'y méprendre à celle de Machiavel qu'on vient de citer. Le chapitre 11 du livre I du traité *Les Devoirs* porte sur la guerre qu'un peuple livre à une nation qui l'a offensé : « Pour ce qui est de la république, il faut avant tout respecter les lois de la guerre. Car puisqu'il existe deux genres de lutte, l'une par la discussion, l'autre par la force et que la première est le propre de l'homme et la deuxième des bêtes, il faut avoir recours à la deuxième lorsqu'il n'est pas permis d'utiliser la supérieure.» Même vocabulaire, même structure de la phrase chez Cicéron et Machiavel. Sauf que l'auteur de la Renaissance parle de lois plutôt que de discussion ; de plus, non seulement suppose-t-il que la force soit nécessaire, mais il conclut qu'il faut toujours être disposé à y avoir recours. De son côté, Cicéron appelle « supérieure » la méthode la plus pacifique, jugement que son *élève* italien a jugé bon de laisser tomber. Enfin, et c'est le plus important, Cicéron parle des relations extérieures, ou internationales, qui doivent s'inspirer d'une politique intérieure modérée, tandis que Machiavel discute d'une discipline intérieure devant être calquée sur le modèle martial. Quoique les deux textes proposent une continuité ou une conséquence entre les actions politiques intérieure et extérieure, les deux mouvements conduisent à des pôles opposés. Car, pour prendre un autre exemple, ramener la justice à l'utile, comme le fait Machiavel, est fort différent de ramener l'utile au juste, comme le presque stoïcien Cicéron a tenté de faire dans son traité [220].

Dans la suite du texte du *Prince*, oubliant pour ainsi dire sa distinction entre les moyens humains et les moyens bestiaux,

Machiavel enchaîne en fixant l'attention de son lecteur sur les bêtes à imiter : le lion et le renard. « Étant obligé de savoir bien user de la bête, il doit prendre le renard et le lion parmi les bêtes possibles ; parce que le lion ne se défend pas contre les pièges, le renard contre les loups. On a donc besoin d'être renard pour connaître les pièges et lion pour effrayer les loups. » Et Machiavel d'insister par la suite sur le rôle de la ruse, ou du renard, dans la vie politique : en dernière analyse, conclut-il silencieusement, mais sans que son lecteur puisse s'y tromper, le mensonge, la fraude et la dissimulation sont les instruments les plus puissants du prince et de l'homme politique. Le sommet de l'art politique est de savoir être cruel et de paraître juste et, finalement, d'être rusé et fourbe tout en paraissant honnête et sincère. Il ramasse son enseignement dans un seul exemple scandaleux : « Moi, je ne veux pas taire un des exemples récents. » Pour lui, Alexandre VI, pape et donc père de la foi, est le modèle du menteur efficace. Cicéron, à l'opposé, donne mauvaise figure aux relations déformées qui peuvent exister entre les hommes par l'image des mêmes renard et lion : « Or comme on offense quelqu'un de deux façons, à savoir par la perfidie ou par la force, la fraude semble appartenir, pour ainsi dire, au renard, la force au lion. Or l'une et l'autre façon est parfaitement étrangère à l'homme, mais la perfidie mérite une plus grande haine [221]. » Encore une fois les emprunts sont évidents, les oppositions tout aussi claires et bien marquées. Machiavel permet à son prince d'agir dans sa cité et envers ses sujets comme Cicéron refuse qu'on le fasse même à l'extérieur face à un ennemi mortel [222]. De plus, dans son chapitre XVIII, Machiavel, après une concession provisoire aux sentiments moraux ordinaires, affirme sans vergogne, et sans souci pour la vérité historique, que les rusés ont toujours vaincu les honnêtes gens, que seuls les menteurs et les traîtres ont réussi de grandes entreprises, alors que Cicéron expose, quand il le peut, les châtiments qui attendent et doivent attendre, dès ce monde, ceux qui se détournent de la justice. On n'a aucune peine à sentir les effets contraires de ces affirmations.

Cicéron termine la citation donnée ci-dessus, en écrivant : « On en a assez dit au sujet de la justice. » Cette phrase servira d'amorce pour une dernière confrontation des couples Cicéron-

Machiavel, *Les Devoirs - Le Prince*. Encore et toujours dans le chapitre XVIII, on trouve un passage qui permet d'aller au plus profond du petit manuel de la Renaissance. Mais pour bien en comprendre le sens, il est nécessaire de remonter d'abord de quelques pages vers le chapitre XV. Là, Machiavel fait une liste de certaines vertus ainsi que des vices qui s'y opposent, allant de la générosité [223] et la ladrerie à la religiosité et l'incrédulité ; mais on cherchera en vain la reine des vertus politiques et son contraire : la justice et l'injustice. Vérification faite, on se rend compte qu'avec la distinction entre un roi et un tyran, elles sont les grandes négligées du *Prince* dans son ensemble [224]. Cicéron, lui, consacre sept chapitres (I.7 à I.13) à l'examen de la vertu de justice et du vice d'injustice; bien plus, il en fait un des fondements même de la « ... société entre les hommes et, pour ainsi dire, de la communauté de leur vie... » ; ensuite, il affirme que les hommes bons tirent leur nom d'elle, c'est-à-dire qu'on les appelle des hommes *justes*. Et il ajoute : « ... le fondement de la justice est la foi, c'est-à-dire la constance et la sincérité dans les paroles et les engagements [225] ». S'il fallait chercher le principe sous-jacent à la position de Cicéron, on le trouverait dans l'affirmation, chère aux Anciens, que les hommes sont naturellement sociables. De ce point de vue, s'attaquer à la sociabilité humaine ou miner de quelque façon les conditions nécessaires à la réalisation de cette propension innée, fût-ce pour sauver telle ou telle société humaine, est un acte contre nature et inhumain. « Donc enlever quelque chose et augmenter ses aises par le tort fait à un homme est encore plus contre nature que la mort, la pauvreté, la douleur ou tous les autres maux qui peuvent arriver au corps ou aux biens extérieurs. Car cela détruit le principe même du lien humain et de la société [226]. » L'homme est fait pour vivre avec les autres.

On trouve donc chez Cicéron un système de deux éléments : justice et fidélité, qui s'équilibrent et trouvent leur foyer dans un troisième, le lien naturel entre humains ou la sociabilité. Dans le ciel intellectuel de Machiavel, les astres sont tout autres. D'abord on y constate l'absence de la justice, ou peu s'en faut. Ensuite, la bonne foi est rejetée aux oubliettes. Aussi on lit dans le *Prince* des aphorismes faits pour dérouter ou bouleverser un honnête homme, mais qui, du fait d'être provocants quant à la substance et quant au ton, sont l'antidote voulu contre l'innocence humaniste. Après la scandaleuse maxime déjà citée : « ... les hommes oublient plus rapidement la mort de leur père que la perte de leur patrimoine », avec son jeu de mots « père-patrimoine », l'auteur concède, au chapitre suivant, que « Si les hommes étaient tous bons, ce précepte ne serait pas bon... », pour tout de suite arracher méchamment cette bouée de sauvetage : « ... mais parce qu'ils sont méchants et qu'ils ne te la conserveraient pas, toi non plus tu ne dois pas la leur conserver [227]. » Donc pas de justice, ni de bonne foi dans le monde humain, tel que Machiavel le conçoit ; elles ont été remplacées par les *réalités* contraires : l'injustice de fait des hommes et leurs infidélités inévitables. La raison n'en est-elle pas, troisième élément, que les hommes ne sont pas capables de véritable communauté, qu'ils sont tous fondamentalement égoïstes et méchants, ou *tristes* pour prendre le mot de Machiavel. En tout cas, c'est une constante de la pensée machiavélienne de concevoir les hommes, même ceux qui sont les plus proches, les concitoyens, comme des adversaires qu'il faut pourtant réduire à l'amitié. Sans doute l'énergie de ce conflit peut être harnachée pour des fins de socialisation ; il n'en reste pas moins qu'on construit la société sur l'asociabilité. « ... en toute cité on trouve ces deux humeurs différentes, d'où il se fait que le peuple désire ne pas être commandé ni opprimé par les grands, alors que les grands désirent commander et opprimer le peuple ; et de ces deux appétits différents naît, dans les cités, un des trois effets suivants : la principauté, la liberté ou la licence [228]. » Le système cicéronien a donc subi une espèce de révolution copernicienne : l'injustice et l'infidélité gravitent autour d'un nouveau foyer, la méchanceté ou l'égoïsme. Cette révolution première transforme toutes les autres données morales. Par exemple, loin de soutenir que l'amitié est impossible, Machiavel affirme qu'il est nécessaire que les princes se fassent des amis, c'est-à-dire des armes propres, et qu'il leur est possible d'acquérir un bien aussi précieux en devenant réaliste (chapitre XV) et en apprenant à gérer les récompenses (chapitre XVI), les punitions (chapitre XVII) et les apparences (chapitre XVIII), c'est-à-dire en évitant d'être méprisé et haï (chapitre XIX).

Vision excessivement pessimiste, diront d'aucuns. « Il ne sert à rien de décrier la réalité, répondrait impitoyablement le Grand Secrétaire. À moins de se bercer d'illusions et de discours salvateurs, à moins de vivre d'avance dans le royaume des cieux que le prophète désarmé a promis, à moins de s'échapper vers une république semblable à celle que l'imagination des philosophes, baptisée raison, a phantasmée, force est d'admettre que les faits me donnent à moi largement raison. Il ne reste plus à l'homme qu'à avaler l'amère pilule et surtout à agir pour devenir maître de son sort. S'il le peut... »

C'est ici, en abordant des problèmes qui dépassent le cadre de la réflexion morale et politique, qu'il sied d'abandonner cette comparaison entre Cicéron et Machiavel pour mieux la reprendre lorsqu'il s'agira de conclure. Car Machiavel, comme l'a déjà révélé la lettre de Buonaccorsi, était lecteur de Plutarque, et une comparaison entre l'un et l'autre écrivain permettra d'approfondir les remarques déjà faites.

Plutarchi libellos habent charissimos [229]

Le cas de Plutarque est à la fois plus clair et plus obscur que les deux premiers. Plus obscur parce qu'il n'y a pas de passages dans le *Prince* qu'on puisse lier évidemment à un texte du *corpus* plutarchéen. Plus clair parce que Machiavel, à quelques endroits, s'oppose à Plutarque, soit en le nommant, soit en le pointant du doigt, sur deux questions jugées cruciales par l'un et par l'autre : le rôle de la fortune dans la vie des hommes, particulièrement celle des grands, et le rôle de la philosophie dans l'éducation.

Sans ambiguïté aucune, Machiavel rend sensible sa relation à Plutarque dans les *Discours sur la première décade de Tite-Live*. Au chapitre 1 du livre II, il écrit : « Plusieurs, dont Plutarque, un écrivain très sérieux, ont eu l'opinion que, pour acquérir son empire, le peuple romain fut plus favorisé par la fortune que par la vertu. » Nonobstant le compliment à l'écrivain, Machiavel conclut catégoriquement : « Je ne veux admettre cela en aucune façon et je ne crois même pas qu'on puisse le soutenir. »

Machiavel se réfère ici à un discours épidictique de Plutarque qui s'intitule *De la fortune des Romains*, où ce dernier soutient, en multipliant les exemples et les figures rhétoriques, que la grandeur du peuple romain fut beaucoup plus fonction de la fortune que de sa vertu. Il ne faut pas écarter cette œuvre sous prétexte qu'elle n'est qu'une pièce de montre pour orateurs : les Anciens ne concevaient pas les disciplines comme autant de chambres closes sans communication ; pour Plutarque en particulier, l'orateur véritable était philosophe et le vrai penseur orateur. C'est ainsi que le voit Machiavel : il prend l'œuvre au sérieux telle qu'elle est, il suppose que sa portée dépasse celle du simple exercice rhétorique. D'ailleurs, il a raison : les *Vies parallèles*, qui elles ne peuvent pas être écartées, amènent sans cesse le lecteur à conclure, conformément à la thèse défendue dans *De la fortune des Romains*, que la fortune joue un rôle immense dans les succès et les échecs des hommes. C'est là un des thèmes chers à Plutarque, cent fois repris dans son œuvre comme une vérité première. D'ailleurs, l'idée que la fortune est surhumainement puissante est sans doute le fondement de la fameuse piété plutarchéenne [230].

Chez Machiavel c'est l'inverse. Dès le chapitre I du *Prince*, où l'auteur divise les sortes de régimes, se manifeste l'opposition entre la vertu et la fortune ; et elle réapparaît constamment, notamment aux chapitres VI, VII et XXIV. Le chapitre XXV, capital, couronne la série. On y trouve cette phrase, qui fait écho au texte déjà cité des *Discours* [231] : « Il ne m'est pas inconnu que beaucoup ont eu et ont l'opinion que les choses du monde sont gouvernées par la fortune et par Dieu, de sorte que les hommes ne peuvent les corriger par leur prudence, qu'au contraire ils n'y ont aucun remède à apporter et que pour cette raison ils pourraient juger qu'il n'est pas nécessaire de lutter contre la situation, mais plutôt de se laisser gouverner au hasard. » Manifestement, Machiavel pense ici au même problème qui inspire sa plume dans les *Discours*. Il est probable qu'il pense au même auteur : Plutarque. Ce dernier ferait alors partie de ces hommes nombreux qui ont eu une opinion contraire à la sienne.

Il y a un autre endroit du *Prince* où Machiavel s'oppose à Plutarque. Au chapitre XIV, Machiavel traite de l'éducation du prince à travers l'exemple de Philopœmen : « Entre autres louanges qui sont adressées à Philopœmen, prince des Achéens, par les écrivains, il y a qu'en temps de paix il ne pensait qu'aux façons de mener la guerre. » Quels écrivains ont traité de Philopœmen en ces termes? Ils sont au moins deux : Tite-Live et Plutarque [232]. Ce dernier affirme que Philopœmen « ... paraissait s'intéresser plus que de raison à la gloire militaire ». Il avait signalé un peu plus haut que Philopœmen, malheureusement trop homme de guerre, ne ressemblait pas assez à l'homme d'État que fut Épaminondas. Pourtant il avait accordé que Philopœmen n'était pas fermé aux leçons de la philosophie, qu'il passait même une partie de son temps à lire les œuvres des philosophes [233]. On saisit alors ce que pensait Plutarque de la hiérarchie entre la vie de l'action et la vie de la réflexion modérée : sans mépriser la première, comme le prouve une grande partie de son œuvre, consacrée qu'elle est à célébrer les grands hommes d'action, Plutarque est d'avis que la vie intellectuelle a une supériorité de nature sur la vie politique. Il se montre en cela le fidèle disciple de ses maîtres : Platon et Aristote.

L'avis contraire de Machiavel sur Philopœmen indique une position très différente. Il offre le général grec en exemple sans y mettre la moindre réticence, sans exprimer la moindre critique. C'est pour lui un modèle sans faiblesse ni défaut. De plus, il ne suggère jamais à son prince, ni ici ni ailleurs, d'étudier la philosophie. L'éducation du prince est presque exclusivement physique et pratique, si ce n'est qu'il doit lire les œuvres des historiens ou des portraitistes. Nulle place chez lui pour des « propos de table », encore moins pour des « dialogues » ou de la « métaphysique ». Selon Machiavel, « un prince doit donc n'avoir nul autre objet ni autre pensée, ne prendre pour discipline que l'art de la guerre, ses institutions et son école... [234] ». Pour Machiavel, et ce contrairement à Plutarque, un Philopœmen ne peut jamais trop s'intéresser à la gloire militaire [235].

Les deux oppositions signalées sont au cœur de la pensée politique de l'un et de l'autre auteur : l'évaluation de la force de la fortune conduit à une évaluation correspondante du rôle de la philosophie. Pour mieux illustrer la position de Plutarque, nous nous tournerons vers le *De genio Socratis*, où se retrouvera encore une fois le couple éducation-fortune. Mais il est nécessaire d'abord de faire un résumé de ce drame-discussion [236] peu connu.

Le *De genio Socratis*, ou *Le Démon de Socrate*, s'ouvre sur une demande faite à un certain Caphisias : aurait-il l'obligeance de rappeler les événements qui entourèrent la révolution thébaine contre la domination spartiate et le rétablissement de la liberté ? Il acquiesce et enchaîne comme suit. En chemin vers la maison de Simmias, quelques conjurés apprennent qu'un bon nombre d'exilés arriveront cette nuit-là à Thèbes sous la conduite de Pélopidas, chef de la révolution. Ils rencontrent, par hasard, deux des oligarques inquiets de certains mauvais présages. Simmias, chez qui ils sont maintenant arrivés, plaide pour la vie d'un citoyen auprès d'un autre des oligarques, mais c'est peine perdue. C'est là un dernier signe de l'illégitimité des tyrans, une dernière justification des conjurés. En attendant le moment venu pour agir, ceux-ci agitent deux questions philosophiques. La première porte sur une inscription d'origine divine qui pressait les Grecs de vivre en paix et avec les Muses plutôt qu'en guerre, la seconde concerne le démon de Socrate. On exprime diverses opinions sur cette dernière question, allant de l'incrédulité indignée à la foi intégrale. Arrivent Épaminondas et un certain Théanor. Ce dernier, philosophe pythagoricien, veut repayer la famille d'Épaminondas pour l'hospitalité qu'elle accorda à leur ami et hôte Lysis, lui aussi philosophe pythagoricien. Épaminondas refuse la récompense et fait un éloge de la pauvreté, tandis que Théanor le presse, au nom de l'amitié, de recevoir de lui quelque chose. Leur dialogue ayant abouti à cette amicale confrontation sans issue, on apprend que la conjuration risque d'avorter à cause d'Hipposthénidas : ébranlé par un rêve prémonitoire, croyant plus sûr de mettre fin à l'entreprise des révolutionnaires, il a envoyé un homme dire aux exilés de rebrousser chemin. Mais Chlidon, le messager qu'il leur avait envoyé, apparaît soudain chez Simmias : il s'est longuement disputé et battu avec sa femme et n'est plus en état d'accomplir la mission qu'on lui avait confiée. La crise s'étant en quelque sorte résolue par elle-même, on assiste alors à la fin de la discussion sur le démon de Socrate. Simmias y ajoute le récit de l'expérience mystique d'un certain Timarque, qui aurait vu en rêve et en image l'ordre cosmologique et à qui on aurait expliqué la nature des démons. Théanor confirme l'anecdote et l'enseignement proposés par Simmias. On tente alors une dernière fois d'impliquer Épaminondas directement dans le complot, mais il continue de résister en affirmant ne pas vouloir se mêler aux meurtres fratricides qui auront sans doute lieu lors de la révolution. Il ajoute que ce détachement serait éventuellement utile sur le plan politique, lorsqu'il s'agira plus tard de gouverner dans le respect des autorités et des lois le peuple libéré par la sanglante conjuration. Les comploteurs cessent donc d'exiger sa participation. Cette nuit-là, avant qu'ils n'aient pu agir, un d'entre eux, Charon, est convoqué auprès d'un des chefs de l'oligarchie. Craignant d'avoir été dénoncés, ils voient celui-ci partir après leur avoir adressé de nobles paroles. Mais il revient bientôt pour leur apprendre que les tyrans avaient entendu des bruits vagues au sujet d'une conjuration et qu'il a habilement calmé leurs inquiétudes par quelques judicieux mensonges. Un des tyrans, nous apprend-on, reçut plus tard une lettre qui révélait tout le complot, mais, plus intéressé à boire et à faire l'amour qu'à s'atteler à sa tâche politique, il refusa de la lire. Les conjurés se mettent alors en marche, massacrent les oligarques thébains et libèrent leurs prisonniers. Tout le reste de la ville, alerté et tout de suite dirigé par Épaminondas le philosophe, se révolte alors à leur suite.

Il n'est pas besoin de connaître de fond en comble l'édifice intellectuel de Machiavel pour saisir que le récit plutarchéen, même s'il raconte les péripéties d'une révolution qui fonde un régime puissant, sujet qui aurait ravi le Grand Secrétaire, s'oppose à sa vision sur une foule de points [237]. En voici deux, toujours les mêmes.

C'est un lieu commun, mais non moins vrai, que Machiavel travaille à rabaisser le concept de fortune. Tenter de s'appuyer fermement sur elle, se présentât-elle sous les formes à peine dérivées de la légitimité par la tradition et du droit héréditaire, est une erreur, c'est le péché contre l'esprit, la faute capitale. Seuls les princes nouveaux et actifs reçoivent l'approbation viscérale de l'auteur ; à tel point que, malgré les faits, Ferdinand le Catholique est appelé un prince nouveau, au chapitre XXI, pour mieux souligner la grandeur de ses exploits ; à tel point qu'au chapitre II, deux princes héréditaires sont fondus ensemble pour ne présenter qu'une seule physionomie au lecteur inattentif ; à tel point que ce même chapitre II, le seul consacré aux princes héréditaires, est d'une offensante brièveté. Machiavel n'a rien à dire aux princes naturels, et, en un sens, il veut n'avoir rien à faire avec ces princes arrivés au pouvoir comme on arrive au monde. De plus, Machiavel exige qu'on imagine la fortune domptable. De là, son image de la femme battue par un jeune homme : « Moi je juge qu'il est mieux d'être hardi que craintif, parce que la fortune est une femme et qu'il est nécessaire, lorsqu'on veut la garder sous contrôle, de la battre et de la bousculer. Et on voit qu'elle se laisse plutôt vaincre par ceux-ci que par ceux qui procèdent froidement ; c'est pourquoi, comme une femme, elle est toujours l'amie des jeunes, parce qu'ils sont moins craintifs, plus féroces, et qu'ils la commandent avec plus d'audace [238]. »

Plutarque, comme on l'a vu, n'est pas l'apologiste du laissez-faire et des velléités politiques : à ses yeux, la révolution est parfois bonne, le sang est parfois nécessaire. Mais les idées qu'il défend en sus se situent aux antipodes de la position de Machiavel. La condition principale à remplir pour justifier les révolutions et le sang, qui coulera alors, paraît être la légitimité du régime à rétablir ou, ce qui revient au même, l'illégitimité du régime en place. Il n'est jamais question chez lui d'approuver et donc d'encourager la prise du pouvoir effectuée simplement pour prendre le pouvoir ou pour agrandir ses possessions et augmenter son prestige. De plus, tout dans *Le Démon de Socrate* suggère que l'homme ne peut pas espérer contrôler la fortune. Ainsi les conjurés évitent l'échec, à deux reprises au moins, pour aucune autre raison que leur bonne étoile : la précipitation d'Hipposthénidas qui aurait dû faire avorter la révolution est réparée par un accident imprévisible ; un oligarque remet de quelques heures la lecture d'une lettre qui lui révélait tout le complot, et la révolution est sauvée.

L'objection que Plutarque croit en la divination et qu'il rejoint ainsi le thème typiquement machiavélien du contrôle de la fortune ne fera que rendre plus claire encore l'opposition entre *Le Prince* et le texte de Plutarque. Car selon les explications données le plus souvent par Plutarque et ses personnages, ceux qui, comme Socrate, peuvent prédire les événements le font grâce à un don divin, c'est-à-dire par des forces qui sont au-delà du pouvoir proprement humain. Or Socrate justement y gagnait la capacité d'entrevoir ce qu'il *ne* fallait *pas* faire plutôt que la claire vision de ce qu'il fallait faire. Aussi s'est-il abstenu de la vie politique pour se consacrer à la conversation, l'étude et la réflexion, ce qui lui a valu la réputation de corrupteur de la jeunesse. La condition humaine ne ressemble donc pas à celle d'un jeune homme maîtrisant une femme ; elle est plus près de celle de ce pauvre Chlidon qui se battit avec sa femme sans y gagner autre chose que blessures et honte. Sur ce dernier point, celui de la maîtrise de la femme-fortune, Socrate, le meilleur des hommes, rejoint le commun des mortels : il se soumet à elle. Parmi les conjurés thébains, seul le devin Théocritos (selon l'étymologie de son nom : *juge divin* ou *juge de Dieu*) peut se vanter de deviner quelque chose de l'avenir ; mais ce pouvoir est alors relié à une croyance aux dieux qui est tout le contraire de l'attitude de Machiavel. Ce dernier ressemble beaucoup plus au cynique Galaxidoros, personnage de Plutarque, qui refuse de croire à la divination et ne voit en la religion qu'un instrument de manipulation politique. Or dans *Le Démon de Socrate*, le cynique se fait promptement rabrouer par les autres et retrouve aussitôt, à la surprise du lecteur moderne, des propos plus modérés[239]. Même s'il fait souvent parler les impies, Plutarque ne les approuve jamais.

Quant à la relation entre la philosophie et l'homme d'action, la forme même du récit de Plutarque fait comprendre que loin d'être incompatibles, la pensée et l'action sont les garantes l'une de l'autre. Les conjurés se réunissent chez Simmias le philosophe ; la plupart d'entre eux trouvent en la philosophie plus qu'un paravent pour leurs activités illicites, puisqu'ils passent une bonne partie de leur temps, non pas à attendre le moment d'agir dans une inquiétude silencieuse, mais, au contraire, à s'y préparer par une discussion sereine sur les philosophes et la philosophie. D'autre part, parmi les oligarques, on ne trouve que deux hommes sensibles à la philosophie et c'est, justement, les deux chefs, c'est-à-dire probablement les plus doués.

Par opposition, Socrate et les autres philosophes ne sont jamais mentionnés par Machiavel, ni la philosophie. Si ce n'est dans *La Vie de Castruccio Castracani*, où il met dans la bouche d'un héros militaire et politique selon son cœur, plusieurs aphorismes volés aux philosophes de Diogène Laërce [240]. Plutôt que de rappeler et de faire sienne l'injonction, adressée aux peuples grecs par leurs dieux, de cultiver les Muses, Machiavel suggère que Dieu, le précepteur de Moïse, lui enseigna la méthode forte qui est celle du *Prince*. Puis il affirme hautement que « ... tous les prophètes armés vainquirent et les prophètes désarmés se perdirent ». Plus tard, il utilise l'exemple de David, le saint roi, pour illustrer sa doctrine sur les armes mercenaires et auxiliaires [241]. Chez Machiavel, la Bible fonde le machiavélisme et non le christianisme, et Dieu tourne les hommes vers la violence et non la réflexion philosophique.

Peut-être résumerait-on l'opposition encore plus simplement et plus nettement en comparant les héros respectifs des deux textes. Selon Rousseau, fin juge en pareille matière, César Borgia est le héros exécrable du *Prince* [242]. Les ruses, les vilenies, la *virtù* de César Borgia sautent hors de la page et réveillent les intelligences les plus somnolentes. Machiavel, comme à plaisir, accuse les traits de cette figure diabolique : « ... je ne juge pas superflu de les examiner, parce que moi je ne saurais quels préceptes me donner qui soient meilleurs pour un prince nouveau que l'exemple de ses actions... » ; « Moi, je ne craindrai jamais d'alléguer César Borgia et ses actions [243]. » Pour sa part, Plutarque présente, dans la personne d'Épaminondas, un comportement qui est le contrepied de celui de César Borgia. Le froid usage de la violence et de la rapine est remplacé par la modération extrême, si l'on veut, du philosophe-guerrier. À Théanor qui veut le récompenser pour ses actions désintéressées et alléger ainsi un peu le fardeau de sa pauvreté, il oppose un « non » catégorique. Lorsque ses amis le prient de s'unir à eux dans la conspiration contre les tyrans, il refuse. Non pas qu'il ait peur de la mort : on le voit tout de suite à la tête des citoyens lorsqu'il s'agit d'attaquer la garnison spartiate. Il ne veut pas, explique-t-il bien avant cet acte de courage, verser le sang de ses concitoyens ou d'hommes qui ne soient pas des ennemis invétérés de sa patrie. En somme, les *messages* de Machiavel et de Plutarque passent par le face à face maintenant éternel de leurs héros respectifs.

*

Dans une lettre à François Vettori, déjà citée, Machiavel confie, ou plutôt annonce, à son ami la création du *Prince* : « Et parce que Dante dit qu'on n'a pas la science si on ne retient pas ce qu'on a compris, j'ai noté le profit que j'ai tiré de leur conversation et j'ai composé un opuscule intitulé *De principatibus*... [244] » Un sage conseil qui nous vient de deux des maîtres de la Renaissance. Donc à l'instar de Machiavel et selon le conseil de Dante, un bilan.

L'analyse a montré par le menu que l'auteur du *Prince* n'a pas tiré sa doctrine de la seule expérience des événements politiques contemporains. En lisant certaines pages, on imagine un Machiavel penché sur son texte, peut-être perdu dans la réflexion, mais certes ayant les œuvres d'Hérodien, de Cicéron et de Plutarque ouvertes devant lui ; on voit même ce grand lecteur transcrivant parfois un passage qui l'a frappé. Les portraits des empereurs romains, dessinés par Hérodien remplissent pendant un temps le champ de vision de Machiavel, au point où il reprend purement et simplement tel ou tel trait de leur physionomie morale. Certaines images de Cicéron, certaines structures du traité *Les Devoirs* informent son imagination ; il les voit réapparaître sous sa plume presque malgré lui. Les thèmes de fond de Plutarque, dans les *Vies* et dans les *Œuvres morales*, habitent son intelligence ; il en fait ses catégories. Les œuvres des Anciens, on a toutes les raisons de l'affirmer, ne sont pas que les passementeries de l'habit d'apparat du *Prince*.

Mais quelque profonde que soit l'influence des Anciens sur Machiavel, il n'est pas un de ces êtres dont la docilité béate ennuie et attriste, et il n'est pas non plus un disciple fécond *parce que* fidèle à ses maîtres. Le texte de Machiavel en est un témoin sûr. Pour compléter le portrait de Machiavel l'écrivain, il faut sans doute y ajouter le sourire ironique que l'imagination populaire lui prête depuis toujours, mais en y donnant un sens supplémentaire : il sourit, imagine-t-on, parce qu'il observe en connaisseur les folies des hommes et qu'il y découvre pourtant les règles de l'amorale politique ; il sourit, faut-il achever, parce qu'au moment même où il cite les Anciens, il sait qu'il touche, transforme, voire invertit, leur pensée.

Or cette originalité qui se nourrit pourtant de la tradition n'a jamais été tout à fait perdue de vue. Les textes de Machiavel, translucides sinon transparents, ne permettent pas à l'inconscience des lecteurs de faire partout son œuvre. C'est donc à ces pages qu'il faut retourner encore une fois. Ainsi, dès les premiers paragraphes des *Discours sur la première décade de Tite-Live*, l'auteur déclare que son livre ne présentera pas un commentaire servile de l'œuvre de Tite-Live, mais qu'il proposera une nouvelle théorie politique, qu'il a suivi un chemin sur lequel personne n'a jamais marché. Ce chemin est tellement nouveau qu'il craint d'être blâmé par certains de ses lecteurs [245]. Cette appréhension du jugement et de la condamnation de ses contemporains en raison de la hardiesse de sa pensée, Machiavel l'a mentionnée ailleurs : le chapitre XV du *Prince* exprime la même inquiétude relevant de la même cause. « Comme moi je sais que beaucoup d'hommes ont écrit là-dessus, je crains d'être tenu pour présomptueux en écrivant moi aussi là-dessus, en me démarquant des institutions des autres surtout pour discuter de cette matière-ci. Mais comme mon intention est d'écrire quelque chose d'utile pour qui le comprendra, il m'a paru plus convenable de suivre la vérité effective de la chose que l'imagination qu'on a d'elle. Beaucoup d'hommes se sont imaginé des républiques et des principautés qu'on n'a jamais vues ni jamais connues existant dans la réalité... »

On touche à trois points importants dans ces quelques phrases. D'abord, Machiavel dit sa relation trouble avec ses prédécesseurs : il les a lus, mais est en désaccord avec eux. De plus, ce désaccord n'est pas occasionnel : si Machiavel s'arrête en plein milieu de son livre pour le reconnaître publiquement, c'est qu'il est conscient qu'il apparaît *surtout* ici, mais qu'il existe ailleurs, pour ne pas dire partout. Enfin, l'essentiel de ce désaccord, au moins aux yeux de celui qui le connaît le plus intimement, tient à la « vérité effective », ce qu'on appellerait aujourd'hui le réalisme. Machiavel reproche aux Anciens de vivre, ou du moins de faire vivre les autres, dans un monde imaginaire. Cela lui paraît répréhensible, mais pas pour quelque motif de théoricien qui cherche la vérité, cette impossible adéquation de l'intelligence, trop rigide, avec l'être, trop fluide. Son objection est éminemment pratique : ceux qui vivent dans ce monde imaginaire se font du mal, tout comme celui qui croirait pouvoir voler par la force de ses seuls bras risque d'agir en conséquence et d'en subir les conséquences. Les choses et surtout les hommes sont beaucoup moins beaux et bons qu'on ne le dit : pour être vraiment raisonnable, il faut agir en conformité avec une nouvelle vérité d'un nouveau type : les hommes, tels que les révèlent les faits, sont tristes, c'est-à-dire méchants, c'est-à-dire égoïstes. C'est en ce sens qu'on peut parler d'un pessimisme machiavélien. À la condition de ne pas anéantir, par la suite, l'impact de cette constatation, en se référant à une influence religieuse ou autre qui aurait coloré le jugement de Machiavel. Tel qu'il comprenait la réalité humaine, tel qu'il comprenait sa propre pensée, Machiavel jugeait son pessimisme objectif et vérifiable : il le croyait *effectif*. Il ne le voyait pas comme le résidu confus d'un augustinisme moyenâgeux ou de quelque autre école chrétienne. Selon lui, ce sont les autres – ceux qui sont charmés et endormis par les discours anciens, païen ou chrétien – qui se trompent et subissent des influences indues. D'ailleurs, n'ayant aucune référence positive à la religion, c'est le moins qu'on puisse dire, refusant de s'assouvir en jérémiades eschatologiques, conduisant au contraire à la conclusion que « ce qui semblera vertu » est vanité irréaliste et « ce qui semblera vice [246] » moyen nécessaire de survie, le pessimisme machiavélien est conceptuellement, et donc essentiellement, différent du pessimisme chrétien.

Voudrait-on laisser de côté ceux qui s'opposent à Machiavel pour jauger un moment ce qu'on pourrait appeler l'influence de Machiavel ? Un exemple : Spinoza. Les premières lignes du *Tractatus politicus* [247] critiquent la philosophie morale des Anciens sur le même ton et quant aux mêmes points que le chapitre XV du *Prince*. Aussi n'est-on pas étonné de voir que le nom de Machiavel apparaît au chapitre cinquième du traité, où il est appelé, entre autres, un « très habile auteur ». Or le *Tractatus politicus* révèle la substance de la pensée spinoziste, puisque l'auteur écrit alors sa dernière œuvre et qu'il se pense encore en parfaite harmonie avec l'*Ethica* et le *Tractatus théologico-politicus*. Y aurait-il une obscure sympathie doctrinale entre le froid « géométriseur » de l'éthique et l'apologiste enflammé de la *virtù* ? Si oui, quelle est-elle ? Sans doute l'un et l'autre se rejoignent sur deux plans : le besoin de dominer et de maîtriser la matière politique, quitte à viser plus bas, et la cause-effet de ce besoin : le réalisme ou, pour parler encore une fois comme Machiavel, la « *verità effettuale* – vérité effective » [248].

Mais il est temps de conclure. N'en déplaise à certains, Machiavel incarne fort bien cette période mouvementée et méconnue de l'histoire de la pensée qu'est la Renaissance. En un sens, tout est déjà dans le mot choisi pour la nommer. *Renaissance* ? C'est-à-dire retour en arrière pour faire *re*vivre quelque chose, à savoir la pensée ancienne, du moins ce segment qu'avait oublié la scolastique dite décadente. Mais aussi *naissance*, et donc apparition de quelque chose de nouveau, d'inédit, peut-être de non-dit. Ce nouveau pouvait, par exemple, prendre la forme du merveilleux conte inventé par Thomas More et intitulé *Utopie*. Il pouvait prendre une forme beaucoup plus audacieuse et, somme toute, assez inquiétante, comme le montre *Le Prince*. Quoi qu'il en soit, on tirera au moins une leçon de la Renaissance, leçon commune à More et à Machiavel : la pensée humaine, si avide de saisir le réel, pour se le dévoiler ou pour le maîtriser, se fera chez nous vigoureuse, clairvoyante et féconde, à la condition d'être dialogue, soit avec les pères de notre pensée, qui nous ont laissé en patrimoine des mots comme *utopique* et *machiavélique*, soit avec les pères de nos pères : les Hérodien, Cicéron et Plutarque.

LE CAS BORGIA

« I can add colour to the chameleon,
« Change shapes with Proteus for advantages,
« And set the murderous Machiavel to school.
« Can I do this, and cannot get a crown ?
« Tut, were it farther off, I'll pluck it down [249]. »
Shakespeare, *Henry VI* Part III, III 2 191-195

Cinq ans après la mort de Machiavel, les premiers éditeurs du *Prince* publièrent, dans le même volume que le fameux traité, la *Description de la façon dont le duc Valentinois s'y est pris pour tuer Vitellozzo Vitelli, Oliveretto de Fermo, le seigneur Paul et le duc de Gravina Orsini*. Rien ne prouve que ce choix fut celui de l'auteur ; mais tout indique qu'il aurait été pleinement d'accord avec cette décision : *Le Prince* et la *Description* sont faits pour être lus l'un à la suite de l'autre. La *Description* décrit dans le détail le moment crucial de la brève carrière italienne de César Borgia ; et César Borgia est, de l'avis de tous, l'exemple par excellence du *Prince* et donc le modèle du prince machiavélien.

C'est ainsi que Montesquieu écrit dans *De l'esprit des lois* :
« Aristote voulait satisfaire tantôt sa jalousie contre Platon, tantôt
sa passion pour Alexandre. Platon était indigné contre la tyrannie
du peuple d'Athènes. Machiavel était plein de son idole, le duc de
Valentinois. Thomas More, qui parlait plutôt de ce qu'il avait lu
que de ce qu'il avait pensé, voulait gouverner tous les États avec
la simplicité d'une ville grecque [250]. » Si Montesquieu dénonce
systématiquement les analyses politiques de ses prédécesseurs,
habités, selon lui, par un préjugé qui déformait leur pensée,
l'essentiel ici est de noter que ce grand penseur politique français
réduit pour ainsi dire l'œuvre de Machiavel aux leçons qu'on
trouve dans *Le Prince*, et cette œuvre à une exposition du personnage de César Borgia : le machiavélisme n'est que la mise en
système de la vie du fils d'Alexandre VI.

Plus tard, partant de la même prémisse, Rousseau raisonne-
ra tout à l'opposé : « Machiavel était un honnête homme et un
bon citoyen ; mais attaché à la maison de Médicis, il était forcé
dans l'oppression de sa patrie de déguiser son amour pour la
liberté. Le choix seul de son exécrable héros manifeste assez son
intention secrète et l'opposition des maximes de son livre du
Prince à celles de ses *Discours sur Tite-Live* et de son *Histoire de
Florence* démontre que ce profond politique n'a eu jusqu'ici que
des lecteurs superficiels ou corrompus [251]. » Cette fois la pensée
de Machiavel est distinguée on ne peut plus nettement du message du *Prince*, le vrai Machiavel se trouvant dans des œuvres à
message républicain. Mais Rousseau lui aussi fait reposer sa
lecture du *Prince* sur le personnage de Borgia : la figure du
condottiere offre la clé du livre et permet de lire correctement le
traité bien connu, de comprendre la pensée de Machiavel, de
percer à jour ce qui sans cela resterait dans l'obscurité. « Idole »
ou « exécrable héros », César Borgia est le prince du *Prince*.

Par un effet de rétroaction, César Borgia, le personnage
historique, est comme disparu sous le portrait qu'en a fait
Machiavel ; pour beaucoup de lecteurs il n'est rien de moins,
mais rien de plus, que le diabolique inspirateur de l'auteur du
Prince, au point où lire le traité, c'est connaître César Borgia, duc
de Valentinois, duc de Romagne et gonfalonier de l'Église. C'est
ainsi que la quinzaine de lignes que le Robert II consacre au plus

célèbre des condottieres italiens termine avec cette phrase : « Il inspira Machiavel dans son œuvre *Le Prince*. » C'est ainsi que l'historien Ivan Cloulas, dans le dernier chapitre de son livre *Les Borgia*, peut se permettre des remarques comme les suivantes : « La fortune posthume des Borgia est liée à celle de Nicolas Machiavel : ils entrent véritablement dans l'immortalité grâce à son traité *De principatibus, Des principautés*.

Ce court mémoire de vingt-six chapitres, rédigé en quelques mois, entre juillet et décembre 1513, est écrit pour donner des conseils aux dirigeants politiques en se référant aux actes de prestigieux acteurs de l'histoire. En fait le personnage le plus souvent évoqué est, au côté d'Alexandre VI, César Borgia : en son honneur la postérité changera le titre de l'œuvre qu'elle nommera *Le Prince*. Froidement et intelligemment conçu comme un mode d'emploi pour prendre le pouvoir et le conserver, le traité de Machiavel est depuis cette époque le livre de chevet de ceux qui ont l'ambition de dominer leurs semblables. Il leur apprend à passer outre aux préceptes de la morale, aux lois et aux coutumes, pour assouvir leurs volontés. Le grand homme des Borgia, élevé à une stature surhumaine, leur est proposé comme le modèle dont il faut suivre l'exemple. Le *machiavélisme* aurait pu s'appeler, dès sa naissance, le *borgianisme* [252]. » Il ne s'agit pas ici de cautionner tel ou tel jugement sur *Le Prince*, mais de montrer comment le livre de Machiavel est identifié à la personne de César Borgia, que ce soit pour voir en lui la source de la pensée du Grand Secrétaire ou une création de sa puissante imagination théorique, quand ce n'est pas les deux à la fois.

Du reste, point n'est besoin de ces témoignages plus ou moins experts : le texte parle de lui-même. Car la féroce figure du fils d'Alexandre VI reste fixée sur l'œil intérieur de tout lecteur du *Prince*, comme une image persistante sur la rétine. On ne peut oublier, par exemple, le corps supplicié de Ramiro de Lorca, lieutenant de Borgia ; la vigueur sauvage de Borgia, la quasi instantanéité de son acte, le spectacle violent du billot d'exécution, du couteau sanglant et du corps décapité d'un homme pourtant puissant, la réaction éperdue des gens du peuple se fusionnent à notre mémoire, tout comme cela arriva une première fois, le 26 décembre 1502, aux habitants d'une petite ville de la

Romagne. « Ayant saisi l'occasion à ce sujet, un matin à Cesena, il le fit mettre en deux morceaux sur la place, avec un billot de bois et un couteau sanglant à côté de lui. La férocité de ce spectacle fit que les gens du peuple demeurèrent à la fois satisfaits et stupides (chapitre VII).» Pourtant, du seul fait d'être repris dans le contexte du *Prince*, cet exemple, que Machiavel recommande tout particulièrement à son lecteur, vise un effet différent de celui que visait Borgia ; en assassinant Ramiro, le duc voulait étonner, faire taire les revendications et la critique de ses sujets, voire éteindre la lumière de leur raison, alors que, narrée par Machiavel, l'action de César Borgia révèle d'un seul coup le visage caché de la technique politique : sa violence, son calcul, sa rapidité, son objectif imaginaire, son effet sur les gens du peuple. Ce qui revient à dire, encore une fois, que le duc de Valentinois est porteur de l'essentiel de la pensée de Machiavel.

Et les mots mêmes de l'auteur indiquent que cette identification est conforme à son intention. César Borgia apparaît dans sept ou huit chapitres du *Prince*. Chaque fois son nom est lié à un élément important de ce qu'on reconnaît être le machiavélisme : aux chapitres III et XI, quand on parle du duc, il est question de la relation entre le pouvoir politique et le pouvoir religieux ; au chapitre VII, César Borgia est le seul cas exposé pour aider à comprendre la force de la fortune et l'ampleur de la vertu qu'il faut pour la mater ; au chapitre VIII, le thème du crime est illustré en partie par un de ses actes d'éclat ; au chapitre XIII, le duc de Valentinois est proposé en exemple pour exposer les avantages relatifs des armées mercenaires, auxiliaires et propres ; au chapitre XVII, César Borgia illustre la thèse choc que la cruauté est nécessaire pour bien gouverner ; au chapitre XX, son nom est associé, de loin il est vrai, à la question du rôle des forteresses, c'est-à-dire des instruments physiques et des progrès technologiques, dans la victoire militaire et la sécurité politique. Chaque apparition de César Borgia apporte, semble-t-il, une autre pièce à l'échafaudage intellectuel du machiavélisme.

Plus important encore, l'auteur indique à plusieurs reprises que le cas Borgia n'est pas un exemple parmi d'autres : il est l'exemple par excellence. « Donc, si on considère tous les progrès du duc, on verra qu'il s'est posé de grands fondements pour sa puissance future ; je ne juge pas superflu de les examiner, parce que moi je ne saurais quels préceptes me donner qui soient meilleurs pour un prince nouveau que l'exemple de ses actions... » écrit Machiavel au début du chapitre VII. Et comme pour être sûr que son lecteur a compris, il ajoute vers la fin : « Donc, ayant recueilli toutes les actions du duc, moi je ne saurais le reprendre ; au contraire il me paraît bon de le proposer, comme j'ai fait, à imiter à tous ceux qui ont accédé au contrôle politique par fortune et avec les armes des autres... Donc celui qui juge nécessaire, dans sa principauté nouvelle, de s'assurer de ses ennemis, se gagner des amis, vaincre soit par la force soit par la fraude, se faire aimer et craindre par les gens du peuple, suivre et respecter par les soldats, anéantir ceux-là qui peuvent ou doivent te faire du tort, de rénover les institutions anciennes par de nouvelles maniè-res, être sévère et agréable, magnanime et libéral, briser la milice infidèle, en créer une nouvelle, maintenir en amitié les rois et les princes de sorte qu'ils doivent te faire du bien avec bonne grâce ou te faire du tort avec crainte, il ne peut pas trouver d'exemples plus à propos que les actions de celui-ci. » Cet important passage présente un résumé de l'action d'un prince tel qu'il devrait être de l'avis de Machiavel ; or il est identifié au duc de Valentinois. Plus tard, au chapitre XIII, l'auteur reprend son éloge de César Borgia lorsqu'il traite de la question capitale de l'établissement d'une armée. Pour Machiavel il y a trois sortes d'armées ou d'armes : les auxiliaires, puissantes mais infidèles et donc dangereuses, les mercenaires, trop faibles et instables pour être efficaces, et enfin les propres, seuls instruments qui conviennent au prince ver-tueux. Or, on s'en doute bien, la carrière politique de César Borgia offre le parfait tableau de cette doctrine. « Moi, je ne craindrai jamais d'invoquer César Borgia et ses actions... Et on peut voir facilement quelle différence il existe entre l'une et l'autre de ces sortes d'armes, en remarquant quelle différence il y eut entre la réputation du duc au moment où il avait seulement les Français, puis ensuite les Orsini et les Vitelli, et celle qui était sienne alors qu'il demeurait avec ses soldats et ne comptait que sur lui-même : on la trouvera allant s'accroissant. Mais il ne fut jamais suffisamment estimé, si ce n'est quand chacun vit qu'il était l'entier possesseur de ses armes. » En somme, les choix de Borgia résument la pensée de Machiavel sur cette question ; bien mieux, ils montrent comme sous forme de graphique à courbe ascendante la supériorité des armes propres sur les deux autres genres. Les jugements du penseur et les choix et gestes de l'homme d'action correspondent au point de se confondre. La dialectique et l'histoire sont une.

Le statut politique du destinataire premier du *Prince* est un dernier signe de l'importance de César Borgia. La lettre dédicatoire est adressée à Laurent de Médicis [253] : Laurent a à sa disposition une occasion qui lui permet d'espérer un succès auquel Machiavel veut participer, ne serait-ce qu'au moyen de son livre. « Donc, que Votre Magnificence prenne ce petit don dans l'esprit dans lequel je l'envoie ; s'il est considéré et lu diligemment par Elle, Elle y connaîtra, à l'intérieur, mon désir extrême qu'Elle parvienne à cette grandeur que la fortune et ses autres qualités Lui promettent. » Mais ce n'est qu'au dernier chapitre que l'auteur se permet de révéler l'ampleur du projet qu'il entrevoit et dont il veut faire rêver Laurent : rien de moins que chasser de l'Italie les envahisseurs étrangers et l'unifier sous la domination médicéenne, ou, selon le vocabulaire eschatologique de Machiavel, opérer la rédemption de la patrie italienne. Pour que se réalise cette entreprise grandiose, tout est prêt ; par la grâce de Dieu, il ne manque qu'un chef, quelqu'un qui ait la force d'élever la bannière et qui possède l'art de diriger les hommes. Sans doute Machiavel propose-t-il dans son *Prince* l'essentiel des conseils nécessaires et un sommaire des règles qu'il faut connaître, mais la clé de tout est le fait que le pouvoir politique de la maison des Médicis a un double foyer et sera ainsi à même d'accomplir la tâche : les Médicis contrôlent un État laïque, dans la personne de Laurent, et l'Église, dans la personne de Léon X. « Et on ne voit pas en qui elle [l'Italie] peut plus espérer qu'en Votre illustre maison, qui avec Sa fortune et Sa vertu, favorisée par Dieu et par l'Église dont elle est maintenant le prince, peut se faire chef de cette rédemption (chapitre XXVI). » Or la lecture du *Prince* suggère qu'il y a eu dans l'histoire récente de l'Italie un cas semblable, qui de ce fait serait éminemment instructif : sous le règne des Borgia, alors qu'Alexandre VI était pape à Rome et César Borgia était maître de la Romagne, l'État et l'Église étaient unis de la même façon. Ainsi s'explique en bonne partie l'insistance de l'auteur sur ce terrible duo des Borgia : le père et le fils sont la préfiguration de la tâche que Machiavel propose aux Médicis et la preuve historique de l'efficacité des moyens qu'il leur faudra prendre [254].

Par ailleurs, il y a plusieurs signes qu'aux yeux de Machiavel lui-même, l'« idole » n'était pas sans faille, que le « héros » n'était pas sans défaut. Ainsi dans les *Discours sur la première décade de Tite-Live*, César Borgia est loin d'avoir l'importance qu'on lui accorde dans *Le Prince*. Le fils du pape Alexandre VI n'est mentionné que trois fois dans ce long ouvrage (I 38, II 24, III 27) et la leçon qu'on tire de son exemple n'est jamais très significative. Ses apparitions sont toujours périphériques : par exemple, il est mentionné en passant lorsqu'il s'agit de discuter de nouveau du problème de la sage utilisation des forteresses. Sans doute pourrait-on répondre que comme la matière des *Discours* est l'histoire de la Rome préchrétienne, le nom d'un condottiere italien de la Renaissance ne peut figurer de façon importante dans le commentaire de Machiavel. Pourtant l'auteur ne dédaigne pas d'autres noms modernes, comme le Français Gaston de Foix. Et surtout il est clair que si Machiavel se penche sur le cas exemplaire de Rome, ce n'est pas par quelque vain plaisir d'érudit fasciné par le passé : au moyen de son analyse de l'histoire de Rome, il cherche à éclairer sa propre époque, à aider les hommes de son temps à comprendre leur situation et les possibilités de leur action politique. « De là il naît que les gens sans nombre qui lisent l'histoire de Tite-Live prennent plaisir à entendre décrire la variété des événements qu'elle contient, sans penser à imiter ces événements, puisqu'ils jugent qu'une telle imitation est non seulement difficile mais impossible, comme si le ciel, le soleil, les éléments et les hommes avaient changé de mouvements, d'organisations et de pouvoirs depuis l'Antiquité. Aussi comme je voulais tirer les hommes de cette erreur, j'ai jugé nécessaire d'écrire, à partir des livres de Tite-Live qui ne nous ont pas été enlevés par la malignité des temps, ce que moi, selon les connaissances que j'ai des choses anciennes et modernes, je jugerai nécessaire pour mieux les comprendre, afin que ceux qui liront mes déclarations puissent plus facilement en tirer l'utilité qui est le but de la recherche de la connaissance de l'histoire [255]. » C'est pourquoi les *Discours* sont adressés à deux jeunes hommes qui sont mieux que des princes, qui sont des hommes dignes d'être des princes et capables d'agir en princes. « C'est pour ne pas tomber dans cette erreur que moi j'ai choisi comme dédicataires de mon livre non pas des hommes qui sont princes, mais des hommes qui en raison de leurs qualités sans nombre mériteraient de l'être... [256] ». Avec une intention semblable, avec des lecteurs semblables, le personnage de César Borgia aurait pu facilement trouver place, et place importante, dans les *Discours*. À moins que, justement, l'« idole » de l'auteur ne soit pas aussi adorée qu'on le croit et le dit.

On pourrait objecter aussi que les *Discours* portent sur le régime républicain et qu'en conséquence ne pouvaient trouver place dans le commentaire machiavélien les faits et gestes d'un petit seigneur italien ayant guerroyé avec succès pendant quelques années en Italie. Sans doute est-il beaucoup question de républiques dans les *Discours* ; il ne pouvait en être autrement puisque la matière du commentaire était justement les débuts, les progrès et la chute de la république romaine. Pourtant dès les premières lignes, Machiavel avertit son lecteur qu'il a mis dans ce livre le présent le plus grand qu'il pouvait trouver, à savoir l'ensemble de son savoir politique : « ... en ce livre moi j'ai exprimé tout ce que moi je sais et tout ce que moi j'ai appris par une longue pratique et une lecture continuelle des choses du monde [257]. » Il n'est pas besoin de rappeler que parmi les choses du monde que connaît Machiavel, il y a les principautés, et donc qu'il sait ce que devraient faire les princes ; il n'est pas besoin de rappeler que parmi les choses du monde qu'il a examinées de près, il y a les hauts faits de César Borgia, prince de l'Italie du seizième siècle [258]. D'ailleurs, les titres des chapitres des *Discours* montrent bien que l'étude de l'auteur porte sur les régimes républicains *et* monarchiques, pour couvrir finalement tout le domaine politique [259]. Ce qui conduit toujours à la même conclusion: l'apparition dans les *Discours* d'un César Borgia en pleine gloire n'aurait eu rien de déplacé, si Machiavel « idolatrait » le duc ; car il n'y a aucune raison de principe qui exclut ce personnage de la *nouvelle* réflexion de l'auteur.

On pourrait répondre enfin que si César Borgia disparaît pour ainsi dire des *Discours*, c'est que Machiavel a changé d'avis au sujet du condottiere italien. En somme, l'auteur du *Prince* se serait ravisé : *Le Prince* est bel et bien le royaume de César Borgia ; mais après mûre réflexion, il serait apparu à Machiavel que son jugement initial était erroné, que la sorte d'apothéose qu'il avait fait subir au fils d'Alexandre VI devait être révoquée ; aussi dans les *Discours*, César Borgia est plus ou moins jeté aux oubliettes. De là à la conclusion qu'il y a une différence doctrinale importante entre *Le Prince* et les *Discours*, il n'y a qu'un pas... Pourtant tout indique que Machiavel n'a jamais été aveugle aux faiblesses du personnage dont il a fait la fortune historique ; tout indique que l'auteur du *Prince* a articulé, dès *Le Prince*, une critique non seulement de telle ou telle action de César Borgia, mais de l'ensemble de son projet politique. Cette question n'est pas secondaire : le statut du fils d'Alexandre VI recèle la question centrale de la pensée de Machiavel : l'effet débilitant de la religion chrétienne et, plus généralement, des régimes imaginaires.

Dans *Le Prince*, l'entrée en scène du duc Valentinois se fait en deux temps : d'abord au chapitre III, puis, et pour vrai cette fois, au chapitre VII. La première fois, le nom de César Borgia apparaît comme incidemment. Machiavel vient de suggérer que le roi de France n'aurait jamais dû tenir la promesse qu'il avait faite à Alexandre VI, selon laquelle il appuierait les entreprises du pontife romain en Romagne. L'erreur est de taille, puisqu'elle serait à l'origine de l'échec des Français en Italie. Il ajoute alors : « Je parlai de cette matière à Nantes avec le cardinal de Rouen, quand le Valentinois – car César Borgia était appelé ainsi par le peuple –, fils du pape Alexandre VI, occupait la Romagne. Comme le cardinal de Rouen me disait que les Italiens ne comprenaient pas la conduite de la guerre, moi je lui répondis que les Français ne comprenaient pas la conduite de l'État, parce que s'ils la comprenaient, ils ne laisseraient pas l'Église en arriver à tant de grandeur. » Il s'agit donc de la conquête de la Romagne entreprise et menée à bien par Alexandre VI et son fils César Borgia. Mais selon Machiavel, et ce du vivant de tous les protagonistes, ce qui paraissait être une conquête laïque, ce qui semblait fonder une principauté nouvelle au centre de l'Italie, n'était de fait qu'un renforcement du pouvoir politique de l'Église. L'ensemble des remarques indiquent d'ailleurs que l'acteur principal est le pape

Alexandre VI, que, somme toute, son fils joue un rôle secondaire. Or au chapitre XI, où Machiavel traite la question des principautés ecclésiastiques et donc du pontificat, le même fait historique est examiné, les mêmes jugements sont portés : « ... c'est par l'instrument du duc Valentinois et à l'occasion du passage des Français qu'il [Alexandre VI] fit tout ce que moi j'ai examiné plus haut en parlant des actions du duc ; bien que son intention ne fût pas d'étendre le pouvoir de l'Église, mais celui du duc, néanmoins, ce qu'il fit tourna à la grandeur de l'Église, qui, comme le duc était anéanti, fut héritière du fruit de ses travaux, après sa mort [260]. » Sans doute déclare-t-on que l'intention d'Alexandre VI était d'avancer la cause de son fils ; il n'en reste pas moins que le résultat effectif, et comme inévitable, des actions du père et du fils, du pape et du duc fut l'agrandissement de l'Église. Le passage affirme surtout ceci : le contenu du chapitre VII, qui traite de César Borgia, placé cette fois dans un cadre plus large, révèle que celui qui agit vraiment est Alexandre VI, le fils n'étant qu'un « instrument ». Mais en fin de compte, quel est l'avis de Machiavel ? selon lui, qui mène, le père ou le fils ? qui est l'instrument de qui ? Pour voir si la mise en contexte transforme radicalement le récit originel, il faut remonter au chapitre VII et relire avec attention.

Or déjà là la relation entre le pape et son fils est ouverte à une réinterprétation. Pour ceux qui voient en César Borgia le modèle du prince énergique et volontaire, les premiers mots de sa mini-biographie sont assez étonnants : « Le pape Alexandre VI avait bien des difficultés présentes et futures pour agrandir son fils. D'abord, il ne voyait pas comment il pouvait le faire seigneur d'un État qui ne soit pas un État de l'Église. » Le reste du paragraphe laisse poindre la même idée : quoiqu'il s'agisse ostensiblement de la vie de César Borgia, on n'entend jamais parler de l'action du duc ; c'est toujours le pape qui agit et qui emploie les moyens qui lui sont propres.

Or que sont les armes « propres » des papes ? Le représentant temporel de Jésus-Christ, « Prince de la Paix », ne peut que difficilement se faire guerrier, se faire chef actif d'une armée qui soit réellement sienne ; il doit donc agir indirectement, soit par des armées mercenaires, soit par des armées auxiliaires. Car quand le pouvoir d'un homme est fondé dans la croyance que les autres hommes ont dans les Béatitudes et les discours « doux et humbles » du Christ, il ne peut employer les vrais moyens politiques. Par la suite, cependant, ses succès politiques – et l'immense pouvoir moral qu'il détient lui en assurera – auront un effet corrupteur sur le monde politique environnant : ce que fait le pape ne peut passer inaperçu, ne peut pas ne pas être imité. En somme, la papauté est une source d'affaiblissement politique de l'Italie en autant que pour les « prêtres » les seules armées efficaces sur le plan naturel sont inutilisables, parce que théologiquement impossibles ; mais leurs succès occasionnels font d'eux des modèles pour les ignorants. Voilà le jugement derrière la conclusion de Machiavel à l'effet que la faiblesse politique de l'Italie ne naît pas d'une faiblesse physique ou morale des Italiens, mais que le mal se trouve dans les structures politiques elles-mêmes. « Il ne manque pas de matière en Italie pour y introduire toutes sortes de forme : il y a ici grande vertu dans les membres, quand elle ne manquerait pas dans les chefs. Prenez pour exemple les duels et les rencontres de peu d'hommes, quand les Italiens sont supérieurs quant aux forces, à l'adresse, au génie ; mais lorsqu'on en vient aux armées, ils ne comparaissent plus. Tout cela procède de la faiblesse des chefs ; parce que ceux qui s'y connaissent en la matière ne sont pas obéis – et il paraît à chacun qu'il s'y connaît, puisque jusqu'ici il n'y en a aucun qui ait su s'élever, et par vertu et par fortune, au point où les autres cèdent (chapitre XXVI). » Tout porte à croire – et le cas Borgia le premier – que les structures politiques viciées en Italie, et peut-être ailleurs en chrétienté, tirent leur origine des structures miraculeuses de l'inclassable principauté qu'est la papauté. « … elles sont soutenues par les institutions religieuses de vieille date, qui ont été tellement puissantes et de si grande qualité qu'elles tiennent leurs princes en leur État, de quelque façon qu'ils procèdent et qu'ils vivent. Seuls ils ont des États et ne les défendent pas, des sujets et ne les gouvernent pas ; et les États, quoiqu'ils soient sans défense, ne leur sont pas enlevés et les sujets, quoiqu'ils ne soient pas gouvernés, ne s'en soucient pas et ne pensent ni ne peuvent se dérober à eux. Donc ces principautés seulement sont sûres et heureuses (chapitre XI). » Pour donner sa pleine mesure à l'ironie de l'auteur, il faut conclure que la sécurité et le bonheur de la papauté ont comme prix le malheur de l'Italie [261], voire de l'Occident.

Sans doute, pour en revenir au cas Borgia, dans les pages qui suivent du chapitre VII l'auteur décrit, en employant les termes les plus louangeurs, les admirables actions du fils du pape ; sans doute le père disparaît-il du récit. Mais à qui a bien remarqué la teneur de cette introduction aux actions de César Borgia, il paraîtra très significatif que le fils tombe immédiatement après que le père a disparu. Au fond, l'exemple de César Borgia se situe plutôt dans un avenir conjectural, c'est-à-dire dans ce que le duc aurait pu réussir si le temps lui avait été donné, que dans un passé factuel. Aussi, le dernier paragraphe de la biographie parle longuement de ce que le duc aurait fait *si* : « Comme il ne devait pas craindre la France... il sautait sur Pise. Après cela, Lucques et Sienne cédaient tout de suite, en partie par envie des Florentins, en partie par peur ; les Florentins n'avaient pas de remède. Si cela lui avait réussi – et cela lui aurait réussi l'année même où Alexandre mourut – , il [César Borgia] acquérait tellement de forces et de réputation qu'il se serait soutenu par lui-même et qu'il n'aurait plus dépendu de la fortune et des forces des autres, mais de sa puissance et de sa vertu. » Il faut noter l'utilisation des imparfaits et des conditionnels et ne pas se laisser aveugler par l'image qu'impose Machiavel. Dès le chapitre VII donc, le cas Borgia demande à être *réévalué*. Plus profondément, il éveille au problème de la relation trouble entre le pouvoir laïque et le pouvoir ecclésiastique. L'examen de ce problème conduit à plus fondamental encore : l'opposition entre la vertu morale, qu'elle soit ancienne ou chrétienne, et la *virtù* politique dont Machiavel se fait l'apologiste et le prophète. Or pour réfléchir encore une fois sur les caractéristiques de la *virtù*, on ne peut trouver meilleur texte que la *Description*, dont on tirera quelques observations.

On y décrit les tactiques dont usa César Borgia pour étouffer une révolte chez ses bras droits militaires. Aussitôt qu'est connue la nouvelle que le duc de Valentinois est menacé par ces anciens alliés, les gens du peuple se mettent à intriguer contre lui en Romagne, afin de recouvrer leur liberté politique. « Cette diète fut tout de suite connue de par l'Italie, et les gens du peuple qui étaient mécontents du duc, entre autres les Urbinates, conçurent l'espoir de pouvoir changer les choses. Les esprits étant désorientés, il arriva que certains des Urbinates décidèrent d'occuper le fort Saint-Léon qu'on tenait pour le duc. » En réfléchissant sur ce premier fait, un *élève* de Machiavel remarquera sans doute que la réputation est un appui important du prince, que l'idée qu'on se fait de la puissance du prince est la cause principale de son pouvoir et donc que la perte de sa réputation est pour le prince un événement politique majeur ; il remarquera sans doute que les gens du peuple sont à la recherche d'un mieux-être et que ce désir peut être cause d'instabilité politique. Mais, rappelons-le, plutôt qu'un compte rendu de révolte populaire, la *Description* est le récit de ce qui se passe entre les grands, c'est-à-dire entre ceux qui ont les moyens physiques et surtout psychologiques pour faire de grandes choses, c'est-à-dire pour agir efficacement sur le plan politique. Aussi la révolte des Urbinates se limite en fin de compte à la prise du fort de Saint-Léon ; une fois ce geste posé, les gens du peuple s'en remettent à plus forts qu'eux, aux vrais acteurs de la scène politique. « Aussitôt la prise du fort connue, tout l'État se rebella et réclama l'ancien duc : ils tiraient leur espoir moins de l'occupation du fort que de la diète de la Magione, dont ils pensaient être aidés. » Il n'y a pas ici, ni ailleurs dans l'œuvre de Machiavel, deux types d'hommes qui s'affrontent pour le pouvoir politique : la lutte politique véritable se fait entre les grands sur les corps et les biens des petits ; matière à peu près amorphe, le peuple n'a pas de besoins dévorants, il est prêt à être dirigé, voire informé, par la volonté des grands. Au mieux, les petits cherchent à ne pas être dominés, ils cherchent à se trouver un maître qui ne leur fasse pas trop de mal. Espoir qui est trompé plus souvent qu'autrement. Aussi y a-t-il, dans les mots du *Prince*, « ... une difficulté naturelle qui réside dans toutes les principautés nouvelles : c'est que les hommes changent volontiers de seigneur, croyant améliorer leur sort, et cette croyance leur fait prendre les armes contre lui ; en quoi ils se trompent, parce qu'ils voient ensuite par expérience qu'ils ont empiré leur sort. Ce qui dépend d'une autre nécessité naturelle et ordinaire : c'est qu'il faut toujours faire du tort à ceux dont on devient prince nouveau, à cause des soldats et des autres outrages sans nombre que la nouvelle acquisition entraîne... (chapitre III) ». Peut-être un des messages les plus importants de l'œuvre de Machiavel est-il que la liberté politique d'un peuple passe nécessairement par un effort politique constant accouplé à la prudence née de l'expérience ; que plus cet effort et cette prudence se généralisent et s'enracinent dans toutes les couches d'une société, plus grand et puissant sera l'ensemble ; que peu nombreux sont les peuples qui ont voulu payer le prix de la grandeur et de l'indépendance. D'où la fascination de Machiavel pour la république romaine. Et on ne trouvera pas ailleurs les paramètres de la renaissance politique qu'il espérait pour sa propre société. Ce qui est certain, c'est que dans la *Description* la révolte, à tout prendre anémique, des Urbinates – ne demandent-ils pas immédiatement le retour de leur ancien maître ? – est promptement enveloppée et comme digérée par la lutte véritable entre les hommes énergiques, les hommes de *virtù*.

Aussi on fait mieux de concentrer son regard sur les vrais protagonistes de la Description : Borgia et les Vitelli-Orsini. Leur lutte n'est pas d'abord militaire, elle n'est même pas très violente. Sans doute est-il partout question d'accords militaires, d'armées, d'assauts, de redditions ; sans doute y a-t-il quelques morts avant le dénouement dramatique de la dernière page. Cependant, à bien y regarder, il n'y a que deux actions militaires véritables : la prise du fort de Saint-Léon par des conjurés armés, qui se fait à peu près sans verser de sang, et la brève rencontre entre les forces des conjurés de la diète et les soldats de Borgia. « Malgré cela, [les] ennemis [de César Borgia] s'avancèrent et arrivèrent jusqu'à Fossombrone, où quelques-uns de ses hommes tenaient tête ; ces derniers furent mis en déroute par les Vitelli et les Orsini. » À partir de la seconde défaite du duc, l'essentiel du conflit entre Borgia et ses ennemis se passe dans le monde trouble de ce que Machiavel appelle ailleurs les arts de la paix, c'est-à-dire que la ruse est l'arme principale dont usent l'un et les autres. Or le domaine de la ruse est celui de l'apparence, du secret – voir la répétition du mot secret dans le récit du crime d'Oliveretto au chapitre VIII du Prince –, du mensonge entretenu systématiquement, où rien n'est comme on le dit. De part et d'autre règnent les craintes, les intentions cachées et les projets de trahison.

Ainsi, pour n'examiner que le malheureux Vitellozzo, il sait au fond de lui qu'il ne doit pas faire confiance à son adversaire : « Vitellozzo était assez réticent : la mort de son frère lui avait appris qu'on ne doit pas offenser un prince pour ensuite se fier à lui ; mais persuadé par Paul Orsini, que le duc avait corrompu à force de présents et de promesses, il consentit à l'attendre. » On notera que selon Machiavel, Vitellozzo n'aurait pas dû faire confiance non plus à son allié Paul Orsini, car celui-ci cherchait d'abord son propre avantage en incitant Vitellozzo à s'entendre avec Borgia. Ensuite, Vitellozzo avait entretenu les siens de leur indépendance afin d'encourager chez eux une résistance efficace contre les forces de Borgia, et ce malgré l'accord qu'il venait de signer avec lui. « On dit que lorsqu'il quitta ses gens pour venir à Senigallia et rencontrer le duc, il leur avait fait comme son dernier adieu : à ses chefs il avait recommandé sa maison et la fortune de celle-ci et avait exhorté ses neveux à se souvenir de la vertu de leurs pères et de leurs oncles et non de la fortune de leur maison. » L'encre du pacte Vitelli-Borgia n'est pas sèche que Vitellozzo prévoit qu'il sera rompu. Enfin, les troupes qu'Oliveretto dirigeait dans un cantonnement tout près de Senigallia auraient pu servir à la destruction du duc de Valentinois tout aussi bien que les troupes de ce dernier, mieux placées sur le pont et à la porte principale du fort, servirent à la capture et la défaite des Vitelli. Il s'en est fallu de peu que le guet-apens de Senigallia ne soit plutôt le coup de maître de Vitellozzo que celui de Borgia. Dans la lutte entre Vitellozzo et Borgia, il ne pouvait y avoir qu'un seul vainqueur : celui qui serait le plus fort et le plus violent sans doute, mais surtout celui qui aurait su mieux gérer sa violence et celle des autres. Et dans ce concours, la palme est allée à Borgia.

Aussi le dernier jugement que porte Machiavel sur Vitellozzo Vitelli est-il teinté d'une ironie méchante. « Aucun des deux ne prononça alors une parole digne de leur vie passée : Vitellozzo pria qu'on supplie le pape de lui donner une indulgence plénière pour ses péchés ; Oliveretto mit, en pleurant, toute la faute des outrages faites au duc sur le dos de Vitellozzo. » Machiavel n'établit-il pas un lien entre le fait que Vitellozzo a été trompé par César Borgia et le fait qu'il espérait encore en ces derniers moments recevoir une indulgence plénière de Rodrigue Borgia [262] ? Quoi qu'il en soit, la lutte typique entre Borgia et ses adversaires illustre une des maximes les plus importantes du *Prince* : « Étant obligé de savoir bien user de la bête, il [le prince] doit prendre le renard et le lion parmi les bêtes possibles ; parce que le lion ne se défend pas contre les pièges, le renard contre les lions. On a donc besoin d'être renard pour connaître les pièges et lion pour effrayer les loups. *Ceux qui veulent se fier seulement sur le lion ne comprennent pas* (chapitre XVIII). » Excellent lion, Vitellozzo ne se montra pas assez renard et tomba dans un admirable traquenard. Le récit de Machiavel n'a rien d'une comédie, on le reconnaîtra d'emblée ; mais du point de vue de Vitellozzo il n'est pas loin d'une tragédie, si on entend par là un drame où se déploie la punition d'une faute typique : l'aveuglement d'Œdipe conduit à sa juste punition commandée par les dieux, celui de Vitellozzo à la punition qu'impose l'inexorable logique de la dure condition humaine.

Si la *Description* n'est pas une pièce de théâtre, elle est une merveille d'économie narrative : tout y est délibération, décision, action ; elle ne contient qu'un bref temps mort : la description des lieux du crime, la géographie militaire. Car comme il fut indiqué plus haut, la disposition des lieux et surtout leur utilisation jouent un rôle important dans la victoire de Borgia ; aussi trouve-t-on des termes militaires dans la description des environs de Senigallia : par exemple, on mesure les distances en « portées de flèche [263] ». Il est instructif de rapporter cette description géographique aux actions de César Borgia. Ce dernier quitte Fano et se dirige vers Senigallia par un terrain peu étendu, découvert et bien délimité qui n'offre aucune occasion d'attaque surprise, que ce soit pour les uns ou pour les autres. Borgia, apprend-on, avance sûrement, entouré de ses soldats. « Le dernier jour de décembre donc, s'étant trouvé avec ces hommes au bord du Metauro, il fit chevaucher en avant-garde environ cinq cents chevaux, puis fit avancer toute l'infanterie, après quoi il s'avança en personne avec le reste de ses soldats. » De cette façon, tant qu'il sera en terrain découvert, il saura se défendre sans trop de peine contre les

hommes de Vitellozzo et d'Oliveretto. Le seul moment dangereux est celui de l'entrée dans le fort de Senigallia : les soldats
d'Oliveretto se trouvent devant la ville dans un petit faubourg ; ils
sont en exercice sous les ordres de leur chef : « ... il était resté
avec ses hommes à Senigallia et s'appliquait à les tenir en ordre et
à les exercer sur le champ de manœuvre de son cantonnement
près du fleuve... » Aussi la cavalerie de Borgia assure-t-elle
d'abord et avant tout le contrôle du pont qui les rapproche de Senigallia ; ensuite seulement la première partie de son infanterie
avance ; enfin le maître se présente, suivi de la dernière partie de
ses troupes : les hommes des Vitelli n'ont eu aucune occasion de
capturer le duc. Mais ils sont encore présents et capables de
défendre leurs maîtres : Borgia doit les neutraliser, s'il veut capturer ses adversaires. « C'est pourquoi don Michel chevaucha de
l'avant et, ayant rejoint Oliveretto, lui dit que ce n'était pas le
moment de tenir ses hommes hors de leur cantonnement parce
qu'il leur serait enlevé par les soldats du duc : il l'exhortait à les y
faire rentrer et à venir avec lui rencontrer le duc. » Ce n'est
qu'une fois les troupes ennemies rendues inoffensives et leurs
chefs entre ses mains que Borgia agit avec la vitesse de l'éclair.
On le voit, l'efficacité de l'action de Borgia dépend de sa connaissance des lieux : c'est parce que Borgia utilise mieux la disposition des sites qu'il se fait bourreau plutôt que de devenir victime. Le duc de Valentinois, modèle du prince, n'est pas seulement un homme d'action : il est un expert, un homme de connaissance. Sans doute cette connaissance n'a-t-elle rien d'une haute
réflexion philosophique, par laquelle la raison atteint aux réalités
fondamentales qui encadrent les vies humaines et leur donnent
fondement. Mais la *virtù*, dont il est le modèle, repose néanmoins
sur la raison humaine en autant que celle-ci analyse les forces en
présence, reconnaît les possibilités qu'offrent les circonstances et
calcule les moyens à utiliser. Encore une fois, on retrouve une des
thèses les plus connues du *Prince* : dans le chapitre XIV, Machiavel, traitant de l'éducation du prince, établit que ce dernier devra
acquérir une connaissance de « la nature des sites » : « Parce que
les coteaux, les vallées, les plaines, les fleuves et les marais qui
sont, par exemple, en Toscane, partagent une certaine ressemblance avec ceux des autres provinces, si bien qu'à partir de la

connaissance du site d'une province, on peut facilement en venir à la connaissance des autres. Le prince qui n'a pas cette habileté, il lui manque la première partie de ce que veut posséder un capitaine, parce qu'elle enseigne à trouver l'ennemi, installer les cantonnements, conduire les armées, organiser les journées, assiéger les territoires à ton avantage. » La *Description* montre que César Borgia possédait cette habileté à un admirable degré. Faite d'énergie, de ruse et d'intelligence pratique, la *virtù* machiavélienne est rare. *Le Prince* cherche à la rendre plus abondante.

On peut conclure de tout ceci que la *Description* présente sans commentaire les faits, gestes et paroles d'un maître de la matière politique. Mais la sobriété de ce récit cache autant qu'elle révèle, et les premières remarques de cette section ne manqueront pas de susciter de nouveau leurs questions : César agit-il indépendamment ? est-il autre chose qu'un instrument de son père ? est-il autre chose qu'un lion dirigé par un très fin renard ? quel est le lien de fait entre le pouvoir temporel et le pouvoir religieux ? quel devrait être la relation entre eux ? Comme pour les rappeler, la dernière phrase de la *Description* fait ressurgir la figure puissante du pape : « Paul et le duc de Gravina Orsini furent laissés vivants jusqu'à ce que le duc apprenne qu'à Rome le pape avait capturé le cardinal Orsini, l'archévêque de Florence et messire Jacob de Sainte-Croix; à cette nouvelle, le dix-huit janvier, à Castel della Pieve, eux aussi, de la même façon furent étranglés. » C'est sur un signe du pape que le duc de Valentinois accomplit son crime.

Au problème de la relation entre le pape et son fils, on ajoutera un autre qui contribuera à mettre de nouveau en question la statut final de l'« idole » machiavélienne. Le dernier paragraphe du chapitre VII du *Prince* apprend que Borgia essuya, quelques mois après la mort de son père, un échec cuisant : en un rien de temps il perdit tout ce qu'il avait péniblement gagné. On répondra peut-être, comme le fait Machiavel, que l'échec de Borgia ne fut pas l'effet de quelque faiblesse, de quelque manque de vertu, mais le résultat imprévisible de circonstances trop puissantes, la triste conséquence de la force de la fortune. « ... si ses institutions ne lui profitèrent guère, ce ne fut pas par sa faute, mais à cause d'une extraordinaire et extrême malignité de fortune [264]... seule s'opposa à ses desseins la brièveté de la vie d'Alexandre et sa propre maladie (chapitre VII). » Pourtant, l'auteur ajoute immédiatement une longue remarque qui fait comprendre que l'échec de César Borgia fut l'effet d'une erreur de jugement. « Le duc fit donc une erreur en ce choix, et ce fut la cause de sa perte ultime. » Son mauvais choix naît de ceci : le duc de Valentinois ne sut pas soupçonner chez l'autre un trait qu'il connaissait pourtant très bien pour en être habité : que tous les hommes, et surtout quelques-uns, visent autre chose que le Bien, le Beau et le Vrai, qu'ils visent « la fin que chacun désire, c'est-à-dire la gloire et les richesses (chapitre XXVI) », qu'ils sont capables de scélératesses pour atteindre cette fin. Il n'est pas de peu d'intérêt de voir qu'à partir de cette erreur, le prince modèle de Machiavel se transforme, comme malgré l'auteur, en exemple de la difficulté de dominer la fortune. En quoi la question de la domination de la fortune est-elle liée à celle du pouvoir ecclésiastique indépendant et envahissant qu'est le pontificat romain ? *La Vie de Castruccio Castracani de Lucques* offre l'occasion de reprendre ces questions à neuf, peut-être avec plus de succès.

LE CAS CASTRACANI

« ... gouvernez le Prince :
« Montrez-lui comme il faut régir une province,
« Faire trembler partout les peuples sous sa loi,
« Remplir les bons d'amour, et les méchants d'effroi.
« Joignez à ces vertus celles d'un capitaine :
« Montrez-lui comme il faut s'endurcir à la peine,
« Dans le métier de Mars se rendre sans égal,
« Passer les jours entiers et les nuits à cheval,
« Reposer tout armé, forcer une muraille,
« Et ne devoir qu'à soi le gain d'une bataille.
« Instruisez-le d'exemple, et rendez-le parfait.
« Expliquant à ses yeux vos leçons par l'effet. »
Corneille, *Le Cid*, I 3

Cinq ans après la mort de Machiavel, les premiers éditeurs du *Prince* publièrent, dans le même volume que le fameux traité, *La Vie de Castruccio Castracani de Lucques*. Rien ne prouve que ce choix fut celui de l'auteur, mais tout indique qu'il aurait été pleinement d'accord avec cette décision : *Le Prince* et *La Vie* sont faits pour être lus l'un à la suite de l'autre. Castruccio Castracani est un autre des « héros » de Machiavel. Et si, comme chacun le sait [265], César Borgia sert de modèle pour le prince, on peut en dire autant du condottiere de Lucques.

Il n'apparaît pas dans *Le Prince* [266], et pour cette raison sa figure n'est pas aussi bien connue que celle de Borgia. Mais il est proposé ici comme un de ces grands hommes dont celui qui étudie *Le Prince* a tant à apprendre. Aussi dès les premières lignes de *La Vie* le lecteur et les dédicataires sont fixés : « Castruccio Castracani de Lucques fut donc un de ces [grands] hommes ; étant donné les temps où il a vécu et la cité où il est né, il fit de très grandes choses, et il n'eut pas une naissance plus heureuse et plus connue qu'eux [les grands hommes], comme on le comprendra en traitant le cours de sa vie. Il m'a paru bon de la rappeler au souvenir des hommes, car il m'a paru y avoir trouvé un grand nombre de très grands exemples de vertu et de fortune. Et il m'a paru bon de vous l'adresser à vous qui vous délectez des actions vertueuses plus que les autres hommes que moi je connais. » À la fin du texte, Machiavel revient sur son idée de départ ; et il écrit, comme pour s'assurer qu'on n'a pas perdu de vue l'essentiel, à savoir que Castracani est un modèle : « Comme sa vie ne fut inférieure ni à celle de Philippe de Macédoine, père d'Alexandre le Grand, ni à celle de Scipion de Rome, il mourut à l'âge de l'un et de l'autre ; sans doute les aurait-il surpassés l'un et l'autre si, au lieu de Lucques, il eût eu pour patrie la Macédoine ou Rome. » En somme, le Castruccio Castracani que propose l'auteur est de la taille de César Borgia ; en autant que les grands hommes de l'Antiquité ont régulièrement, de l'avis Machiavel, plus de grandeur que les héros offerts par l'histoire moderne [267], Castracani, tout comme le duc de Valentinois, fait doublement figure d'exception : il est grand, ce qui est déjà rare, et il est grand en des temps de médiocrité [268].

Mais il y a plus : tout comme pour Borgia, le projet pratique de Castracani ressemble à celui présenté à la fin du *Prince*. Car si Machiavel propose à Laurent de Médicis de prendre l'Italie, l'objectif de Castracani, qui explique toutes ses entreprises, est de prendre la Toscane. Ainsi nous apprend-on avant le dernier affrontement entre Castracani et les Florentins : « ... Castruccio, ayant entendu parler de la grande armée que les Florentins avaient envoyée contre lui, ne s'effraya aucunement, mais pensa que le moment était, arrivé où la fortune devait mettre entre ses mains le contrôle de la Toscane... ». Bien mieux, Machiavel emploie des expressions semblables pour décrire Borgia tentant d'unifier et de libérer l'Italie et le malheureux Castracani échouant au moment même où il réussissait. Du premier, Machiavel écrit dans *Le Prince* : « Et bien que jusqu'ici une certaine lueur se soit montrée en quelqu'un, qui permette de juger qu'il était choisi par Dieu pour sa rédemption, cependant on a vu, ensuite, qu'il a été *réprouvé par la fortune lors du plus haut cours de ses actions* (chapitre XXVI). » La fortune, déesse malveillante, présidait aussi au malheur de Castracani, si l'on en croit son biographe : « ... ennemie de sa gloire, la fortune lui ôta la vie au moment où elle devait la lui donner et interrompit les projets que longtemps auparavant il avait pensé mettre à effet ; rien, si ce n'est la mort, ne pouvait en empêcher la réalisation. » Castracani est un autre bel exemple du prince machiavélien.

Cette dernière remarque conduit à une constatation cruciale. Sans doute la pensée de Machiavel est le résultat d'une réflexion passionnée sur les grands hommes ; mais elle porte tout autant sur l'échec humain : si Machiavel examine la vie des grands hommes, c'est qu'il veut en tirer des leçons qui permettront de réussir ou, ce qui revient au même, qui permettront d'éviter l'échec. Par ailleurs, la vie de Borgia, on l'a vu, est finalement un échec. Et la vie de Castracani l'est tout autant. Or dans le cadre de la pensée machiavélienne, éviter l'échec revient à arracher à la fortune le contrôle de sa vie – c'est là toute l'œuvre de la vertu. La réflexion de Machiavel a comme double objectif le réveil de la vertu humaine et la maîtrise de la fortune : « Néanmoins, de peur que notre liberté ne soit éteinte, je juge qu'il peut être vrai que la fortune soit l'arbitre de la moitié de nos actions, mais que même alors elle nous en laisse gouverner l'autre moitié, ou à peu près (chapitre XXV). » On comprend mieux alors une des premières phrases de *La Vie* : « Je crois bien que ceci naît de ce que, voulant montrer au monde que c'est elle, et non la prudence, qui fait les grands hommes, la fortune commence à montrer ses forces à un moment où la prudence ne peut avoir aucune part et où au contraire on doit reconnaître que tout vient d'elle. » Sans doute, Borgia était-il un grand homme ; peut-être Castracani était-il plus grand encore, au point de pouvoir se mesurer aux plus grands de l'Antiquité ; il n'en demeure pas moins qu'en un instant, la fortune, ici sous la guise de la maladie, peut jeter par terre des projets bien dessinés, efficacement entrepris, obstinément poursuivis. En somme, les deux hommes, Borgia et Castracani, ont peut-être servi à une même fin dans l'économie de l'œuvre du Grand Secrétaire : faire réfléchir sur la vertu et la fortune, entraîner l'homme vers ses plus hautes possibilités, mais aussi le préparer à affronter ses limites. Aussi la réflexion machiavélienne sur ces thèmes sera reprise ici à partir de quelques aspects de *La Vie de Castruccio Castracani.*

Aux yeux de Machiavel, a-t-on dit, Castracani est un héros. Mais qu'est-ce qu'un héros, et surtout un héros machiavélien ? Pour répondre, nous partirons de l'incarnation du type opppposé. Dans *La Vie*, Paul Guinigi offre un *bel* exemple d'homme politique médiocre. Son père, François Guinigi, avait repéré Castracani et en avait fait un homme selon son cœur, ou plutôt selon sa foi. Or d'après le récit de Machiavel, François avait déjà un fils, Paul. Le jugement du père était sans doute que son fils adoptif était autrement plus habile que son fils légitime, ce qui expliquerait, mieux encore que la différence d'âge entre les deux « fils », qu'à sa mort François a tout laissé entre les mains de Castracani et que ce dernier n'abandonna son tutorat de Paul qu'à sa propre mort. Quoi qu'il en soit, le récit de Machiavel montre que lorsqu'il s'agit d'entreprendre quelque action politique ou militaire, Castracani part en personne faire face à la difficulté et Paul Guinigi reste loin derrière, soit pour garder Lucques, soit pour occuper Pise : au fils naturel de François Guinigi reviennent les sinécures. Une seule fois Paul reçoit-il un rôle vraiment actif, lors de la prise de Pistoie, et même là il n'est rien de plus que le bras droit de Castracani. D'ailleurs les Florentins, adversaires acharnés de Castracani ne s'y trompent pas : lorsqu'ils veulent entreprendre quelque chose ils ne tiennent pas compte de Guinigi fils ; que ce dernier soit présent ou non n'entre pas dans leurs calculs, c'est Castracani dont il leur faut tenir compte : « Durant cet intermède les Florentins, mécontents de ce que pendant la trêve Castruccio se fût rendu souverain de Pistoie, cherchaient une façon de la faire se rebeller ; ils jugeaient que ce serait facile en raison de son absence. » Or à l'absence de Castracani correspond la présence de Paul Guinigi : alors que le premier se couvre de gloire à Rome, le second ne fait rien à Lucques, où l'a laissé son maître. Les hauts faits de Castracani font la preuve de la médiocrité de Paul Guinigi ; l'inefficacité de Guinigi fils rehausse la *virtù* du fils adoptif.

On en vient ainsi au dernier discours de Castracani, celui qu'il adressa à son héritier. Or les mots du héros confirment le contraste qu'ont dessiné les éléments de la biographie de Castracani : opposant ce que lui voulait et pouvait faire et ce que l'autre devra vouloir et pourra peut-être faire, le condottiere mourant souligne plusieurs fois la différence entre lui-même et son élève. Un exemple parmi d'autres : « Tu ne dois donc espérer en rien d'autre qu'en ton ingéniosité, en le souvenir de ma vertu et en la réputation que t'apporte la présente victoire : si toi tu sais en user avec prudence, elle t'aidera à établir un accord avec les Florentins ; effrayés par leur présente déroute, ils devront l'accepter avec joie. Alors que moi je cherchais à en faire mes ennemis et que je pensais que leur inimitié m'apporterait puissance et gloire, toi tu dois, de toutes tes forces, t'en faire des amis, parce que leur amitié t'apportera sécurité et commodité. » Non seulement la conduite de Guinigi doit-elle être à l'opposé de celle de Castracani, mais elle se ramène finalement à s'appuyer sur les fondements que ce dernier a posés et ensuite à gérer les choses de son mieux, c'est-à-dire très prudemment : les objectifs « puissance et gloire » sont remplacés par « sécurité et commodité ». Et la phrase qui suit donne la raison de cette différence : « En ce monde il est bien important de se connaître soi-même et de savoir mesurer les forces de son esprit et de son État ; celui qui se reconnaît inapte à la guerre doit s'ingénier à régner avec les arts de la paix. » Pour Paul, se connaître soi-même c'est conclure que la sagesse conseille la médiocrité des objectifs et la prudence des moyens. Si Paul avait été un homme d'envergure, les derniers conseils de Castracani auraient été tout autres.

Néanmoins, *La Vie* dans son ensemble et surtout le dernier discours de Castracani condamnent la méthode forte des grands hommes machiavéliens : puisque Castruccio Castracani ne sut pas atteindre son objectif, puisque la fortune se montra trop forte, la *virtù* de l'individu est insuffisante, semble-t-il, et ne saurait pas être la solution du problème politique humain [269]. En un sens, cette biographie est plus en harmonie avec le message des *Discours sur la première décade de Tite-Live*, où la figure du prince-héros est quasi absente. D'ailleurs, n'y aurait-il pas un écart entre la position de l'auteur du *Prince*, plus énergique, plus violent, plus intransigeant, plus *machiavélique*, et celle de l'auteur de *La Vie* et des *Discours* ? Le Machiavel de ces deux derniers textes serait plus modéré, parce qu'il aurait découvert une vérité qui renverse ses premiers rêves ; et on l'imagine ajoutant *sotto voce* : « Toute la *virtù* de Castruccio, toutes ses ruses, tous ses efforts ne furent d'aucun effet contre un refroidissement soudain et la maladie qui s'ensuivit ; en dernière analyse, la vertu d'un grand homme s'est montrée inadéquate ; il faut trouver une solution autre, c'est-à-dire plus modérée, plus proche de la morale traditionnelle. »

À cette suggestion, qui n'est pas sans mérites, il faudra ajouter que face à la force de la fortune, la réponse de Machiavel n'est pas de tourner l'homme vers la conquête de la nature pour empêcher que les maladies n'emportent les meilleurs hommes : la leçon à tirer de la mort prématurée de Castracani n'est pas qu'il faille développer la médecine. D'autres penseurs modernes proposeront plus tard que la tâche humaine la plus noble est de s'attaquer à la fortune de cette façon. En tout cas, dans les *Discours* supposément moins machiavéliques, Machiavel répond en homme politique : si la république trouve tant de place dans ce commentaire, ce n'est pas que le régime populaire soit plus moral que la principauté ; c'est que l'auteur cherche à établir les conditions qui feront que les grands hommes pourront se succéder sans cesse et se passer les rênes du pouvoir ; c'est qu'il veut savoir créer et entretenir les institutions politiques qui produiront les grands hommes en quantité suffisante. Aussi dans l'optique de Machiavel, la république est finalement plus intéressante que la principauté : la principauté et surtout la principauté nouvelle reposent sur les plus grands hommes d'action ; mais la république saine, comme l'était celle de Rome, permet plus de stabilité parce qu'elle produit, par la vigueur et la justesse de ses institutions, un grand nombre d'hommes « vertueux » qui assurent de génération en génération la survie de leur patrie et son bien-être politique. En conséquence, étudier les princes nouveaux c'est apprendre à connaître la *virtù*, et étudier Rome avec Tite-Live et Machiavel c'est apprendre à connaître ce qui soutient, développe et protège la *virtù*[270]. Voilà le fond de la différence entre *Le Prince* et les *Discours*.

Dans le même esprit, sur son lit de mort, Castracani essaie de résumer en quelques phrases l'essentiel de ce que Guinigi devra savoir pour régner efficacement. Mais l'éducation qu'il tente de faire à la dernière minute ne sera pas suffisante : le système politique dans lequel vivent ces gens ne permet pas qu'un autre, plus fort que Paul, puisse s'élever promptement pour reprendre en main l'effort de Castracani ; mais les institutions de la cité de Lucques et de l'Italie d'alors ne prévoient pas le développement de jeunes hommes ambitieux et habiles. Si la vie de Castracani est un exemple d'échec, c'est surtout sur le plan des institutions inadéquates qui entouraient l'homme ; si le lecteur peut tirer une leçon de la faiblesse de Paul Guinigi, c'est surtout sur le plan du régime politique d'alors qui ne permettait pas la montée d'un nouvel homme fort ou, mieux, l'éducation de plusieurs hommes forts. D'ailleurs comme pour mieux signaler l'importance de ce thème, Machiavel suggère, par un bon mot qu'il attribue à Castracani, que ce dernier savait pertinemment ce que son œuvre politique avait de précaire. « On lui demandait, alors qu'il était près de mourir, comment il voulait être inhumé après sa mort ; il répondit : "Le visage tourné vers le bas, parce que moi je sais que quand moi je serai mort, ce pays ira sens dessus dessous." » La stabilité et la puissance politiques de Lucques reposent sur la seule personne de Castracani : lui mort, tout s'effondrera. Stabilité et puissance aussi provisoires ne sont qu'illusions. Quand Scipion mourut – pour prendre une de ceux auxquels Machiavel compare Castracani – il n'avait aucune crainte que sa cité soit laissée sans ressources : les institutions républicaines de Rome y pourvoiraient. En un sens donc, la dernière phrase de la biographie, déjà citée, résume à merveille la vie du héros machiavélien. « Comme sa vie ne fut inférieure ni à celle de Philippe de Macédoine, père d'Alexandre le Grand, ni à celle de Scipion de Rome, il mourut à l'âge de l'un et de l'autre ; sans doute les aurait-il surpassés l'un et l'autre si, au lieu de Lucques, il eût eu pour patrie la Macédoine ou Rome. » L'imperfection de la vie de Castracani ne tient pas à sa personne, à ses qualités personnelles ; elle tient au fait que ce grand homme n'était pas épaulé par des institutions qui donnent fermeté et durée à ses actions ; il ne manquait à Castracani que d'être né dans un autre temps, sous un autre régime. Recréer l'esprit perdu de ce temps et de ce régime, voilà l'objectif *spirituel* de l'œuvre machiavélienne.

Mais, rappelons-le, tout ne fut pas échec chez Castracani, loin de là ; si Machiavel se donne la peine de proposer de nombreux détails de sa vie, c'est qu'elle est grande et donc instructive. « On peut voir par tout ce qui a été montré que Castruccio fut un homme rare pour son propre temps, mais aussi pour une grande partie du passé. » Dans le monde de Machiavel, un homme rare c'est un homme qui a de la grandeur d'âme, de l'*animo*. La grandeur d'âme de Castracani est d'ailleurs le point le plus important à examiner pour comprendre le mouvement même de sa carrière politique, sa grandeur d'âme, certes, et une réalité concomitante : le soupçon.

La vie active indépendante de Castracani commence après la mort de François Guinigi. Tant que vit ce dernier, Castruccio jouit d'une faveur universelle : on aurait dit qu'il n'avait pas d'ennemis. « ... on ne le voyait rien faire, on ne l'entendait rien dire qui pût déplaire ; il était respectueux avec ses supérieurs, modeste avec ses égaux, plaisant avec ses inférieurs. Cela le faisait aimer, non seulement de toute la famille des Guinigi, mais encore de toute la cité de Lucques. » Après la mort de Guinigi, tout cela change et d'un seul coup. Or Castracani n'a pas le temps de faire quoi que ce soit qui puisse lui attirer une haine nouvelle, ou même un amour supplémentaire : la défaveur fond sur lui depuis quelque circonstance indépendante de sa volonté et de son action. Le texte de Machiavel est laconique mais clair ; il faut le suivre phrase par phrase : « Alors messire François Guinigi mourut et Castruccio demeura gouverneur et tuteur de Paul ; il accrut tellement sa réputation et son pouvoir que la faveur qu'il avait d'habitude dans Lucques se convertit partiellement en envie, au point où un grand nombre de gens le calomniaient en disant qu'il était un homme à soupçonner, quelqu'un qui avait un esprit tyrannique. » C'est la disparition même de Guinigi qui transforme la réputation de son protégé : tant que Castracani n'était que l'instrument d'un autre, l'envie des hommes ne le visait pas. Les hommes n'envient que le chef ou celui qui menace de le devenir ; ils n'envient pas un subalterne quelque talentueux qu'il puisse être : au fond, il est comme nous, se disent-ils, il est un des nôtres. De plus, si l'envie naît comme spontanément dans le cœur des petites gens de Lucques, elle est nourrie et entretenue par le travail du rival de Castracani : George degli Opizi. « Avec la mort de messire François il espérait demeurer, pour ainsi dire, le prince de Lucques ; il lui semblait que Castruccio, qui demeurait au gouvernement par la faveur que lui donnaient ses qualités, lui en avait enlevé l'occasion ; pour cette raison il répandait des bruits qui lui enlevaient de la faveur. » La jalousie des hommes a donc deux sources : chez les petits la crainte de l'homme fort qui pourrait les dominer [271], et chez les forts la crainte de leurs rivaux [272]. Mais la réaction soupçonneuse des concitoyens de Castracani provoque chez lui comme naturellement une réaction symétrique : il se met à scruter l'esprit et le cœur de ceux qui l'entourent pour deviner leurs projets ; il se met à les soupçonner de lui vouloir du mal ou de ne plus avoir pour lui la bienveillance d'antan ; évidemment son attention porte surtout sur les plus forts. « Castruccio s'en indigna d'abord, puis il y ajouta du soupçon : il pensait que messire George ne cesserait pas de le mettre dans la défaveur du lieutenant de Robert, roi de Naples, qui le ferait chasser de Lucques. » Le soupçon des concitoyens engendre chez celui qu'on soupçonne un examen soupçonneux défensif ; puis l'examen soupçonneux engendre le soupçon qu'il y a chez les autres une intention agressive. Or dans les circonstances de vie ou de mort où l'on se trouve, un soupçon vaut une certitude ; il ne reste donc à Castracani qu'une option : attaquer ceux qui le menacent avant qu'ils n'aient l'occasion de mettre à exécution les projets nuisibles qu'il devine. Et c'est ce qu'il fait. « Auprès d'Ugoccione il y avait quelques bannis de Lucques du parti gibelin ; Castruccio négociait avec eux pour les faire rentrer dans Lucques avec l'aide d'Ugoccione ; il communiqua aussi son dessein à ses amis qui demeuraient à Lucques et qui ne pouvaient supporter le pouvoir des Opizi. » Dans *La Vie de Castruccio*

Castracani la lutte entre les gibelins et les guelfes est d'abord affaire de soupçon ; mais il en est ainsi parce qu'en général la vie des grands est travaillée par le soupçon.

On pourrait toujours objecter que Castracani n'avait peut-être aucune ambition réelle, c'est-à-dire que les soupçons des gens du peuple et de George degli Opizi étaient sans fondement. C'est cette distinction entre le soupçon et la réalité qui est sans fondement, répondrait Machiavel : dans les faits, tous ou presque tous soupçonnaient Castracani : avec la mort de François Guinigi, il était devenu visible, il était devenu un candidat au pouvoir suprême dans la cité ; sa visibilité causait nécessairement une envie qu'aucun démenti n'aurait modérée, que seule sa disparition effective, ou son affaiblissement social définitif, aurait étouffée. À moins d'accepter de devenir moins qu'il n'était, il ne restait à Castracani qu'une seule issue : être, ou devenir pleinement, ce qu'à tort ou à raison on l'accusait d'être.

Donc avec l'aide d'Ugoccione della Faggiola, le gibelin Castracani écrase la famille des Opizi et devient le lieutenant d'Ugoccione à Lucques ; comme il se doit, les deux gibelins unissent leurs forces et luttent contre les Florentins, chefs du parti guelfe. Or les circonstances font que Castracani vainc les Florentins à Montecarlo. Alors le circuit du soupçon a l'occasion de reprendre de plus belle, mais cette fois entre gibelins. « Par cette déroute Castruccio se fit une si grande renommée qu'Ugoccione fut pris par une jalousie et un soupçon tels qu'il ne pensait qu'au moyen de l'anéantir : il lui semblait que cette victoire lui avait enlevé du contrôle politique plutôt que de lui en donner. » Exemple de naïveté cette fois, Castracani réagit moins efficacement : il ne répond pas au soupçon qu'il a causé par un soupçon équivalent ; bien mieux, en offrant une résistance ouverte à son chef, il lui donne même une occasion de se couvrir du voile de la justice. L'innocence et l'imprudence de Castracani reçoivent leur *juste* salaire : « Lorsqu'Ugoccione, qui était alors à Pise, entendit cela, il lui parut avoir une juste raison pour le punir ; il appela son fils Néri, auquel il avait déjà donné la seigneurie de Lucques, et il le chargea de capturer Castruccio, sous prétexte de l'inviter à un banquet, et de le faire mourir. C'est pourquoi Castruccio alla désarmé au palais de son seigneur sans craindre d'outrage ; il fut d'abord retenu à souper par Néri et ensuite capturé. » Mais contre toute attente, contre toute *justice*, un concours de circonstances permit à Castracani de se libérer ; l'indécision du fils d'Ugoccione le sauva. Servant toujours de modèle au lecteur, mais sur un autre plan cette fois, le héros de *La Vie* montre qu'il a beaucoup appris pendant son court séjour en prison. « C'est pourquoi Castruccio, aussitôt qu'il fut réuni à ses amis, s'attaqua à Ugoccione avec le soutien du peuple. » Comme pour souligner l'événement et la leçon qu'il en tira, Castracani, ou Machiavel, dressera une sorte de monument à son erreur. « Comme il y avait assez des souvenirs de sa bonne fortune, il voulut en laisser aussi de sa mauvaise fortune ; c'est pourquoi on voit encore aujourd'hui les menottes dont il fut enchaîné en prison fixées dans la tour de son habitation ; il les avait fait mettre là pour être les témoins de son adversité. » Les menottes fichées dans le mur sont un rappel de ce qui arrive à celui qui ne sait pas soupçonner à la bonne heure, c'est-à-dire tout le temps.

Pour comprendre ce qui aurait pu arriver à Castracani, il suffit d'examiner la conjuration des Poggio. Ces derniers, poussés par le sentiment d'avoir été mal récompensés par Castracani, prennent les armes contre lui. Mais le *sage* vieillard Stéphane leur fait faire marche arrière. Le jugement de Machiavel est clair : « ... ils posèrent leurs armes sans plus de prudence qu'ils les avaient prises... » Il faut comprendre par là que si la révolte des Poggio avait été inconsidérée, leur erreur principale, et fatale, fut de ne pas comprendre qu'en faisant naître du soupçon dans le cœur de leur prince, ils devaient tirer la conclusion que celui-ci ne voudrait jamais leur pardonner [273] ; cette déduction, tout aventurée qu'elle pouvait être, était plus vraie que les paroles qu'ils entendaient, comme le prouva hors de tout doute le sort qui leur fut réservé. « Castruccio lui répondit agréablement et l'exhorta à être de bon cœur ; il lui montra qu'il était plus heureux d'avoir trouvé les tumultes apaisés qu'il avait été irrité qu'on les ait provoqués ; il exhorta Stéphane à les lui faire venir tous, en lui disant qu'il remerciait Dieu de lui avoir donné l'occasion de montrer sa clémence et sa libéralité. Ils vinrent donc sous la protection de la foi de Stéphane et de Castruccio et furent emprisonnés et mis à mort avec Stéphane. » Contrairement aux Poggio, le héros de

Machiavel va jusqu'au bout de ce que lui a révélé son expérience ; sa sagesse est effective : il comprend les hommes tels qu'ils sont et agit en conséquence, quel qu'en soit le prix. « Libéré de cette guerre, Castruccio, pour ne plus encourir les dangers qu'il avait déjà encourus, sous différents prétextes et pour différentes raisons, anéantit tous ceux de Lucques qui par ambition pourraient aspirer à la souveraineté ; il ne pardonna à personne : ils les priva de la patrie et de la propriété, et ceux qu'il pouvait tenir entre les mains, il les priva de la vie ; il affirmait qu'il avait connu par expérience qu'il n'y en avait pas un qui pouvait lui être fidèle. » Comme pour souligner l'importance de la vérité découverte par Castracani, Machiavel y revient encore une fois à la fin de la biographie dans un des bons mots. « Il avait fait mourir un citoyen de Lucques qui avait été cause de sa grandeur ; on lui dit qu'il avait mal fait de tuer un de ses anciens amis ; il répondit qu'ils se trompaient, parce qu'il avait mis à mort un nouvel ennemi. » Par nature, tous les hommes et surtout ses pairs sont les ennemis du grand homme : le soupçon est la loi de la vie.

Trop riche, le thème du soupçon n'a pas encore livré toute sa substance. Immédiatement après l'épisode de la révolte des Poggio, se présentent les péripéties de la prise de Pistoie. Pour un lecteur de Machiavel, les circonstances en sont presque banales : la ville est divisée en deux factions ; chacune des deux veut le pouvoir pour elle, et elle seule ; les uns et les autres prennent les armes, sous l'effet inéluctable du soupçon. « Bastien de Possente était le chef des Blancs et Jacob de Gia celui des Noirs ; chacun des deux chefs entretenaient des négociations très serrées avec Castruccio ; chacun désirait chasser l'autre, si bien que suite à un grand nombre de soupçons, l'un et l'autre en vinrent aux armes. » Mais cette fois, c'est Castracani, maître du soupçon, qui s'insère dans la lutte. Aveuglés par leurs préventions réciproques, les deux bandes guelfes se détournent des Florentins, leurs alliés naturels, et font confiance à leur ennemi gibelin, Castracani. La raison de cette confiance est la *virtù* du gibelin : comme les uns et les autres désirent le pouvoir, ils se cherchent un allié qui soit audacieux : « ... chacun avait plus confiance en Castruccio qu'en les Florentins : ils le jugeaient plus expéditif et plus prompt à faire la guerre ; l'un et l'autre lui envoyèrent secrètement des ambassadeurs pour lui demander de l'aide... » Mais leur allié est encore plus fort que les Pistoiens ne l'ont deviné : non content d'imiter Ugoccione, qui s'était allié à lui pour entrer à Lucques, Castracani trompe les uns et les autres et prend tout le pouvoir pour lui-même [274]. Dans le monde machiavélien, comme tous le savent, le grand homme est un maître de la ruse ; le cas Castracani permet d'ajouter que c'est le soupçon des autres qui oblige le grand homme à se faire renard et que c'est l'inefficacité de ce même soupçon qui rend la ruse possible. Car la plupart des hommes ne sont pas *assez* soupçonneux, ou plutôt pas assez intelligents pour soupçonner efficacement. La fraude et la ruse sont possibles parce que la plupart des hommes sont bêtes, ou encore parce qu'ils oublient promptement ce que l'expérience leur a enseigné [275]. Aussi Machiavel résume-t-il la vie de son héros et l'ensemble de *La Vie de Castruccio Castracani* : « Il était agréable avec ses amis, terrible avec ses ennemis, juste avec ses sujets, infidèle avec les étrangers ; il ne cherchait jamais à vaincre par la force lorsqu'il pouvait vaincre par la fraude ; parce qu'il disait que c'était la victoire qui t'apportait la gloire, et non la façon de vaincre. » On ne pourrait demander meilleur commentaire de l'épisode de la prise de Pistoie. Si la fraude est bonne, si la grande fraude est meilleure, ironiserait le Grand Secrétaire, Castracani a accompli là le coup de maître de sa carrière.

Chez Machiavel le sérieux se mêle au comique dans un alliage à peine imaginable, à tel point qu'avertis du sérieux des propos machiavéliens, bien peu de gens savent goûter le sel de sa verve comique ; et quand quelques-uns le font, ils saisissent à peine que ce comique porte lui aussi sa part de sérieux [276]. Les dernières observations de cette analyse de *La Vie de Castruccio Castracani* feront comprendre quelque chose du travail qu'il reste encore à faire pour porter au jour cet aspect de l'œuvre de Machiavel.

Tous les commentateurs ont noté les bizarreries historiques dont est truffée la biographie de Castracani. Avec une désinvolture qui sied mal à un historien [277], Machiavel forge l'anecdote de la conquête de Pistoie, examinée immédiatement ci-dessus ; plus exactement, il en tire la substance d'un chapitre de la *Cyropédie* de Xénophon et l'applique sans justification historique au récit de la vie de Castracani [278]. Mais les deux inventions les plus flagrantes, et les plus comiques, se trouvent au début et à la fin de *La Vie* : le récit de la double adoption de Castracani et la liste de ses bons mots.

Les dédicataires de la biographie avaient vite fait de noter que les dernières pages du récit présentaient quelque chose d'inattendu et avaient pourtant un air familier. « On remarque bien certains endroits [de *La Vie*] qui pourraient être améliorés, quoiqu'ils se défendent bien ; il y a par exemple la dernière partie, celle des bons mots et des traits spirituels et des remarques fines du dit Castracani : elle pourrait être écourtée et même améliorée parce que ses traits d'esprit et ses bons mots sont trop nombreux et qu'une partie d'entre eux ont été attribués à d'autres sages anciens et modernes... [279] » C'était là une façon bien délicate de signaler à l'auteur que, pour constituer l'ana de Castracani, il avait littéralement saccagé *Les Vies des philosophes* de Diogène Laërce : des trente-quatre exemples de bons mots que propose Machiavel, trente et un sont tirés de l'écrivain grec [280]. Sans doute le choix que fait Machiavel parmi les possibilités que lui offre Diogène Laërce est-il significatif : les seize premiers bons mots sont tirés de la vie d'Aristippe, fondateur de la secte épicurienne ; des cinq suivants, quatre sont de Bion, un mauvais Platonicien qu'on accusait de sophistique, et un seul d'Aristote, cet autre mauvais Platonicien ; les treize derniers, sauf trois, appartiennent à Diogène le Cynique. Cette remarque est d'autant plus importante que les traits d'esprit de Castracani ont été choisis par Machiavel afin d'illustrer et de compléter la biographie. « On pourrait raconter plusieurs autres de ses bons mots, qui tous montreraient son génie et sa gravité ; mais je veux que ceux-ci suffisent pour témoigner de ses grandes qualités. » Sans doute le « génie et la gravité » de Castracani sont plus près du réalisme, épicurien, sophistique, cynique ou même, à la limite, aristotélicien, que de l'idéalisme platonicien et stoïcien, pour ne rien dire des rêves chrétiens.

De plus, les mots d'esprit qu'il choisit, Machiavel est contraint de les adapter à la vie de son héros. Ces adaptations elles aussi méritent d'être examinées. Par exemple : Alors qu'Aristippe aurait voulu mourir comme Socrate, le héros de Castracani était d'un autre genre que le pacifique philosophe d'Athènes. « On lui demanda comment mourut César; il dit : " Dieu veuille que je meure comme lui. " » Alors que Diogène le Cynique louait cinq sortes de personnes : ceux qui ne se mariaient pas, ceux qui n'allait pas à la mer, ceux qui ne s'engageaient pas dans les choses politiques, ceux qui n'établissaient pas une famille et ceux qui ne fréquentaient pas les hommes puissants, Castracani, il fallait s'y attendre, ne loue que les deux premiers. « Castruccio louait assez les hommes qui promettaient de prendre femme et puis ne les épousaient pas, et aussi ceux qui disaient vouloir aller sur mer et puis n'y allaient pas. » Par ailleurs, certains traits d'esprit que rapporte Diogène Laërce et que laisse de côté Machiavel sont tout aussi prégnants. Par exemple, le bruit à l'effet qu'Alexandre le Grand aurait voulu être Diogène le Cynique [281] n'est pas rapporté par Machiavel ; pourtant il s'inspire de passages de Diogène Laërce qui précèdent et suivent immédiatement celui-ci. En somme le Castracani de Machiavel refuse de déprécier la vie politique, et surtout pas en faveur de la vie philosophique telle que les Anciens la concevaient : la meilleure vie n'est pas la vie de réflexion, mais la vie d'action. Aussi sur son lit de mort, Castracani donne une tournure nettement pratique et politique au « connais-toi toi-même » socratique : « En ce monde il est bien important de se connaître soi-même et de savoir mesurer les forces de son esprit et de son État ; celui qui se reconnaît inapte à la guerre doit s'ingénier à régner avec les arts de la paix. »

Un autre passage de cette section jette une lumière sur l'esprit du héros machiavélien. « Comme on lui avait demandé si pour sauver son âme il avait jamais pensé à se faire frère, il répondit que non parce qu'il lui paraissait étrange que frère Lazzero doive aller en paradis et Ugoccione della Faggiola en enfer. » La remarque est une adaptation d'un mot d'esprit de Diogène le Cynique : on fait passer le lecteur du monde peuplé par les dieux païens au monde de la foi chrétienne. Mais si, après la venue du Christ, il est parfaitement acceptable de montrer un philosophe grec qui se moque des croyances populaires de son temps, il est inacceptable pour un croyant de l'ère chrétienne d'entendre se moquer de la foi en Jésus-Christ. Car cette remarque légère a un poids particulier : sont rejetées ici trois idées cruciales du christianisme, à savoir les feux de l'Enfer, la grâce du Ciel et la justice de Dieu. À la limite le bon mot de Castracani accorde aussi peu de réalité au Royaume de Dieu [282] qu'aux mythes païens dont se moquait originellement Diogène le Cynique.

Certes, le Castracani de Machiavel est peu sensible aux beautés du christianisme : la vie qu'il choisit l'oblige à sacrifier une certaine délicatesse morale. Mais cette admission ne suffit pas, car elle escamote une des thèses de fond de Machiavel : l'incompatibilité entre la vie de l'action et la foi chrétienne. Pour le dire clairement, la grandeur de Castracani, sa *virtù*, se construit sur un rejet du christianisme. Même quand le héros de Machiavel semble déférer à l'autorité religieuse, il n'en fait rien ; même quand il prend Dieu à témoin, il subvertit la croyance en Dieu [283]. « Personne ne fut jamais plus audacieux pour entrer dans les dangers, ni n'usa de plus de précaution pour en sortir ; aussi il avait l'habitude de dire que les hommes devaient tout tenter et ne s'effrayer de rien et que Dieu aimait les hommes forts, puisqu'on voit qu'il châtie les impuissants par les puissants. » Castracani est audacieux et prudent : il est un lion et un renard ; il est énergique et actif : sauf exception, il sait battre la fortune. Or, nous apprend-il, son attitude est cautionnée par Dieu qui punit les faibles au moyen des forts. Mais quel dieu agit ainsi ? Serait-ce celui des chrétiens ? Celui du *Magnificat* qui déploie la force de son bras pour disperser les hommes au cœur superbe, renverser les potentats, élever les humbles, combler de bienfaits les affamés et renvoyer les riches les mains vides [284] ? Celui des Béatitudes qui promet une récompense dans les cieux aux pauvres, aux doux, aux affligés, aux affamés de la justice, aux miséricordieux, aux cœurs purs, aux artisans de paix et aux persécutés pour la justice [285] ? Celui qui cède devant les puissances conjuguées des juifs et des Romains, refuse de faire appel à ses hommes parce que son royaume n'est pas de ce monde et, en conséquence, meurt sur la croix [286] ? Le dieu auquel se réfère Castracani n'est manifestement pas celui des chrétiens : très tôt dans sa vie, il avait choisi une voie qui le détournait radicalement du christianisme. Pour mieux comprendre ce choix et l'idée de la condition humaine qu'il suppose, il faut remonter au début de la biographie.

Le premier énoncé de Machiavel est à l'effet que presque tous les grands hommes ont eu des débuts difficiles, au point où après coup ils se sont donnés des origines nobles, voire divines : « ... tous ceux qui ont accompli de très grandes choses en ce monde et ont été les plus excellents hommes de leur âge, tous ceux-là, ou la plupart d'entre eux, ont eu une naissance et un début bas et obscurs, ou démesurément éprouvés par la fortune ; car ils ont tous été exposés aux fauves ou ont eu un père si méprisable que par honte de lui, ils se sont faits fils de Jupiter ou de quelque autre dieu. » En cela, comme en bien d'autres choses, Castracani ressemblerait aux plus grands hommes de l'histoire. Et Machiavel de poursuivre en inventant purement et simplement le récit des premières années de son héros. Il aurait été découvert un jour dans les pampres d'une vigne par la sœur d'un prêtre nommé Antoine Castracani ; les deux l'auraient élevé du mieux qu'ils le pouvaient dans l'espoir d'en faire un prêtre ; cependant dès son adolescence l'enfant aurait résisté aux leçons de ses parents adoptifs et se serait adonné comme par une inspiration naturelle aux arts de la guerre ; aussi fut-il, pour ainsi dire, redécouvert par un gentilhomme lucquois, François Guinigi. C'est alors qu'eut lieu le dialogue crucial de la vie de Castracani. « Il [François Guinigi] l'appela un jour et lui demanda où il resterait plus volontiers : dans la maison d'un gentilhomme, qui lui apprendrait à monter à cheval et à pratiquer les armes, ou dans la maison d'un prêtre, où il n'entendrait rien d'autre que des offices et des messes. Messire François remarqua combien Castruccio se réjouit en entendant parler de chevaux et d'armes ; mais il demeurait un peu gêné ; messire François lui donnant le cœur de parler, il répondit que si cela plaisait à messire Antoine, il ne pourrait avoir de plus grande faveur que d'abandonner l'entraînement d'un prêtre et de commencer l'entraînement d'un soldat. » Bientôt après, apprend-on, François Guinigi l'adopta à son tour et fit de Castracani ce qu'il était vraiment appelé à être : la profession de foi du jeune est comme la réponse voulue à un examen d'entrée, laquelle justifie le passage d'un monde dans un autre. Pour revenir à la première phrase de la biographie, on voit bien comment la fortune donna une naissance obscure à Castracani : il fut un enfant abandonné ; on voit moins comment Castracani s'est fait « fils de Jupiter ou de quelque autre dieu ». Il serait plus exact de dire qu'il a répudié une paternité quasi-divine, celle du prêtre Antoine Castracani, pour choisir un nouveau père on ne peut plus terre à terre, François Guinigi. En changeant de père, il changeait de foi, ou d'orientation morale : Castracani fut fidèle à la terre et non au ciel.

La réorientation morale de Castracani n'est pas un événement comme les autres : par lui, Machiavel révèle l'essentiel de son personnage et en même temps le choix fondamental devant lequel est placé tout homme. C'est parce que Castracani a trop d'énergie et de désir de gloire qu'il n'a aucun amour pour les choses ecclésiastiques ; et c'est parce qu'il abandonne les messes et les offices religieux qu'il peut se consacrer pleinement à la vie qui fera de lui un grand homme. Il s'agit pour lui de choisir entre deux modes de vie qui sont exclusifs l'un de l'autre ; il s'agit de choisir entre deux systèmes de pensée, entre la « foi » en les choses de ce monde et la foi en un arrière-monde [287]. Voilà pourquoi sur son lit de mort François Guinigi rappelle à Castracani le choix fondamental qu'il avait fait, le choix d'une foi contre une autre : « ... avant de mourir, il le fit venir auprès de lui et le pria de bien vouloir élever son fils selon la foi dans laquelle il avait été élevé lui-même et de remettre au fils les dettes qu'il n'avait pas pu rendre au père. » Voilà pourquoi sur son propre lit de mort, Castracani parle lui aussi de foi : « Et parce qu'à sa mort il te remit à ma foi, toi et toutes tes fortunes, moi je t'ai élevé conformément à cet amour, et j'ai augmenté tes fortunes conformément à cette foi qui était et qui est la mienne. » Sans doute parle-t-il de la promesse qu'il fit autrefois à François Guinigi, mais cette promesse portait justement sur une façon de vivre et une façon de concevoir la vie. Et si dans l'Évangile le Christ dit qu'il faut choisir un maître et qu'il vomira les tièdes à la fin des temps, sur ce point au moins Castracani, le héros de Machiavel, était fidèle au message évangélique : tout indique que le choix du tyran de Lucques était radical et pleinement conscient ; le fil adoptif du prêtre Antoine Castracani, puis du condottiere François Guinigi, n'avait rien d'un tiède. Comme son créateur, Machiavel.

L'œuvre de Machiavel met et remet le lecteur devant ce choix, tout en indiquant où, de l'avis de l'auteur, se trouve le *salut.* Par exemple, on lit dans le proème au premier livre des *Discours*, cette phrase à première vue assez innocente : « Je crois que [la faiblesse du monde moderne] ne naît pas tant de la faiblesse à laquelle la religion actuelle a conduit le monde ou du mal qu'un loisir ambitieux a fait dans un grand nombre de provinces et cités chrétiennes, que du fait qu'on n'a pas une véritable connaissance de l'histoire pour en tirer, par la lecture, le sens qui s'y trouve et en goûter la saveur. » La débilité moderne semblerait être purement et simplement fonction d'une carence culturelle : on ne sait plus lire Tite-Live et en conséquence on ne sait plus imiter les héros de l'historien romain. Mais une relecture de la phrase indique qu'il y a bel et bien trois causes en jeu ici, dont aucune n'est exclue : le christianisme, une sorte d'inaction fébrile et une ignorance historique. En y repensant, et surtout en repensant aux pages du *Prince* et de *La Vie de Castruccio Castracani*, on comprend que les trois causes sont liées : c'est le christianisme avec sa référence constante à la vie après la mort qui provoque une ambition inefficace et qui rend la lecture de Tite-Live à peu près impossible. Aussi, à la lumière de cette hypothèse, l'intention véritable de Machiavel est de commenter Tite-Live de façon à éveiller son lecteur à la grandeur qui s'y trouve, mais du même coup de s'attaquer à la futilité qui habite l'Europe chrétienne et, finalement, à la source de cette inactivité : le message du Christ [288].

Parmi ceux qui voudront bien vérifier cette hypothèse de lecture en pratiquant quelque temps ce chef-d'œuvre que sont les *Discours sur la première décade de Tite-Live*, certains seront tentés de résumer la pensée de Machiavel en disant que pour le Grand Secrétaire il n'y a pas de péché. Et en autant que le péché est un concept strictement chrétien, cette façon de dire paraît juste. Néanmoins, ce serait oublier là certaines dimensions de l'œuvre machiavélienne, entre autres sa verve comique. Comme en témoigne une dernière citation, tirée du *Prince* cette fois, Machiavel se permettait de jouer avec le mot *péché* au moment même où il s'attaquait au concept et à ses fondements théologiques. « ... en ce moment la ruine d'Italie n'est causée par rien d'autre que de s'être reposée sur les armes mercenaires pendant plusieurs années. Elles procurèrent autrefois quelques services à certains, et elles paraissaient vaillantes entre elles ; mais lorsque l'étranger vint, elle se montrèrent telles qu'elles étaient ; à la suite de quoi, il fut permis à Charles, roi de France, de prendre l'Italie avec de la craie. Et celui qui disait que nos péchés en étaient la cause disait vrai, mais ce n'était certes pas ceux qu'il croyait, mais ceux que moi j'ai racontés. Parce que c'étaient péchés de princes, c'est encore eux qui en ont souffert la peine (chapitre XII). » Le « celui » auquel Machiavel fait allusion est le prédicateur chrétien, Savonarole. Machiavel somme son lecteur de comprendre les choses du monde tout à l'opposé de ce brave frère qui aurait voulu faire du Christ le prince effectif de la ville de Florence. *La Vie de Castruccio Castracani* raconte les faits et gestes d'un prince d'une tout autre trempe.

LEÇONS

« Je professais qu'il fallait en finir avec une division suspecte, qui tout à la fois traite les politiques en subalternes,
c'est-à-dire en non-philosophes ou philosophes du diman-
che, et cherche la politique des philosophes dans les seuls
textes où ils veulent bien parler de politique. D'une part, je
considérais que tout politique, même s'il ne dit presque rien
sur la philosophie, comme Machiavel, peut être philosophe
au sens fort et, d'autre part, que tout philosophe, même s'il
ne dit presque rien sur la politique, comme Descartes, peut
être politique au sens fort, puisque la politique des philosophes, c'est-à-dire la politique qui constitue les philosophies
en philosophies, est bien autre chose que la conception
politique de leurs auteurs. »

Althusser, *Positions.*

En somme, rappellent les phrases en exergue, la philosophie,
quelque abstraite qu'elle se veuille, quelque intemporelle qu'elle
s'imagine, s'élève toujours depuis un milieu humain nécessairement politique, et la pensée politique se déploie toujours à la
lumière des idées premières ou, si l'on veut, à la lueur des
questions de fond. On n'aura jamais fini de méditer cette vérité

que propose Althusser. La pensée de l'inquiétant Nicolas Machiavel en offre une occasion rêvée : si l'apologiste le plus célèbre de la méchanceté politique participe lui aussi au merveilleux monde de la réflexion philosophique, c'est que la philosophie, cette pacifique recherche du Bien, du Beau et du Vrai, et la politique sont des sœurs utérines.

Sans doute Machiavel est-il un auteur dangereux : c'est une réaction de bon sens que sentir l'odeur de souffre lorsqu'on ouvre *Le Prince*, qu'on lit la *Description*, qu'on médite sur *La Vie de Castruccio Castracani*. Cependant cette conclusion de première analyse ne doit pas être notre dernière analyse. Ne serait-ce que parce qu'une autre impression double celle du diabolisme machiavélien : Machiavel paraît être un sage, sombre peut-être, mais un homme qui sait, parce qu'il a vu, parce qu'il a comparé, parce qu'il a réfléchi. Et il y a au moins ce nœud de leçons à tirer de la rencontre de l'auteur du *Prince* : le bon sens, quelque bien répandu qu'il soit, ne dit pas le dernier mot sur les choses de la vie ; la pensée n'est pas seulement ce ressassement d'évidences dont tous sont capables, elle est aussi et surtout tentative de voir clair alors que la clairvoyance n'est pas donnée ; un étrange voile cache aux hommes certaines réalités difficiles à saisir, qui sont pourtant incontournables pour peu qu'on s'y attarde ; le désir de ne pas voir, qui renaît comme naturellement en l'homme, est aussi passionnant à examiner que la réalité qu'il réussit à cacher. Quelle que soit notre conclusion sur le contenu du *machiavélisme*, ces vérités préparent à toute réflexion philosophique.

L'œuvre de Machiavel dégage un étrange pouvoir de séduction sur ses lecteurs : à leur conscience défendant, ils se surprennent à prendre plaisir aux récits de meurtres, de vols, d'escroqueries prudemment ficelées, habilement menées et heureusement conclues ; ils s'étonnent de hocher sagement la tête lorsque telle scélératesse est condamnée parce qu'inefficace, stupide et mal calculée, sans tenir compte du fait incontestable qu'elle est justement une scélératesse ; ils ne s'attendaient pas à lire la *Description de la façon dont le duc Valentinois s'y est pris pour tuer Vitellozzo Vitelli, Oliveretto de Fermo, le seigneur Paul et le duc de Gravina Orsini*, à assister aux meurtres prémédités de tous ces hommes tout en gardant un sang-froid de badauds curieux mais impitoyables ; ils ne prévoyaient pas que *La Vie de Castruccio*

Castracani allait faire lever en eux comme une nostalgie de l'énergie et de la ruse, de la violence et de la grandeur. Et pourtant c'est bel et bien ce qui arrive aux lecteurs de Machiavel. Lorsqu'ils s'interrogent après coup sur l'espèce de corruption morale qu'ils ont subie, ils en tirent la conclusion que la vérité n'est pas belle, ou plus exactement que la « vérité effective », celle dont Machiavel révèle l'existence, a une nouvelle sorte de beauté : la vérité n'a plus l'éclat diamantaire de la loi éternelle, elle a la rutilance de la mécanique de ce bas monde. Or, qu'elle soit morale ou non, semble-t-il, la vérité séduit ; les lecteurs du *Prince* concluent donc que Machiavel dit vrai, parce que quelque chose au fond d'eux dit qu'il dit vrai et que ce vrai est bon : ils sourient, avec Machiavel. Le désir de clairvoyance conduit à approuver, voire à recommander, la violence et la ruse que la clairvoyance machiavélienne a découvertes. Deuxième leçon.

Il semble donc que Machiavel a droit au titre de philosophe : quelles questions sont plus classiquement philosophiques que celles qui viennent d'être soulevées sur l'essence de la vérité ? Mais le Grand Secrétaire est un philosophe d'un type particulier. À l'instar de Socrate [289], Machiavel fait descendre la philosophie du ciel où elle se perd pour la fixer dans les cités et les maisons et l'obliger à examiner la vie : il rappelle que toutes les questions fondamentales, nées de l'expérience humaine individuelle, se rattachent tôt ou tard, en autant qu'elles peuvent être examinées et résolues par un homme, à cette même expérience ; tout repose donc sur des faits, quotidiens peut-être, mais qui recèlent l'essentiel de ce dont est fait une vie. « Quelle est l'essence de la vérité ? » « Si l'homme est un animal spécial qui se définit par sa raison, quelle est cette " raison humaine " ? » « Le bien et le mal existent-ils indépendamment des désirs et volontés humaines ? » Voilà autant de questions qu'on appelle philosophiques, ou métaphysiques, pour dire qu'elles relèvent d'un domaine d'interrogation on ne peut plus profond, on ne peut plus radical. Or avec Machiavel, ces questions, sans être développées thématiquement, sont accouplées au récit circonstancié des montée et chute fulgurantes d'Oliveretto de Fermo, au portrait d'Alexandre VI trompant les hommes et réussissant à le faire parce que ceux-ci veulent croire les mensonges qu'il leur raconte, à l'éloge d'Annibal dont les vertus incluent l'inhumaine cruauté. Pour le dire d'une façon brusque, mais qui aurait sans doute plu à l'auteur du *Prince*, les grandes questions de l'existence se trouvent en jeu dans toute entreprise humaine, de la plus immorale à la plus ordinaire, par exemple dans le bouleversement amoureux d'un jeune homme et dans l'habile séduction d'une jeune femme ; ces questions peuvent donc être traitées dans un livre comme *Le Prince* et au moins touchées par une comédie comme *La Mandragore* [290].

Aucune de ces leçons n'est particulièrement neuve ; la plume de Nietzsche les avait déjà notées, et avec des mots beaucoup plus éloquents qu'ici. « Mais comment... la langue allemande pourrait-elle imiter le *tempo* de Machiavel, qui dans son *principe* nous fait respirer l'air sec et subtil de Florence et qui ne peut s'empêcher d'exposer les questions les plus sérieuses au rythme d'un indomptable *allegrissimo* : peut-être non sans prendre un malin plaisir d'artiste à oser ce contraste – des pensées longues, pesantes, dures, difficiles, et un *tempo* de galop et d'insolente bonne humeur [291]. » Et : « Thucydide, et peut-être *Le Prince* de Machiavel, me sont particulièrement proches par leur volonté absolue de ne pas s'illusionner, et de voir la raison dans la *réalité – non pas* dans la " raison ", et encore moins dans la " morale " [292]. »

Mais rien n'oblige de toujours tomber d'accord avec le Grand Secrétaire. À son école, il est permis de penser pour soi, et même de conclure contre lui. Il ne s'agira pas ici de passer à la loupe telle ou telle remarque pour signaler que l'analyse machiavélienne s'est révélée inadéquate, soit que l'histoire lui ait donné tort, soit que les circonstances politiques actuelles les aient rendues périmées. Peu importe que l'appel à l'unification de l'Italie qui termine *Le Prince* n'ait pas été entendu, peu importe que l'appel fût foncièrement irréaliste ; peu importe que les structures politiques que suppose Machiavel dans la *Description* ou *La Vie de Castruccio Castracani*, celles des petites principautés italiennes, n'existent plus et condamnent ses remarques précises à être la pature d'un intérêt purement historique. La force de la pensée de Machiavel jaillit d'ailleurs et de plus profond, et sur un autre plan se situe le dialogue qu'il entretient avec ses prédécesseurs et qu'il faut entretenir avec lui. Quelles sont ses thèses fondamentales ? Suis-je d'accord avec elles ? Sinon, pourquoi ?

Voilà les questions *encombrantes* que chacun doit se poser afin de tirer de son dialogue avec Machiavel toutes les leçons qu'il contient.

*

La pensée de Machiavel se présente comme un rejet raisonné de celle de ses prédécesseurs. Son objection a été ramassée dans quelques phrases admirables. Par exemple : « Beaucoup d'hommes se sont imaginé des républiques et des principautés qu'on n'a jamais vues ni jamais connues existant dans la réalité ; mais une telle distance sépare la façon dont on vit de celle dont on devrait vivre que celui qui met de côté ce qu'on fait pour ce qu'on devrait faire apprend plutôt à se perdre qu'à se préserver ; parce qu'un homme qui veut faire profession d'être tout à fait bon, il faut qu'il se perde parmi tant d'hommes qui ne le sont pas (chapitre XV). » Si la pensée de Machiavel n'était rien de plus qu'un rappel, marquant sans doute, de quelques vérités du genre : « les hommes sont souvent méchants et on peut difficilement compter sur eux » ou « il faut composer avec les circonstances, ce qui éloigne souvent de ce que la morale prescrit » ; si *Le Prince* et les autres œuvres se réduisaient à être des entassements de maximes de cette sorte, le machiavélisme serait peu de chose : à peine une redite de certains aveux des Anciens [293]. Mais la pensée de Machiavel est bien plus, car elle se fonde sur une idée centrale qui porte sur l'essence même de la vérité : elle est un avertissement que le monde du *devoir être* est un leurre dangereux et qu'en conséquence il faut faire sur soi un patient travail de « déconstruction » pour survivre en ce bas monde. Mais simultanément et malgré l'apparence de contradiction, elle est un appel à entretenir chez l'autre la même construction imaginaire, qui, justement parce qu'elle appartient à l'autre, c'est-à-dire à l'adversaire, se transforme maintenant en un bien : ce que je dois ne pas croire pour résister aux menées de l'autre et ainsi mieux survivre, je dois le lui faire croire pour mieux le neutraliser et même pour régner sur lui.

Mais ce double travail de « déconstruction » et de « construction », de « désillusionnement » et d'« illusionnement », est-il possible sans tomber dans une sorte de schizophrénie morale ? Bien mieux, l'argument par lequel Machiavel tente d'extirper le devoir être peut-il opérer sans une référence occultée à ce qu'il vise à détruire ou pervertir ? Car c'est une chose de dire que la réalité contraint l'homme à agir de telle ou telle façon pour survivre, et autre chose de dire que le réalisme est la meilleure voie, la voie par excellence, la voie de l'excellence. C'est une chose de dire que tel comportement, respectable et innocent par exemple, ne fonctionne pas, et autre chose de recommander, de juger bon, un comportement tout opposé. Pour le dire plus concrètement, le même réalisme machiavélien qui fait condamner l'innocence d'un Savonarole en s'appuyant sur le fait précis qu'il n'a pas réussi et sur la règle générale que « ... tous les prophètes armés vainquirent et les prophètes désarmés se perdirent (chapitre VI) », ce même réalisme devrait condamner les ruses et les violences de César Borgia, qui fut vaincu lui aussi, quelque armé qu'il fut, quelque « vertueux » qu'il s'est montré. La « vérité effective » de Machiavel est constamment débordée, nous semble-t-il, par une idée qu'elle n'atteint pas encore et dont elle nie l'existence et une expérience à laquelle elle ne colle pas parfaitement. En somme, la « verité effective » n'est ni assez factuelle, ni assez transcendante. Ou encore : il serait plus réaliste et plus juste de rester ouvert à la vérité transcendante et ainsi mieux épouser la vérité factuelle [294].

Ailleurs, Machiavel synthétise son enseignement dans une formule admirablement scandaleuse. « Par conséquent, un seigneur prudent ne peut ni ne doit conserver sa foi, lorsqu'une telle observance se retourne contre lui et que sont anéanties les causes qui la lui firent promettre. Si les hommes étaient tous bons, ce précepte ne serait pas bon ; mais parce qu'ils sont méchants et qu'ils ne te la conserveraient pas, toi non plus tu ne dois pas la leur conserver (chapitre XVIII). » On ne saurait mieux le dire : l'égoïsme humain est le nœud de la question ; et bien loin de séparer la politique et la morale, comme on le dit souvent, la pensée politique de Machiavel est fondée explicitement sur une *donnée* morale précise. Si les hommes étaient bons, les maximes

machiavéliennes seraient ruinées de fond en comble, de l'aveu
même de celui qui les formule ; mais, ajoute-t-il, les faits montrent que les hommes ne sont pas bons, qu'ils pensent d'abord à
eux, plus précisément, qu'ils sont menteurs et traîtres et cherchent souvent à dominer ceux qui les entourent : il faut se faire
menteur et traître avant que quelqu'un d'autre ne saute sur l'occasion ; si l'occasion fait le larron, comme on dit, il y a toujours une
occasion et il vaut mieux se faire larron tout de suite que devenir
victime plus tard. Pervertissement radical des préceptes évangéli-
ques, les maximes machiavéliennes veulent que nous fassions
aux autres non pas ce que nous voudrions qu'il nous fût fait, mais
ce qui les empêchera de nous faire ce que nous craignons. Encore
une fois, cette pensée n'est pas seulement un appel à la prudence,
à un réalisme provoqué par l'expérience de telle ou telle méchanceté passagère. Machiavel conclut que les hommes sont nécessairement méchants ou, plus exactement, qu'il faut faire comme si
tous les hommes étaient toujours égoïstes, de peur qu'ils ne le
soient cette fois-ci et qu'on ne sache pas se protéger efficacement
contre les menées d'un maître menteur.

Or cette doctrine ne peut qu'entraîner l'effet qu'elle prévoit : si chaque homme pense comme le veut Machiavel, chacun
sera de nécessité fermé aux besoins de l'autre, au point de vue de
l'autre, et, surtout, à la possibilité que l'autre ne soit pas le mal
incarné, puisque l'ouverture à l'autre, l'ouverture à l'idée que
l'autre est ouvert, est justement le piège premier et le danger
radical ; l'homme machiavélien se coupera d'emblée d'une expérience de l'autre qui pourrait renverser les certitudes pratiques
entretenues au nom de l'efficacité ou de la prudence. Le recro-
quevillement sur soi devient le fait à découvrir chez les autres
pour conforter et confirmer la décision de se protéger contre le
seul mal certain : la perte de soi. Mais, demandera-t-on au Grand
Secrétaire, ne peut-on pas se perdre de bien de manières ? Et si la
conversation avec l'autre était la condition de la découverte de
soi-même ? Et si la découverte que l'autre nous est irrémédiablement ouvert était la condition de la découverte de notre irrémédiable ouverture ? Et si cette découverte était la confirmation,
toujours à reprendre, d'un lien dont il est impossible de se dépren-
dre ? Au fond l'enfermement volontaire dans le cercle de la soli-

tude entretenue n'est-il pas une perte de soi aussi importante, voire plus essentielle, que celle que craint Machiavel [295] ? Une perte qu'on ne peut compenser par aucun plaisir de puissance, ni celui de la ruse, ni celui de la possession, ni même celui du pouvoir. D'ailleurs, on comprend difficilement l'intention de Machiavel qui dans *Le Prince* s'efforce de révéler aux autres des vérités, et la vérité, sur l'homme. Une telle tentative ne peut se justifier que si les actes de l'auteur ne sont pas en accord avec sa pensée sur l'homme. Machiavel veut que nous fassions comme il dit de faire et non comme il fait lui-même.

Enfin, dans l'avant-dernier chapitre du *Prince*, par une image violente, l'auteur expose l'essentiel de son attitude vitale : « Il ne m'est pas inconnu que beaucoup ont eu et ont l'opinion que les choses du monde sont gouvernées par la fortune et par Dieu, de sorte que les hommes ne peuvent les corriger par leur prudence, qu'au contraire ils n'y ont aucun remède à apporter et que pour cette raison, ils pourraient juger qu'il n'est pas nécessaire de lutter contre la situation, mais plutôt de se laisser gouverner par le hasard... Moi je juge qu'il est mieux d'être hardi que craintif, parce que la fortune est une femme et qu'il est nécessaire, lorsqu'on veut la garder sous contrôle, de la battre et de la bousculer. Et on voit qu'elle se laisse plutôt vaincre par ceux-ci que par ceux qui procèdent froidement ; c'est pourquoi, comme une femme, elle est toujours l'amie des jeunes, parce qu'ils sont moins craintifs, plus féroces, et qu'ils la commandent avec plus d'audace (chapitre XXV). » Machiavel s'efforce de réduire l'idée que les hommes se font de la fortune : loin d'être une force d'origine divine, ou même une déesse, elle n'est qu'une femme. Or cette femme peut être réduite à la soumission : l'homme peut devenir maître et possesseur de la fortune à la condition d'agir, d'agir vigoureusement et surtout d'accepter que le mal engendre régulièrement le bien. Aussi Machiavel conclut que la victoire humaine sur la fortune inhumaine dépend d'un repli stratégique sur le plan moral : c'est à la condition de viser juste, d'oublier ce qui devrait être, de fixer les yeux sur les motifs humains les plus bas, qu'on multipliera la probabilité de la victoire.

Or cette conclusion est minée par une objection qui épouse la logique de la vérité effective : l'expérience montre que les moyens durs ne sont pas plus efficaces que les moyens *inno-cents* : pour chaque salaud qui a réussi on peut indiquer un honnête homme qui en a fait autant ; pour chaque innocent qu'on a sacrifié on peut montrer un tueur qui a reçu la monnaie de sa pièce. Ce que Machiavel est bien obligé de reconnaître : « On voit aussi, de deux craintifs, l'un parvenir à son dessein, l'autre non, et, semblablement, deux hommes être également heureux au moyen de deux façons de s'y prendre différentes, l'un étant craintif, l'autre impétueux ; cela ne vient de rien d'autre que de la qualité des temps qui s'accordent ou non à leur manière de procéder (chapitre XXV). » En dernière analyse, la qualité des temps, c'est-à-dire la fortune, est maîtresse du monde de l'action humaine. Ainsi Machiavel ne peut pas s'appuyer sur une constatation statistique du succès et de l'échec de tel ou tel type de moyen ; sa vision repose sur une idée de l'essence de la fortune : plus souvent qu'autrement elle sera méchante ; dans tous les cas importants elle se montrera un fleuve dévastateur plutôt qu'une rivière qui nourrit une plaine, ou qui ouvre une cité sur d'autres cités. Comment conclure ainsi au sujet de la fortune si ce n'est en sachant deux choses : que l'action des hommes est la composante principale de ce qui s'appelle la fortune et que l'homme, tous les hommes, les meilleurs hommes sont méchants. Avons-nous ce double savoir ? Poser la question, c'est déjà y répondre : nous ne savons pas ce qui nous importe le plus de savoir ; ici encore notre savoir le plus juste est savoir de notre ignorance. De plus, à partir des observations de Machiavel, semble-t-il, une réflexion plus réaliste encore conduirait à reconnaître que la prévoyance humaine est tellement limitée qu'elle ne permet pas de tirer de conclusions solides sur le résultat des événements [296]. Depuis ce réalisme radical, tout compte fait, le parti le plus vrai, voire le plus sûr, est celui où l'honnêteté trouve son compte [297].

*

Ces leçons sont-elles les seules qu'on puisse tirer de l'œuvre de Machiavel ? Comment oser l'affirmer ? Ceci au moins est certain : les pages du *Prince*, de la *Description*, de *La Vie de*

Castruccio Castracani, et enfin des *Discours sur la première décade de Tite-Live*, offrent en abondance la matière première du travail humain essentiel. « ... quant à l'exercice de l'esprit, le prince doit lire les histoires et considérer les actions des hommes excellents : voir comment ils se sont gouvernés dans les guerres ; examiner les causes de leurs victoires et de leurs pertes, pour pouvoir éviter celles-ci et imiter celles-là ; surtout, faire comme ont fait par le passé plusieurs hommes excellents qui ont choisi d'imiter une personnalité qu'on a louée et glorifiée, gardant toujours à l'esprit ses gestes et actions, comme on dit qu'Alexandre le Grand imitait Achille ; César, Alexandre ; Scipion, Cyrus (chapitre XIV). » La tâche que Machiavel impose aux princes, nous la faisons nôtre, parce que nous reconnaissons qu'elle est philosophique, et surtout parce qu'elle nous est nécessaire : réfléchir sur l'agir humain avec Machiavel, c'est réfléchir sur l'homme, c'est chercher à se connaître soi-même, ce qui est l'essentiel de la philosophie selon Socrate, et, osons le dire, le meilleur de la vie.

Peut-être objectera-t-on, encore une fois, que cette tâche est dangereuse, surtout lorsqu'elle est entreprise avec une véritable ouverture d'esprit qui ne préjuge nullement des conclusions auxquelles elle pourra conduire. En somme, est-il prudent de lire Machiavel, de se soumettre au pouvoir diaboliquement envoûtant de ses écrits ? Pour répondre de la seule façon qui compte, à savoir par l'exemple d'un grand penseur, Machiavel, lui, a lu les Anciens, il a eu le courage de se soumettre au pouvoir divinement envoûtant de leurs traités, descriptions et biographies. Il savait qu'il ne suffit pas de condamner ou d'approuver de loin un homme et une pensée : il faut risquer de parler avec l'homme, il faut risquer de penser une pensée jusqu'au bout, en présumant que tout cela peut nous transformer, c'est-à-dire nous éduquer. Toute autre attitude ne conduit qu'au dilettantisme, à la culture et à l'érudition, ou encore à la langue de bois, à la discipline de parti et à l'apologétique. Rien, ou si peu que rien.

NOTES

1. Toutes les remarques de cette introduction peuvent être étendues *mutatis mutandis* aux deux textes qui accompagnent ici *Le Prince* : *La Vie de Castruccio Castracani* et la *Description de la façon dont le duc Valentinois s'y est pris pour tuer Vitellozzo Vitelli, Oliveretto de Fermo, le seigneur Paul et le duc de Gravina Orsini.*

2. Jean-Jacques Rousseau, *Œuvres complètes IV, Émile ou De l'éducation*, Paris, Bibliothèque de la Pléiade,Gallimard, 1969, page 345.

3. Friedrich Nietzsche, *Par-delà Bien et Mal*, Paris, Éditions Aubier-Montaigne, 1963, page 74.

4. Voir la fin du chapitre XI où il est question de la vertu du pape Léon X.

5. Voir la lettre dédicatoire.

6. Voir aussi les notes 18, 23, 33, 44, 60.

7. Cette première phrase de la lettre dédicatoire est en latin et non en italien. – Dans sa lettre dédicatoire, Machiavel reprend en quelque sorte le début de la lettre d'Isocrate *À Nicoclès* II, qui se veut aussi un petit cadeau offert à un monarque. De plus, on comparera avec profit la présente lettre dédicatoire avec celle des *Discours*.

8. Le mot italien *grazia* comporte une connotation de respect quasi religieux. Sauf une fois au chapitre VII (dans l'expression *avec bonne grâce*), il est rendu par *faveur*.

9. Le mot *stato* signifie, sous la plume de Machiavel, soit *condition* ou *statut* soit, plus régulièrement, toute une constellation de concepts qui entourent celui du pouvoir politique: *État, régime, territoire, sujets*, et ainsi de suite. Ce mot est toujours rendu par les mots *État* ou *état* pour que le lecteur fasse les liens que l'italien, tel qu'utilise par Machiavel, permet de faire. Il est probable que l'auteur sente et veuille faire sentir un lien obscur entre l'*état* d'un prince et le fait d'acquérir et conserver un *État*.

10. Le mot traduit ici, *animo*, a des résonances complexes avec lesquelles Machiavel s'amuse à jouer. Il peut signifier *esprit, intelligence, cœur, courage, âme*. Il sera toujours traduit par les mots *esprit* ou *cœur*. Il est à noter, cependant, que la langue italienne distinguait entre les mots *anima* et *animo*. Le premier recouvrait ce qui est l'objet d'étude des philosophes et des théologiens ; il était aussi utilisé par les poètes et les amoureux lorsqu'ils parlaient de la personne aimée. Machiavel n'emploie jamais *anima* dans *Le Prince*, ni dans les *Discours*. Il l'employa, cependant, dans d'autres œuvres comme *La Vie de Castruccio Castracani, la Mandragore* et l'*Art de la guerre*.

11. Quoique la première édition de l'œuvre – édition posthume – porte le titre italien *Il principe*, c'est-à-dire *Le Prince*, on admet généralement que ce n'est pas le titre véritable, celui voulu par l'auteur. Dans une lettre du 10 décembre 1513 à son ami François Vettori, Machiavel mentionne un opuscule sur lequel il travaille et qui est certainement l'essentiel du texte présent ; or il lui donne le titre latin *De principatibus*, c'est-à-dire *Des principautés*. Voir *Discours* II 1, mais aussi III 42 ; en ces deux endroits, l'opuscule est appelé *notre traité*. – Les titres de chapitre sont eux aussi en latin.

12. On s'en reportera à Aristote (*Politique* III 7 et *Éthique à Nicomaque* VIII 2) pour une autre classification des différentes formes de gouvernement. De même, Platon donnait (*République* VIII), outre une forme idéale, quatre formes dites « malades » de l'État. Ici, Machiavel s'éloigne considérablement de la classification ancienne qu'il a lui-même proposée dans les *Discours* I 2.

13. Il s'agit de Ferdinand le Catholique.

14. Le mot est *dominion,* qui peut signifier, comme à la première ligne de ce chapitre, *pouvoir* ou, comme ici, *domaine*. Il est possible que Machiavel veuille signaler le lien entre le pouvoir et la possession. – Dans ce chapitre apparaît pour la première fois le mot *imperio* : il a été traduit le plus souvent par le mot *contrôle* ; cependant il est parfois aussi rendu par le mot *empire* comme lorsqu'il est question de l'Empire romain.

15. Quoiqu'il parle quelques fois d'armées (*eserciti*) ou encore de milices (*milizie*), Machiavel préfère employer un mot plus imagé : armes (*arme*). On croirait que l'auteur conçoit les armées comme des êtres inanimés, devant, dans le meilleur des cas, servir sans hésitation les desseins du prince. De plus, au lieu d'opposer les armées mercenaires aux *nationales*, Machiavel parle des armes mercenaires et propres : ces dernières appartiennent en *propre* au prince, ou à la république. Cette manière de parler souligne encore une fois la relation artisan-instrument entre le prince et les armées.

16. Les deux mots *fortuna* et *virtù* couvrent une grande variété de phénomènes. Il eût été plus élégant de les traduire par diverses expressions selon les contextes, mais le lecteur aurait alors perdu le sentiment qu'il y a pour l'auteur un lien entre ces différents phénomènes et la possibilité de découvrir quel est ce lien. En conséquence, malgré l'incongruité de certains passages, ils sont toujours rendus, respectivement, par *fortune* et *vertu* (la seule exception se trouvant au chapitre VI où il est question de la portée (*vertu*) d'un arc).

17. Machiavel touche à ce thème des princes héréditaires une autre fois dans les *Discours* III 5.

18. Machiavel parle souvent à la première personne. Cependant, il semble vouloir insister de temps en temps quand il ajoute le pronom *io* : *moi*, ou *noi* : *nous*. Il a semblé plus sûr de rendre cette insistance chaque fois qu'elle apparaissait dans le texte du traité.

19. On admet ordinairement, quoique cela soit parfois fortement contesté, que Machiavel fait allusion ici aux *Discours sur la première décade de Tite-Live*. Né d'une interrogation propre aux premiers chapitres des *Discours*, *Le Prince* serait une sorte de disgression monstre produite par l'auteur avant de retourner à la rédaction de son commentaire de Tite-Live.

20. Sous la plume de Machiavel, les mots italiens *governare* et *governo* dépassent souvent le sens strictement politique pour signifier *se conduire* et *conduite* et même *maîtriser* et *maîtrise*. Peut-être l'auteur voulait-il faire passer l'intelligence de son lecteur du propos premier de son livre, la politique, à un propos plus universel, la conduite humaine en général, ou encore de l'agir extérieur à la vie intérieure.

21. Voici un autre mot clé : *ordine*. Aussi souvent que possible, il est rendu, comme ici, par le mot *institution* ou *organisation*, puisqu'il signifie ordinairement un ordre social ou politique ou un mode d'organisation coulé dans les institutions.

22. Le mot est *industria*. Dans ces premiers chapitres, il semble jouer le rôle qui sera dévolu à *virtù* et signifie à la fois *intelligence, effort, force*.

23. En latin, et non en italien. Le texte abonde en citations, expressions, particules latines. Il n'a pas paru utile de les signaler chaque fois au lecteur.

24. C'est la première apparition d'un mot souvent utilisé par l'auteur : *spegnere* (*éteindre*) ; il couvre toutes sortes de cas, allant du massacre de plusieurs hommes jusqu'au simple affaiblissement d'une faculté telle que la mémoire. L'idée qui permet d'unir des phénomènes aussi divers semble être l'incapacité qu'on cause ou qu'on subit : un souvenir s'éteint et, du moins selon Machiavel, on peut éteindre une armée. Ce mot a été rendu par *anéantir* ou *éteindre*.

25. Pierres qui avancent d'espace en espace à l'extrémité d'un mur, pour en faire la liaison avec celui qu'on a dessein de bâtir après. (Littré)

26. Le mot italien est *respettivo*. Ce mot et le substantif *respetto* seront rendus par *craintif* et *crainte*. Cette traduction peut sembler excessive, mais elle permet de faire sentir comme ici un point essentiel qui ne peut pas être rendu par des mots comme *respectueux* et *respect*.

27. La Normandie fut unie à la couronne française par Philippe II en 1204, la Gascogne par Charles VII en 1453, la Bourgogne par Louis XI en 1477 et la Bretagne par Charles VIII en 1491.

28. Sous ce nom unique, Machiavel met plusieurs princes : Muhrad II, Mahomet II, Bajazet, Selim. Il parle de l'Empire turc à nouveau au chapitre V et à la fin du chapitre XIX.

29. L'ensemble des événements anciens auxquels Machiavel fait allusion en ce chapitre est le suivant : Les Romains s'introduisirent en Grèce en devenant les alliés des Étoliens contre Philippe V et les Achéens, mais surtout en s'excusant du fait que Philippe avait aidé Annibal, ennemi puissant des Romains (215-205). Plus tard, avec l'aide des Étoliens ils purent vaincre Philippe à nouveau (197). Lorsque les Étoliens firent entrer Antiochus en Grèce, les Romains les vainquirent (191 et 190) avec l'aide de Philippe et des Achéens. Mais les Romains ne récompensèrent pas leurs alliés. – Voir les derniers livres de Tite-Live où il analyse dans le détail cette partie de l'histoire de la république romaine.

30. Littéralement, *la foi que le roi avait obligée*. – Le mot *fede* est toujours rendu par *foi*, c'est-à-dire la parole donnée, la promesse faite à un autre. On dit en français *conserver sa foi, garder la foi, manquer à sa foi*. Machiavel dit *maintenir sa foi, obliger sa foi, tenir quelqu'un dans la foi, réduire quelqu'un à la foi, observer la foi*, etc. À cause de l'importance de ce mot et de l'idée qu'il exprime, la traduction colle autant que possible au texte italien malgré le malaise qu'une oreille française ressent en entendant ces expressions. – Ce même mot italien *fede* signifie aussi, évidemment, *foi religieuse* : il semble que Machiavel tient au lien qui se tisse ainsi subrepticement.

31. Voir le chapitre XVIII.

32. Ce chapitre, qui parle des carrières d'Alexandre et de Pyrrhus, rappelle, à plusieurs égards, les *Vies parallèles* de Plutarque qui contiennent justement des vies d'Alexandre et de Pyrrhus.

33. Voici un autre exemple des « erreurs grammaticales » de l'auteur : l'objection faite par Machiavel aurait dû s'exprimer au moyen de deux propositions subordonnées à une principale qui expose le problème ; au lieu, elle se fait en trois propositions séparées dont seule la troisième touche en plein au sujet du chapitre tel qu'annoncé par le titre. On doit ajouter, cependant, que le fait que le royaume immense de Darius fut conquis en peu d'années (la première proposition) était aussi, dans l'esprit de l'auteur, une question importante.

34. Sandjak : ancienne subdivision territoriale en Turquie sous le régime des pachas.

35. Cette expression signifie qu'on a obligé son adversaire à s'enfermer dans des lieux fortifiés.

36. En raison du grand nombre et de la complexité des événements auxquels Machiavel fait référence, on ne peut encore une fois que renvoyer le lecteur aux historiens, particulièrement aux derniers livres de Tite-Live. Il est permis d'affirmer, cependant, que l'auteur, comme il le fait souvent, simplifie les faits.

37. On comparera ce chapitre portant sur les républiques aux *Discours* I 16.

38. Les Spartiates imposèrent à Athènes un gouvernement dit des Trente Tyrans après leur victoire à la guerre du Péloponnèse (404). Mais Thrasybule, un général athénien exilé, libéra la cité en 403. En 382, les Spartiates imposèrent un gouvernement oligarchique aux Thébains. Mais en 379, Pélopidas fit chasser la garnison spartiate.

39. Les Romains détruisirent Capoue en 211, Carthage en 146 et Numance en 133. Pour ce qui est de la Grèce, Machiavel semble faire référence, entre autres, aux événements signalés au chapitre III. Il est plus difficile de voir quelles sont ces nombreuses cités qui, selon lui, furent détruites. Corinthe fut détruite en 146.

40. Florence acheta Pise en 1406 et la soumit après une longue guerre. Celle-ci se révolta en 1494 et ne fut reprise qu'en 1509. Machiavel était alors responsable des armées *nationales* de Florence.

41. Ce chapitre qui présente la figure des grands fondateurs de peuples peut être comparé aux *Discours* I 1 et III 30.

42. Justin, XXIII 4. Voir la lettre dédicatoire des *Discours*.

43. En italien : *corrispondenzie*. Machiavel indiquerait par là les parties d'une plante qui correspondent, qui répondent, aux racines : le tronc, les branches, les rameaux.

44. On peut être surpris par l'apparition soudaine de ce datif d'intérêt. Cependant, en italien, comme en français, on se permet d'insérer parfois dans la phrase un pronom qui indique l'intérêt que celui qui parle porte à une action. On dit par exemple : « Ferme-moi cette porte ! » ou à un enfant : « Lave-moi ces mains ! » – Pour une confirmation du rapprochement imaginaire entre Machiavel et César Borgia, voir sa lettre à Vettori du 31 janvier 1515, *Tutte le opere*, page 1191.

45. Il s'agit de Ludovic Sforza. On se souviendra qu'il y avait, en ce temps, des Sforza au pouvoir à Imola, à Forli et à Pesaro, lesquels faisaient partie des territoires sous juridiction papale.

46. Machiavel joue avec une tournure de phrase; il écrit, littéralement : « ... l'occasion lui vint bien et il en usa mieux... » Pour un autre exemple de ce jeu de mots, voir *Histoire de Florence* II 32.

47. Cet épisode est décrit par Machiavel dans un petit texte publié avec *Le Prince* en 1532, intitulé *Description de la façon dont le duc Valentinois s'y est pris pour tuer Vitellozzo Vitelli, Oliveretto de Fermo, le seigneur Paul et le duc Gravina Orsini* et qu'on trouve ci-après.

48. L'expression italienne utilisée par Machiavel suggère deux choses simultanément : que la réputation de dureté et de cruauté de Ramiro fut la cause de la pacification de la Romagne et que cette pacification apporta avec elle une grande réputation à Ramiro et à son maître César Borgia.

49. Saint-Pierre-ès-Liens est Julien della Rovere qui devint Jules II. Colonna est le cardinal Jean Colonna. Saint-Georges est le cardinal Raphaël Riario de Savona. Ascagne est Ascagne Sforza, fils de Galeozzo Sforza, duc de Milan. César Borgia s'était attaqué d'une façon ou d'une autre aux familles de chacun de ces hommes. – Saint-Georges apparaît à nouveau dans les *Discours* III 6.

50. Pour éclairer plus complètement la figure d'Agathocle, le lecteur examinera la source de Machiavel : Justin 22.

51. On peut trouver certaines remarques de Machiavel sur ce sujet dans les *Discours* I 52 et 54 et II 8 et 34.

52. Le mot italien *pietà* peut signifier la pitié ou la piété. Machiavel utilise le mot sur les deux plans, parfois simultanément.

53. Cette expression signifie : *monter et descendre en un lieu avec des soldats pour montrer qu'on en est maître et possesseur.* Voir aussi *La Vie de Castruccio Castracani* pour retrouver la même expression.

54. Voir le chapitre précédent.

55. Sur la question de la division politique irrémédiable à l'intérieur de l'État, le lecteur se référera aux *Discours* I 3-6, 16 et 40.

56. Terme technique qui signifie : *livrer une bataille rangée à.* Il apparaît à nouveau au chapitre XIV. Voir aussi *La Vie de Castruccio Castracani* et *Discours* II 17 pour retrouver la même expression.

57. Machiavel a parlé à plusieurs reprises de ces cités allemandes, entre autres dans le *Discours sur les choses de l'Allemagne,* dans le *Rapport sur les choses de l'Allemagne,* dans le *Portrait des choses de l'Allemagne.*

58. Concernant l'influence de la religion sur la politique et vice versa, on renvoie le lecteur aux *Discours* I 11-15.

59. Machiavel fait probablement référence à Jules II qui sut former la ligue de Cambrai contre le Vénitiens (1508) puis la Ligue Sainte contre la France (1510), de façon à défaire les Vénitiens avec l'aide des Français (1509) et les Français avec l'aide des Vénitiens.

60. Tout ce paragraphe est une seule phrase dans le texte de Machiavel. Comme il arrive souvent, l'auteur suit sa pensée et non les convenances grammaticales.

61. En 1482 Sixte IV, Alphonse, roi de Naples, Laurent de Médicis, Ludovic Sforza s'allièrent contre Venise pour libérer Hercule d'Este de la domination vénitienne. Voir le chapitre II.

62. Machiavel saute du pontificat de Sixte IV à celui d'Alexandre VI. Au paragraphe suivant, il sautera d'Alexandre VI à Jules II. Les papes qui sont ainsi laissés de côté sont Innocent VIII et Pie III.

63. Voir le chapitre VII.

64. Machiavel signale par cette périphrase des plus délicates la pratique de la simonie, c'est-à-dire la vente de pouvoirs ecclésiastiques.

65. Ces douzième et treizième chapitres portant sur les armées mercenaires et auxiliaires sont comparables aux *Discours* I 21, 29, 30 et 43 ; II, 18 et 20.

66. Voir le chapitre I.

67. L'expression est attribuée à Alexandre VI qui voulait indiquer par là que lors de l'invasion des Français sous Charles VIII, ceux-ci n'avaient pas eu à tirer l'épée, mais seulement la craie : on marquait d'un trait de craie les maisons qui devaient servir à loger les soldats.

68. Machiavel parle sans doute de Savonarole. Voir son sermon du premier novembre 1494 dans *Prediche sopra Aggeo* (Belardetti, Roma, 1965).

69. Machiavel parle à plusieurs reprises des villes suisses et de leurs armées. Voir, par exemple, *Le Prince* XIII et XXVI.

70. Les Carthaginois, après la défaite qu'ils subirent aux mains des Romains, durent noyer Xanthippe, un général spartiate, pour éviter de tomber sous son pouvoir (249 avant J.-C.).

71. La défaite d'Agnadello, ou de Vailà, en 1509, où les Vénitiens furent écrasés par les troupes de Louis XII, marqua un point important dans l'histoire de la république de Venise, quoique Machiavel en exagère ici les effets.

72. Machiavel résume ici au moins deux siècles, très compliqués, de l'histoire d'Italie (1250-1450). Il en traite plus longuement dans les premiers livres de son *Histoire de Florence*.

73. Machiavel veut dire par là que les assiégés n'attaquaient pas les assiégeants.

74. Tout comme son équivalent français, le mot italien *triste*, employé ici, peut signifier par extension *mauvais* ou *méchant*.

75. En 1510. Voir le chapitre II.

76. En 1512, les troupes françaises, sous la conduite de Gaston de Foix, vainquirent les armées de la Ligue Sainte, et donc celles du pape. Mais le général français y perdit la vie et les troupes alliées reçurent des renforts inattendus. En conséquence, les Français durent quitter l'Italie.

77. En 1500, Hughes de Beaumont conduisit une armée française et suisse devant Pise pour prendre celle-ci au nom des Florentins. Pise résista et les Français surent soutirer de l'argent aux deux villes italiennes à la fois.

78. C'est ce que fit l'empereur Jean Cantacuzène en 1353.

79. Voir le chapitre VI.

80. Voir I *Rois* 16.

81. Voir le chapitre III.

82. Tacite, *Annales*, XIII 19.

83. Machiavel revient sur la question de l'éducation du prince dans les *Discours* III 39.

84. Le mot *infamia* est traduit ici et partout par *honte*. Machiavel se réfère non pas au sentiment de celui qui a honte, mais au mauvais renom qui s'attache de l'extérieur et qui affecte la perception que les autres ont de celui qui s'est couvert de honte.

85. Voir le chapitre XIX.

86. Le mot ici et plus loin dans le chapitre est *mente* et non *animo*.

87. Ce chapitre du *Prince*, qui annonce les quatre suivants, indique de façon générale les œuvres dont l'auteur voudrait se démarquer. Voir ci-dessous la section « Lectures » des *Commentaires*. – On comparera aussi ces chapitres aux *Discours* III 19-23, 26, et 40-42.

88. Voir le *Discours ou Dialogue au sujet de notre langue,* où Machiavel développe la courte indication linguistique, faite ici, en une prise de position sur la langue italienne et la littérature en général. Pour entendre une position tout autre, quoique contemporaine, il faut lire le *Courtisan* de Castiglione, surtout la lettre dédicatoire.

89. Louis XII.

90. Ferdinand le Catholique.

91. Les Florentins avaient encouragé les factions à l'intérieur de la cité pour pouvoir mieux contrôler celle-ci. Machiavel suggère (*Discours* II 25 ; III 27) que Florence aurait mieux fait, dans son propre intérêt et pour Pistoie, de tuer les chefs des factions et de régner sur une cité unie. Voir aussi le chapitre XX ci-dessous.

92. *Énéide* I 563-564.

93. Voir le chapitre IX.

94. D'autres éditions (par exemple Feltrinelli) ont ici : « … le petit nombre *ont* un lieu…». Ce qui donnerait selon cette traduction-ci : « … le petit nombre fait le poids… ».

95. Machiavel semble parler de Ferdinand le Catholique. Voir le chapitre XXI ci-dessous. – Il n'est pas exclu que Machiavel vise plutôt Léon X.

96. Dans sa description des pièges qui entourent le prince, Machiavel a repris plusieurs remarques du livre V de la *Politique* d'Aristote (chapitres 10 et 11) qui portent sur le danger pour le monarque d'attirer sur lui haine et mépris ; sur le danger d'usurper biens, femmes et honneur; sur ce qui attire le mépris ; sur les motifs de conjuration ; sur les menaces intérieure et extérieure ; sur les grands et le peuple ; sur l'octroi des faveurs ; sur le traitement distinct de la royauté et de la tyrannie. — Dans les *Discours* I 10 et III 6, l'auteur touche une autre fois aux exemples et aux sujets de ce chapitre.

97. Voir par exemple le chapitre XVI.

98. Voir le chapitre XVII.

99. *Opinion* signifie ici *réputation*, c'est-à-dire non pas une opinion que le prince porte en lui-même, mais une opinion qu'il maintient dans l'esprit des autres et qui entoure ou habille sa personne. Voir la note 84.

100. Voir le chapitre IX.

101. Voir le chapitre XVIII.

102. Il s'agit de Jean Bentivogli.

103. Il s'agit de Sante Bentivogli.

104. Voir le chapitre XV.

105. Voir le chapitre XVIII.

106. Machiavel reprend plusieurs de ces problèmes dans les *Discours* II 22 et 25 ; III 27.

107. Voir le chapitre XII.

108. Voir le chapitre XI.

109. Les cités italiennes furent souvent et longtemps divisées par des factions, dont les plus généralisées étaient les factions guelfe et gibeline. Les guelfes étaient les partisans du pouvoir pontifical et les gibelins du pouvoir impérial germanique. Cependant, en raison des situations politiques compliquées, ces noms perdirent leur sens premier : ainsi, on pouvait voir une cité guelfe s'attaquer au pape. De plus, les factions se déchirèrent souvent elles-mêmes par des luttes fratricides. – Sur cette question, voir *La Vie de Castruccio Castrani*.

110. Machiavel revient sur la question du chef décidé dans les *Discours* II 15 et III 24. On trouvera dans les quatre derniers chapitres de l'*Hiéron* de Xénophon une source probable se rapportant aux propos traitant de l'économie qu'on trouve à la fin de ce chapitre.

111. Jeu de mots intraduisible : *pietoso* signifie à la fois *miséricordieux* et *pieux*. Voir la note 52.

112. C'est-à-dire neutres.

113. Citation approximative de Tite-Live XXXV 49.

114. Voir le chapitre III.

115. En 1512, lors de la formation de la Ligue Sainte contre les Français.

116. La ville de Florence possédait des espèces de corporations appelées *Arts*, par exemple l'Art de la laine, qui regroupaient un grand nombre de citoyens.

117. Ce titre aurait pu être traduit ainsi : « Des secrétaires du prince ».

118. C'est-à-dire Ferdinand d'Aragon, Ludovic Sforza et les nombreux petits seigneurs comme Jean Bentivogli de Bologne.

119. Voir, par exemple, les chapitres XII à XIV.

120. Il s'agit de Philippe V, roi de Macédoine. Il fut vaincu par Titus Quintus en 197. – Voir le chapitre III.

121. Machiavel traite cette même question de la fortune dans les *Discours* II 1 et 29 ; III 8, 9, 31, 44 et 45.

122. Il y a sans doute un jeu de mots ici, puisque Machiavel parle du libre arbitre humain (*libero arbitrio*), traduit ici *liberté*, et qu'il l'oppose à la fortune qui serait l'arbitre (*arbitra*), c'est-à-dire la souveraine, de seulement la moitié des événements.

123. Voir, par exemple, le chapitre XVIII.

124. En 1506.

125. Le lecteur notera avec intérêt les différences stylistiques entre ce dernier chapitre du *Prince* et le dernier chapitre des *Discours*.

126. Voir le chapitre VI.

127. Le mot italien est *spirito* et non *animo*.

128. Machiavel fait peut-être allusion à César Borgia ; cependant, certains commentateurs suggèrent qu'il parle ici de lui-même.

129. Quoiqu'on aurait pu traduire par *délivre*, il aurait alors été moins évident que dans ce chapitre Machiavel emploie systématiquement un vocabulaire messianique.

130. Léon X (né Jean de Médicis), oncle de Laurent, occupait alors le trône pontifical.

131. Tite-Live IX 1. Voir aussi *Discours* III 12.

132. C'est-à-dire qu'ils ne se montrent plus tels qu'ils sont, donc qu'ils ne font plus belle figure.

133. Si on admet que Machiavel écrit en 1513-1514, cette remarque conduit le lecteur à l'an 1494, c'est-à-dire tout juste avant la première invasion française sous Charles VIII.

134. Ces batailles sont, dans l'ordre : la bataille de Fornoue en 1496 où la conduite désordonnée des troupes vénitiennes permit aux Français de Charles VIII de s'échapper ; la bataille d'Alexandrie en 1499 où la cité fut pillée par les Français ; la bataille de Capoue en 1501 où la cité fut pillée par les Français ; la bataille de Gênes en 1507 où les Italiens se rendirent aux troupes françaises ; la bataille d'Agnadello en 1509 où les troupes françaises de Louis XII défirent complètement les Vénitiens ; la bataille de Bologne en 1511 où le légat pontifical céda devant les Français et abandonna la cité ; la bataille de Mestre où les Espagnols et les soldats du pape brûlèrent et saccagèrent les terres vénitiennes.

135. Machiavel a parlé de cette bataille, qui eut lieu le 11 avril 1512, aux chapitres III et XIII.

136. C'est la seule fois que le mot *pietà* est ainsi rendu.

137. Ces quatre vers sont tirés de la 128ᵉ chanson du *Chansonnier* de Pétrarque. Appelée la *Chanson à l'Italie*, elle touche à plusieurs des thèmes de ce vingt-sixième chapitre et même du *Prince* en son entier. Il est permis de noter, cependant, que Pétrarque blâme l'hostilité qui existait entre les princes italiens, alors que Machiavel semble plutôt la trouver normale ; de plus, si Pétrarque critique l'utilisation de mercenaires comme Machiavel, ce dernier encourage par ailleurs la création de milices nationales ou d'« armes propres ».

138. Buondelmonti et Alamanni faisaient partie des « habitués des Jardins Oricellai », groupe de jeunes hommes bien nés, passionnés de politique, qui de 1517 à 1519 eurent l'occasion de discuter régulièrement avec Machiavel. Ce dernier dédia ses *Discours sur la première décade de Tite-Live* au même Zanobe Buondelmonti et à Cosimo Rucellai, « président » du groupe.

139. Littéralement : à prendre un peu de cœur sur.

140. C'est-à-dire que Castruccio était le chef d'une unité de l'armée, qu'il avait un rôle très important à jouer par rapport à l'ensemble des troupes de Guinigi.

141. Non satisfaits de s'entretuer au nom du pape (les guelfes) ou de l'empereur (les gibelins), les Italiens de ce temps avaient établi des sous-factions. Par exemple, les guelfes se distinguaient en Blancs et Noirs.

142. Pendant plus de soixante ans (1305-1377), les papes se réfugièrent à Avignon pour échapper à l'emprise des empereurs germaniques.

143. En somme, Castruccio craignait d'être sans allié si jamais l'empereur perdait pied à Rome.

144. Il s'agit de messire Mandredi.

145. Type de cavaliers plus importants que les chevaux.

146. Voir le chapitre XXV du *Prince*.

147. Littéralement : cette fois où moi je m'étais tenu et où je me tiens.

148. Littéralement : en des temps variés.

149. Littéralement : en cette façon de parler.

150. Voir la note 10.

151. Soit *frère Fainéant*.

152. Voir Dante, *L'Enfer* XXXIII 89.

153. Voir Dante, *L'Enfer* XXI 41.

154. Sans avertissement, Machiavel place son lecteur à la fin de l'an 1502.

155. Vitellozzo Vitelli et Jean-Paul Baglioni avaient capturé quelques petites cités qui appartenaient aux Florentins. Ces derniers avaient protesté auprès du roi de France, devant qui César Borgia s'était défendu d'avoir donné l'ordre à ses capitaines d'entreprendre ces conquêtes. Le roi avait confirmé son alliance avec Borgia, au grand déplaisir des Florentins, mais en exigeant de lui qu'il punisse Vitelli.

156. Le cardinal Jean-Baptiste Orsini.

157. Paul Orsini.

158. François Orsini, duc de Gravina.

159. Le duché d'Urbin avait été occupé par César Borgia en juin 1502.

160. Il s'agit de Guidobaldo de Montefeltro, qui, quelques mois auparavant, s'était retiré aux frontières de son duché pour échapper à César Borgia.

161. Il s'agit des membres de la diète.

162. César Borgia promettait la main d'une de ses filles à Jean Bentivoglio.

163. Jean, conte de Candale. Borgia et lui avaient marié les sœurs du roi de Navarre, Anne et Charlotte d'Albret.

164. En 1499, les Florentins avaient mis à mort Paul Vitelli parce que celui-ci les avait trahis durant la guerre de Pise. – Voir le chapitre XII du *Prince*.

165. Don Michel de Corella et François de Loris, neveu et secrétaire d'Alexandre VI.

166. Il s'agit du cardinal Jean-Baptiste Orsini et de l'archevêque Rénald Orsini.

167. Les quatre dernières sections des *Commentaires* renouent avec des analyses plus *normales*.

168. Lettre à François Vettori, le 10 décembre 1513, *Tutte le opere*, page 1160.

169. Voir aussi le *Discours ou Dialogue autour de notre langue*, où Machiavel s'imagine discutant avec Dante au sujet de l'origine et de la nature de la langue italienne. Il va presque sans dire que c'est Machiavel qui remporte une victoire dialectique totale sur son adversaire.

170. Pour ces dialogues fictifs, voir par exemple le chapitre XVI ; pour l'entretien, assez animé, avec George d'Amboise, cardinal de Rouen, voir la fin du chapitre III du *Prince*.

171. Le premier exemple de cette insistance se trouve au début du chapitre II du *Prince*.

172. Le premier exemple de glissement d'une personne grammaticale à l'autre se trouve au début du chapitre III du *Prince*.

173. Voir aussi *La Mandragore*, acte IV, scène IX.

174. *De l'esprit des lois* XXIX 19.

175. *Naissances de la politique moderne*, Paris, Payot, page 39.

176. *Du contrat social* III 6 ; voir aussi Spinoza, *Traité politique* V 7.

177. *De l'esprit des lois* XXI 11.

178. Voir le commentaire suivant intitulé « Lectures ».

179. Voir *Discours* III 20 à la fin.

180. *Essais* II 34, « Observations sur les moyens de faire la guerre de Jules César ».

181. Voir les *Discours I* proème.

182. Voir Matthieu VII 24-27.

183. *Traité politique*, Éditions Réplique, trad. P.-F. Moreau, page 10.

184. Voir *Discours* III 21.

185. Voir *Mémorables* IV 2.

186. Voir le commentaire suivant intitulé « Lectures ».

187. Voir Matthieu V 37.

188. Voir Jean XX 29.

189. Voir le commentaire suivant intitulé « Lectures ».

190. *Discours* II 1 et III 42.

191. Voir Xénophon, *Hiéron* 9 1-4.

192. Voir Platon, *Lysis*.

193. Xénophon, *Mémorables* II 6.

194. Comparer à Tite-Live XXII 29 et à Hésiode, *Travaux* 293-297.

195. Voir *Discours* III 2.

196. Voir *Discours*, lettre dédicatoire.

197. Voir la fameuse lettre dite des « Ghiribizzi » écrite en septembre 1506 et adressée à Jean-Baptiste Soderini, *Tutte le opere*, pages 1082-1083.

198. On en trouvera un exemple typique dans le livre de Pierre Ménard, *L'Essor de la philosophie politique au XVI siècle*, Boivin et Cie, 1936, pages 24-34. « Ce n'est donc pas trahir le moins du monde notre auteur ni diminuer la valeur générale de son enseignement que d'amener à la lumière l'expérience concrète qui le sous-tend et de chercher dans l'histoire contemporaine la source des idées-mères qui dominent son système. » Et : « Il était nécessaire de nous représenter avec les exemples mêmes dont Machiavel a émaillé ses livres la vie politique de son temps. Le souci principal de son œuvre, la hantise de l'instabilité, se trouve désormais expliqué ; bien plus, on comprend mieux l'absence de certains problèmes classiques pour les théoriciens de la politique et la hiérarchie même, les étapes successives de la conception machiavélique. » – Voir aussi Lars Vissing, *Machiavel et la politique de l'apparence*, PUF.

199. Lettre de Biagio Buonaccorsi à Nicolas Machiavel, le 21 octobre 1502, *Tutte le opere*, page 1037. – Voir aussi Roberto Ridolfi, *Vita di Niccolò Machiavelli*, Sansoni, 1978, page 92.

200. Ces remarques et les suivantes supposent, pour ainsi dire, qu'on ne voit en Machiavel que l'auteur du *Prince*. Elles seraient plus que confirmées si on considérait les *Discours sur la première décade de Tite-Live* qui sont, comme l'indique leur titre, des commentaires du grand historien romain.

201. « Ayant quitté le bois, je m'en vais à une fontaine et, de là, à ma tenderie. J'ai un livre sous le bras : Dante ou Pétrarque ou un des poètes mineurs comme

Tibulle, Ovide ou un autre semblable ; je lis la description de leurs passions amoureuses et de leurs amours, je me souviens des miens, je jouis un moment de cette pensée... Le soir venu, je retourne à la maison et j'entre dans mon étude ; à l'entrée, j'enlève mes vêtements de tous les jours, pleins de fange et de boue, et je mets mes habits de cour royale et pontificale. Et vêtu décemment, j'entre dans les cours anciennes des hommes anciens où, reçu aimablement par eux, je me repais de cette nourriture qui seulement est la mienne et pour laquelle je suis né ; je n'ai pas honte de parler avec eux et de leur demander les raisons de leurs actions, et à cause de leur humanité, ils me répondent. Et pendant quatre heures de temps je ne sens aucun ennui, j'oublie tout mon chagrin, je ne crains pas la pauvreté, la mort ne m'apeure pas : je me transfère totalement en eux. Et parce que Dante dit qu'on n'a pas la science si on ne retient pas ce qu'on a compris, j'ai noté le profit que j'ai tiré de leur conversation et j'ai composé un opuscule intitulé *De principatibus*, où je m'enfonce autant que je le puis dans les réflexions sur ce sujet, discourant sur des questions comme : qu'est-ce qu'une principauté ? quelles en sont les espèces ? comment s'acquièrent-elles ? comment se maintiennent-elles ? pourquoi se perdent-elles ? Et si jamais quelqu'une de mes élucubrations vous a plu, celle-ci ne devrait pas vous déplaire. Et cela devrait être acceptable à un prince, et surtout à un prince nouveau. C'est pourquoi je l'adresse à Sa Magnificence Julien. Philippe Casavecchia l'a vu ; il pourra vous informer de la chose elle-même et des discussions que j'ai eues avec lui, bien que j'engraisse et polis mon texte... » Lettre à François Vettori, le 10 décembre 1513, *Tutte le opere*, page 1160. – Voir Ridolfi, pages 233 et 234.

202. Herodian, *History of the Empire from the Time of Marcus Aurelius*, Loeb Classical Library, Harvard University Press and William Heinemann Ltd, 1969 ; Cicéron, *Les Devoirs*, Tomes I et II, Les Belles Lettres, 1965 ; Plutarque, *Le Démon de Socrate*, dans *Œuvres morales*, Tome VIII, Les Belles Lettres, 1980.

203. Les trois auteurs rapprochés ici de Machiavel ne sont pas les seuls qui ont droit d'être appelés ses tuteurs. Il serait intéressant, par exemple, de faire une comparaison entre la *Cyropédie* de Xénophon et *Le Prince*. Plusieurs commentateurs ont signalé combien l'œuvre de Machiavel doit à Aristote, aux chapitres dix à douze du cinquième livre de la *Politique* ou aux chapitres un à six du quatrième livre de l'*Éthique*. Il faudrait noter que là encore l'emprunt matériel n'entraîne pas de la part de Machiavel la soumission intellectuelle, loin de là.

204. Les citations en exergue de chaque sous-section sont tirées de l'*Utopie* de Thomas More (*Utopia*, Volume 4, *Complete Works of Thomas More*, Yale University Press, 1965). – « sans oublier Hérodien (page 182) ».

205. *Il Principe*, Clarendon Press, 1891, surtout les pages 316-324. – Pour une confirmation importante de l'opinion de Burd, voir *Discours* III 6.

206. À moins d'une indication contraire, toutes les citations de Machiavel de cette première section sont tirées du chapitre XIX.

207. Hérodien I.1,5.

208. Il demeure, à ce sujet, un léger problème quant au projet initial d'Hérodien : avait-il l'intention de terminer son récit, comme il le fait, avec la mort de Maximin ? En d'autres termes, son livre est-il complet ? Hérodien donne deux domaines temporels différents à son texte : soixante ans (I.1,5) et soixante-dix ans (II.15,7). La plupart des lecteurs en concluent qu'il voulait partir originellement des dernières années du règne de Marc-Aurèle (178 ou 179) jusqu'à l'accession définitive de Gordien en 238, puis qu'en un deuxième temps il aurait visé dix années de plus, soit 248, mais sans pouvoir réaliser ce nouveau projet. Cependant, on peut penser, tout à l'inverse, qu'il comptait plutôt à partir de deux dates de départ différentes : soit le début du règne solitaire de Marc-Aurèle en 169, suite à la mort de Lucius Verus (IV.5,6), soit les dernières années du règne de l'empereur-philosophe (179). Interprétés ainsi les différents chiffres que donne l'auteur pour délimiter sa matière (60 et 70 ans) indiqueraient que, selon une intention initiale unique, le livre d'Hérodien compte, et pourtant ne compte pas, Marc-Aurèle parmi la liste des empereurs à examiner, sans doute parce qu'il est l'exception à la règle de ceux qui le suivirent, et ainsi que le livre se termine où il le devait.

209. On trouvera des parallèles intéressants avec le texte du *Prince* aux endroits suivants : I.7,4 ; I.15,7 ; II.1,9 ; II.4,2 ; II.4,4 ; II.12,6 ; II.14,4 ; IV.7,4-6 ; IV.3,3-4 ; VI.1,10 ; VII.2,1 ; VIII.5,1-3 ; VIII.5,6.

210. Hérodien VI.8,3.

211. Ibid., VII.1,2.

212. Ibid., II.4,2; VI.1,7 ; comparer à I.2,3-4. – Pour les louanges de Marc-Aurèle faites par Commode et Sévère, et qu'il faut les distinguer des remarques dues à Hérodien lui-même, voir I.5,3-4 ; II.14,3.

213. Curieusement, Dion Cassius (*Dio's Roman History* Volume IX, Loeb Classical Library, 1961, LXXV. 4-5) présente la cérémonie d'apothéose de Pertinax, empereur très honnête, commandée et dirigée par Septime Sévère au lieu de celle de Septime Sévère lui-même. Sur ce point, Machiavel aurait trouvé le texte d'Hérodien plus sympathique parce que plus près de ses opinions. Ordinairement le texte de Machiavel colle à celui d'Hérodien plutôt que de suivre celui de Dion Cassius.

214. Hérodien VI.2,1.

215. Ibid., VI.5,5 ; VI.6,3.

216. Cette citation est tirée du chapitre XXV du *Prince*. Elle exprime la position des prédécesseurs de Machiavel, position qu'il récuse.

217. « à part Cicéron, il n'y a rien qui soit d'importance (page 50) ».

218. Le statut du traité *Les Devoirs* est assez difficile à déterminer : comment croire que Cicéron ne visait pas un public beaucoup plus large que son fils, à qui il réserve ostensiblement le livre ? C'est ainsi qu'on a affirmé, par exemple, que l'œuvre est un traité de gouvernement, un portrait idéal du *princeps*, c'est-à-dire du prince, ce qui le rapprocherait encore plus du *Prince* de Machiavel. Voir les pages 24 et 25 de l'introduction de l'édition Les Belles Lettres.

219. *Les Devoirs* II.7,23.

220. Cependant il est possible de trouver dans le texte *Les Devoirs* certaines expressions qui rapprocheraient sensiblement le Grand Consul du Grand Secrétaire. Erreurs dues à une écriture négligente ? réalisme volontairement inavoué ? incohérences doctrinales ? Seule une lecture attentive de l'ensemble du texte permettrait d'en décider. Voir, par exemple, I.30,108 sur la ruse, I.15,46 et III.17,70 sur la méchanceté naturelle et II.7,24 sur la cruauté.

221. *Les Devoirs* I.13,41.

222. Comparer I.13,41 du traité *Les Devoirs*, par exemple, au début du livre III des *Discours* et au début du chapitre XII du *Prince*.

223. Le chapitre XVI du *Prince* est consacré au problème de la générosité. Cicéron traite longuement de cette vertu, particulièrement en I.14-15.

224. Le mot *juste* apparaît au chapitre X pour qualifier les troupes d'un prince ou d'une république : est juste une armée qui permet au régime de résister à une attaque lors d'une bataille rangée. Le mot *justice* apparaît au chapitre XIX dans l'expression *amants de la justice* appliquée à Marc-Aurèle, à Pertinax et à Alexandre : le premier fut heureux sans que sa justice en soit la cause, les deux autres malheureux à cause de leur justice. Le mot apparaît à nouveau au chapitre XXI : après avoir dit que les hommes ne sont jamais injustes au point de trahir un allié vaillant, Machiavel conseille à son prince de ne pas s'allier à plus fort que lui parce qu'il se met alors sous son emprise et contrôle, ce qui affaiblit considérablement l'affirmation initiale. Enfin, au chapitre XXVI les mots *juste* et *justice* apparaissent à quelques reprises dans un contexte prophético-religieux qui en dit long sur ce que Machiavel pensait de ce concept et permet d'apprécier correctement l'emploi qu'il en fait alors.

225. *Les Devoirs*, I.7,23.

226. Ibid., III.5,21. – La condamnation du mensonge sous toutes ses formes paraît irréaliste. Mais elle découle nécessairement de la position adoptée ici (voir III.4,20). Certains se demanderont comment Cicéron pouvait justifier ses propres actions politiques et, en général, toute révolte violente contre une injustice provenant d'un pouvoir légal. La réponse, qui ouvre de larges portes aux actions politiques de toutes sortes, se trouve en III.6,30-32. Le réalisme cicéronien se découvre ainsi dans quelques lieux choisis de ses œuvres.

227. *Le Prince* chapitre XVIII. – Il s'agit de « conserver sa foi », c'est-à-dire d'être sincère, de tenir parole.

228. *Le Prince* chapitre IX. Voir aussi les *Discours* I 4-6.

229. « les œuvres de Plutarque leur tiennent à cœur (page 182) ».

230. Voir Plutarque, *Le Démon de Socrate*, pages 211 et 212. La note est de Jean Hani. – Parlant de la révolte thébaine menée par Pélopidas et se référant peut-être au *Démon de Socrate*, Machiavel reconnaît qu'elle fut singulièrement aidée par la fortune (*Discours* III 6).

231. Quoique moins apparente que dans *Le Prince*, on trouvera un peu partout dans les *Discours* cette opposition entre la *virtù* et la *fortuna*, par exemple au chapitre I du livre II. – La question de la priorité historique des *Discours* sur *Le Prince*, ou vice versa, ne sera réglée hors de toute contestation, que le jour où on découvrira quelque nouveau document historique : les deux textes sont inextricablement mêlés l'un à l'autre, puisque Machiavel parle du *Prince* dans les *Discours* (II 1 ; III 42), alors qu'il parle sans doute des *Discours* au chapitre II du *Prince*; de plus, aucune différence doctrinale entre les deux, s'il en existe, ne permet de conclure à une priorité de l'un sur l'autre.

232. Quoiqu'il ne soit pas question ici de la relation, elle aussi trouble, entre Tite-Live et l'œuvre de Machiavel, comparer les remarques sur Annibal au chapitre XVII du *Prince* avec Tite-Live XXI 4, puis lire *Discours* II 1 et III 21.

233. *Vie de Philopœmen*, 3,1-4,10 dans les *Vies*, Tome V, Les Belles Lettres, 1969.

234. *Le Prince* chapitre XIV au tout début. Comparer à *Discours* III 39.

235. Ce thème est repris dans *La Vie de Castruccio Castracani*, où le jeune héros machiavélien rejette une éducation religieuse et humaniste pour un entraînement militaire. – Voir ci-dessous « Le cas Castracani ».

236. Cette appellation bicéphale est justifiée, car le texte de Plutarque n'est pas une discussion philosophique insérée artificiellement dans une situation historique pour lui donner du pittoresque, mais un tout où actions et paroles, pensées et événements se répondent. Voir la notice dans Plutarque, *Le Démon de Socrate*, particulièrement les pages 60 et suivantes.

237. Signalons, en passant, cette phrase du chapitre XXV du *Prince* : « ... on voit les hommes s'y prendre de manières variées dans les choses qui les conduisent à la fin que chacun désire, c'est-à-dire *la gloire et la richesse...* ». Dans le monde plutarchéen, le cœur humain cherche plus, beaucoup plus, que la gloire et les richesses. Il faudrait aussi relire les chapitres XXII et XXIII sur les moyens à prendre pour assurer la fidélité des ministres d'un prince. Il n'y a pas de semblable technique des récompenses dans l'œuvre de Plutarque, si ce n'est chez ses lâches et ses canailles.

238. *Le Prince* chapitre XXV.

239. *Le Démon de Socrate* 579f-582c.

240. Voir ci-dessous « Le cas Castracani ».

241. *Le Prince* chapitres VI et XIII.

242. Rousseau, *Du contrat social*, *Œuvres complètes*, Tome III, Pléiade, Gallimard, 1964, page 1480. – Voir ci-dessous « Le cas Borgia ».

243. *Le Prince* chapitres VII et XIII.

244. Voir la note 201.

245. *Discours* I Proème.

246. *Le Prince* chapitre XV.

247. *Tractatus politicus* I 1; V 7 ; X 1.

248. Un des analystes les plus persuasifs de l'influence machiavélienne est sans doute Leo Strauss qui, dans des livres comme *Natural Right and History* (University of Chicago Press, Chicago and London, 1974, pages 177-179) a exprimé l'essentiel de la position de l'auteur du *Prince*. Son *magnum opus* sur Machiavel demeure *Thoughts on Machiavelli* (University of Washington Press), mais le livre, véritable délire d'érudition, suppose que le lecteur est déjà acquis à la thèse que Machiavel aurait usé d'une *ars occultandi* très poussée. Quoi qu'il en soit de sa forme et de la thèse d'interprétation qui le soutient, *Thoughts on Machiavelli* est une mine pour ceux qui veulent pratiquer l'œuvre du Grand Secrétaire.

249. « Je sais ajouter des couleurs au caméléon, changer de forme comme Protée, lorsque j'y trouve avantage, et même en enseigner à Machiavel le meurtrier. Je sais faire tout ça, et je ne saurais pas prendre une couronne? Fi, fût-elle plus éloignée encore, je la cueillerai. »

250. *De l'esprit des lois* XXX 19.

251. *Du contrat social* III 6.

252. *Les Borgia*, Fayard, page 433.

253. Selon la fameuse lettre à François Vettori (voir note 201), Machiavel avait projeté d'offrir son livre à Julien de Médicis. La mort de ce dernier en 1516 l'obligea de changer de dédicataire, mais il est clair que les intentions pratiques de Machiavel et son projet politique de fond ne changeaient pas avec cette substitution : c'est en la maison des Médicis avec ses pouvoirs étendus qu'espère l'auteur du *Prince*.

254. Cette remarque permet de saisir le sens le plus troublant de la dernière phrase, à première vue innocente, du chapitre XI : « Sa Sainteté le pape Léon X a donc trouvé le pontificat très puissant : si ceux-là étendirent son pouvoir au moyen des armes, celui-ci, on espère, le fera très grand et vénéré, par sa bonté et ses autres vertus sans nombre. »

255. *Discours* I proème.

256. *Discours*, lettre dédicatoire.

257. *Discours*, lettre dédicatoire. – Comparer avec la lettre dédicatoire du *Prince*, où Machiavel décrit de semblable façon la matière et l'objet de cette œuvre.

258. La ville de Florence envoya Machiavel en délégation auprès de César Borgia en Romagne d'octobre 1502 à janvier 1503, puis à Rome d'octobre à décembre 1503 pour le conclave qui élut Jules II . L'essentiel de ce qu'il raconte au sujet de César Borgia dans *Le Prince* tient à ces deux brèves périodes.

259. Voir, par exemple, I 1, I 10, I 16, I 19-21, I 26, I 29-30, I 32, I 34, I 51, I 58-59, II 11, II 20, II 27-30, III 4-6, III 28, III 34.

260. Voir aussi *Discours* III 29, où Machiavel attribue au pape la pacification de la Romagne, ce qui, au chapitre VII du *Prince*, est dit l'œuvre de César Borgia.

261. Bacon le dit comme suit : « Un des docteurs de l'Italie, Nicolas Machiavel, a eu l'audace de mettre par écrit, et presque en mots clairs, *que la foi chrétienne avait laissé les bons devenir la proie d'hommes tyranniques et injustes*. Ce qu'il a dit parce que, de fait, il n'y a jamais eu de loi ou de secte ou d'opinion qui ait exalté la bonté autant que la religion chrétienne le fait (*Essais* XIII « De la bonté et de la bonté de la nature »). »

262. Comparer aux *Discours* I 27.

263. On trouve des passages semblables dans *La Vie de Castruccio Castracani*, lequel texte présente sur ce point la même leçon qu'ici. Par exemple : « Pendant ce temps, Castruccio, voyant que les siens ne suffisaient pas pour faire tourner le dos aux ennemis, envoya mille fantassins par le chemin du château et les fit descendre avec quatre cents chevaux qu'il avait envoyés en avant ; ils chargèrent l'ennemi sur le flanc avec tant de furie que les hommes de Florence ne purent soutenir leur assaut et commencèrent à fuir, *vaincus par les lieux plutôt que par leurs ennemis*. »

264. En comparant cette citation à la dernière phrase de la lettre dédicatoire, on constatera encore une fois, si besoin était, le rapprochement que Machiavel opère entre lui-même et son « héros ». La lettre dédicatoire parlait de la situation de Machiavel en ces mots : « Et si Votre Magnificence, du sommet de Sa hauteur, tourne quelquefois les yeux vers ces lieux bas, Elle connaîtra combien indignement je supporte une *grande et continuelle malignité de fortune*. »

265. Mais avec les réserves et les questions dont le commentaire précédent a exposé les bases.

266. Son nom est mentionné deux fois dans les *Discours* (II 9 et 12). Dans l'*Histoire de Florence* (II 26-30), le récit des conflits entre Castruccio et les Florentins est assez différent de celui de *La Vie*.

267. Pour avoir un exemple de la comparaison continuelle que fait Machiavel et son jugement ordinairement critique sur les Modernes, on relira le chapitre III du *Prince*, qui porte sur les anciens Romains et les Français de Louis XII. Voir aussi *Discours* I 12 et II 16-18.

268. On peut dire que, tout comme pour Nietzsche quelques siècles plus tard, la cause de la médiocrité des temps modernes est *le* thème de la réflexion de Machiavel.

269. C'est la thèse que défend un peu trop uniment J. H. Whitfield dans *Castruccio and Machiavel*, Italian Studies, Volume VIII, 1953.

270. Ce n'est pas le moindre des paradoxes de l'œuvre de Machiavel que la *virtù* des grands doivent être en quelque sorte protégée contre une force débilitante. Quelle est cette force ? Et quelle est cette *virtù* qui a besoin d'être ainsi protégée ?

271. Comme le dirait *Le Prince* : « Parce qu'en toute cité on trouve ces deux humeurs différentes, d'où il se fait que le peuple désire ne pas être commandé ni opprimé par les grands, alors que les grands désirent commander et opprimer le peuple ; et de ces deux appétits différents naît, dans les cités, un des trois effets suivants : *la principauté, la liberté ou la licence (chapitre IX)*. »

272. Comme le dirait *Le Prince* : « Le pire auquel puisse s'attendre un prince de la part du peuple devenu son ennemi est d'être abandonné de lui ; de la part des grands devenus ennemis, il doit craindre non seulement d'être abandonné, mais même qu'ils l'attaquent, parce que, comme il y a chez eux plus de·vision et d'astuce, ils se gardent toujours du temps pour se mettre à l'abri et cherchent un poste auprès de quelqu'un qui puisse le vaincre (chaptire IX). » – Voir aussi le chapitre XIV, deuxième paragraphe.

273. Comparer ceci à ce qu'on dit dans la *Description* deVitellozzo Vitelli s'approchant malgré lui de César Borgia.

274. Le stratagème que Machiavel attribue à Castracani est imité de Xénophon, d'après *La Cyropédie* VII 4. Il va presque sans dire que tout en reprenant le texte de Xénophon, Machiavel le transforme. Par exemple, il élimine toute référence au bien commun des citoyens conquis par Castracani.

275. Voir *Le Prince* chapitre XVIII.

276. Voir la lettre à François Vettori, 31 janvier 1515 (*Tutte le opere*, page 1191).

277. Les historiens de l'œuvre de Machiavel assurent que *La Vie de Castruccio Castracani* devait être une sorte de pièce d'essai en vue de la création de l'*Histoire de Florence*. Voir, par exemple, la lettre de Zanobe Buondelmonti à Nicolas Machiavel, le 6 septembre 1520 (*Tutte le opere*, pages 1199 et 1200). Pourtant Machiavel traite le cas Castruccio bien plus sobrement, et sans doute plus exactement, dans l'*Histoire de Florence* (II 26-30).

278. Il n'est peut-être pas indifférent que Machiavel ait choisi d'*imiter* ainsi l'œuvre de Xénophon : il est bien connu, et il l'était déjà durant la Renaissance, que cette supposée biographie de Cyrus avait été largement inventée par l'historien grec et qu'en décrivant la vie de Cyrus, il cherchait à faire œuvre de philosophe politique et non d'historien. Cette intention paraît identique à celle de Machiavel dans *La Vie de Castruccio Castracani*.

279. Lettre de Zanobe Buondelmonti à Nicolas Machiavel, le 6 septembre 1520.

280. Seuls les vingt-troisième, trente-deuxième et trente-troisième mots d'esprit ne sont pas tirés de Diogène Laërce ; le vingt-troisième vient de la vie de

Castracani écrite par Tegrimi ; les deux derniers sont de source inconnue.

281. Diogène Laërce VI 32.

282. Comparer à cette phrase du chapitre XV du *Prince* : « Beaucoup d'hommes se sont imaginé des républiques et des principautés qu'on n'a jamais vues ni jamais connues existant dans la réalité... »

283. En quoi Castracani imite son véritable créateur. Voir *Le Prince* chapitre VI : « ... avec l'aide de Dieu et des hommes... ».

284. Luc I 51-53.

285. Matthieu V 3-12.

286. Jean XVIII 33-37.

287. Il est *logique* que le héros de Machiavel soit du parti des gibelins, qui étaient partisans des empereurs germaniques contre les papes.

288. Voir aussi *Discours* II 2 et III 1.

289. Cicéron, *Tusculanes* V 10. Comparer à Xénophon, *Mémorables* I 1 11-16.

290. *La Mandragore* de Machiavel raconte comment Callimaco, aidé par Ligurio, séduisit la belle Lucrezia, épouse de Nicia. Selon Machiavel, « ... il est très utile à tout homme et surtout à un jeune de connaître l'avarice d'un vieux, la fureur d'un amoureux, les tromperies d'un serviteur, la gourmandise d'un parasite, la misère d'un pauvre, l'ambition d'un riche, les appas d'une courtisane, le peu de foi de tous les hommes ; or les comédies sont pleines d'exemples d'hommes semblables, et on peut représenter tout cela avec une très grande honnêteté (*Clizia*, Prologue). »

291. *Par-delà bien et mal*, aphorisme 28.

292. *Crépuscule des idoles*, « Ce que je dois aux Anciens », aphorisme 2.

293. Voir, par exemple, Aristote, *Politique* V 10 et 11.

294. « Il n'y a pas de désir plus naturel que le désir de la connaissance. Nous faisons l'essai de tous les moyens qui peuvent nous y conduire. Quand la raison nous fait défaut, nous employons l'expérience, qui est un moyen plus faible et moins digne ; mais la vérité est une chose si grande que nous ne devons dédaigner aucun moyen qui nous y conduit. » Montaigne, *Essais* III 13, « De l'expérience ». Voir aussi II 17, « De la présomption ».

295. « J'ai remarqué que de tant d'âmes et d'actes qu'il juge, de tant de mouvements et de conseils, il n'en rapporte jamais un seul à la vertu, la religion et la conscience, comme si ces choses étaient tout à fait disparues du monde ; et toutes les actions, quelque belles qu'elles paraissaient d'elles-mêmes, il en rejette la cause à une occasion vicieuse ou au profit. Il est impossible d'imaginer que, parmi cette infinité d'actions dont il juge, il n'y en ait pas eu une seule qui ait été produite par voie de la raison. Aucune corruption peut avoir saisi les hommes si universellement que personne n'échappe à la contagion : cela me fait craindre que ce soit là un peu l'effet du vice de son jugement ; il est peut être arrivé qu'il a estimé autrui selon lui-même. » Montaigne, *Essais* II 10, « Des livres ». Voir aussi I 28, « De l'amitié ».

296. « Et qu'aucun État ne pense pouvoir toujours prendre des partis sûrs ; au contraire, qu'il pense devoir les prendre tous douteux ; parce qu'on trouve ceci dans l'ordre des choses : jamais on ne cherche à fuir un inconvénient sans en encourir un autre (chapitre XXI)... »

297. « Même lorsque nous conseillons et délibérons, il faut qu'il y ait de la bonne chance pour que nous touchions juste ; car notre sagesse ne peut pas grand chose ; plus elle est fine et vive, plus elle se découvre des faiblesses, plus elle se défie d'elle-même... En raison de notre incertitude et de notre perplexité à voir et à choisir ce qui est le plus commode, qui vient des difficultés qui naissent des divers accidents et circonstances de chaque chose, la décision la plus sûre, quand aucune autre considération ne nous y convierait, est, à mon avis, de se confier au parti où il y a le plus d'honnêteté et de justice ; et puisqu'on ne sait pas quel est le plus court chemin, il faut toujours rester sur le chemin droit... » Montaigne, *Essais* I 24, « Divers événements de même conseil ».

INDEX DES NOMS PROPRES ET NOTICES BIOGRAPHIQUES

A

ACHILLE, héros mythique grec chanté par Homère dans l'*Iliade*. Sa mère Thétis l'aurait rendu invulnérable en le trempant dans l'eau du Styx. Il fut éduqué par Chiron et fut roi des Myrmidons. On prophétisa qu'il devait choisir entre une vie courte mais glorieuse et une vie longue mais obscure et qu'il mourrait s'il participait à la guerre de Troie. Achille se rendit cependant à Troie et lutta vaillamment pour les Grecs jusqu'au jour où, insulté par Agamemnon, il se retira du combat. Lorsque son ami Patrocle fut tué à la guerre par Hector, Achille retourna au combat, tua Hector et insulta sa dépouille. Il aurait été tué par une flèche empoisonnée de Paris qui l'aurait atteint au talon, seul point vulnérable de son corps (chapitres XIV et XVIII).

AGATHOCLE, tyran de Syracuse (360-288 av. J.-C.). Né d'une famille modeste, Agathocle participa aux luttes entre les démocrates et les oligarques et fut chassé de Syracuse à plusieurs reprises par ces derniers. En 316, il dirigea un coup d'État après s'être fait nommer stratège par le peuple. Il dut lutter à la fois contre les Carthaginois et les oligarques, s'alliant avec les uns pour vaincre les autres et vice versa. Il ne put laisser d'héritier, son fils ayant été tué par son neveu (chapitre VIII ; voir aussi *Discours* II 12 et 13 ; III 6).

ALEXANDRE LE GRAND (356-323 av. J.-C.). Fils de Philippe II, roi de Macédoine, Alexandre fut l'élève du philosophe Aristote. Il monta sur le trône en 336 après l'assassinat de son père. Il stabilisa son royaume et ses possessions et, en 334, partit à la conquête de l'empire perse. Après quelques victoires décisives sur Darius (à Isso, en 333, et à Arbela, en 331), puis sur Besso, s'étant rendu jusqu'à ce qui s'appelle aujourd'hui l'Afghanistan, il mit un terme à son avance vers l'est. À partir de 327, Alexandre et ses armées prirent le chemin du retour, dans lequel mouvement il faut inclure la fameuse expédition en Inde. Il regagna finalement le centre de son empire en 324, stabilisa son pouvoir, mais mourut à Babylone à la suite d'une maladie, alors qu'il préparait une expédition en Arabie. Son empire fut divisé entre quelques-uns de ses généraux grecs (chapitres IV, XIV et XVI ; voir aussi *Discours* I 1, 20 et 58 ; II 8, 10, 27 et 31 ; III 6 et 13).

ALEXANDRE SÉVÈRE, empereur romain (208-235). Acclamé empereur par les soldats prétoriens qui avaient assassiné Héliogabale (222), Alexandre (cousin d'Héliogabale) donna naissance à plusieurs réformes, en particulier à celle de la discipline militaire. Lorsque les légions du Nord se révoltèrent, il tenta de mater l'insurrection, mais fut tué par les soldats qui rejetaient la nouvelle discipline (chapitre XIX).

ALEXANDRE VI (1431-1503). Espagnol de naissance, Rodrigue Borgia fut fait cardinal par son oncle le pape Calixte III. Cela ne l'empêcha pas d'avoir plusieurs enfants, dont César et Lucrèce. En 1492, il fut élu pape à la suite de diverses intrigues. Alexandre VI vit les Français de Charles VIII prendre presque toute l'Italie et dut traiter avec eux (1494). Les Français étant chassés l'année suivante, le pape mit toute son énergie à établir le pouvoir politique de ses enfants. Sa mort subite coupa court à son œuvre (chapitres III, VII, VIII, XI et XVIII ; voir aussi *Discours* II 24 ; III 29).

ALPHONSE V, roi de Naples (1396-1458). Roi de Sicile, d'Aragon et de Catalogne, Alphonse, quoique fils adoptif de Jeanne de Naples, dut conquérir le royaume de Naples. Il tenta de prendre Milan lors de la mort de Philippe-Marie Visconti, mais fut repoussé par les Florentins et les Vénitiens (chapitre XII).

AMBOISE, Georges d', cardinal de Rouen (1460-1510). À la mort de Charles VIII, Georges d'Amboise devint le premier ministre de Louis XII (1498). Il réorganisa les tribunaux et l'armée et accompagna le roi lors de son invasion de l'Italie. Le cardinal de Rouen ambitionnait le siège pontifical ; mais il en fut empêché par le cardinal della Rovere qui fit élire Pie III, puis se fit élire, sous le nom de Jules II (1503). Il continua à jouer un rôle important en politique internationale, puis retourna en France et mourut à Lyon (chapitres III et VII).

ANNIBAL, général carthaginois (247-183 av. J.-C.). Après avoir appris le métier des armes sous Asdrubal, son beau-frère, Annibal fut élu général en chef en 221. Il stabilisa le pouvoir carthaginois en Espagne, puis attaqua l'Italie (218) pour tenter d'écraser Rome, la grande rivale de Carthage. Il connut une série de victoires éclatantes. Fabius Maximus, nommé dictateur romain, temporisa et réussit ainsi à affaiblir les troupes ennemies. Après une autre victoire majeure à Cannes (216), Annibal ne sut pas capturer Rome, le fruit de la victoire. De plus en plus affaiblies, ses troupes durent quitter l'Italie en 203. Vaincu en Afrique par Scipion, il conseilla aux Carthaginois de demander la paix. Il dut s'enfuir en Grèce (195) où il œuvra pour que les peuples de cette région luttent plus efficacement contre les Romains. Annibal dut finalement se suicider pour échapper aux Romains victorieux (chapitre XVII ; voir aussi *Discours* I 11, 23, 31, 47 et 53 ; II 2, 9, 12, 18, 19, 27 et 30 ; III 9, 10, 17, 21, 22, 31 et 40).

ANTIOCHUS III, roi de Syrie (242-187 av. J.-C.). Étant établi sur le trône depuis 224, Antiochus fit plusieurs conquêtes aux dépens du royaume d'Égypte (204-194). Encouragé par Annibal, il fit la guerre aux Romains et soutint les Étoliens ; mais il fut vaincu et dut abandonner une partie de ses territoires (188) (chapitres III et XXI ; voir aussi *Discours* II 1 et 12 ; III 16 et 31).

APPIANI, Jacob IV, seigneur de Piombino (?-1511) (chapitre III ; voir aussi *Discours* III 18).

ARAGON, voir Alphonse V, roi de Naples.

B

Les **BAGLIONI** sont les membres d'une famille noble qui tint Pérouse pendant plus de deux siècles. Machiavel parle surtout de Jean-Paul Baglioni (chapitre VII et *Description* ; voir aussi *Discours* I 27).

BARBIANO, Albéric de, condottiere (1340-1409). Après avoir été au service de John Hawkwood, Albéric établit sa propre armée, appelée la Compagnie de Saint-Georges, et lutta pour diverses puissances italiennes : l'Église, Milan, Naples. Comme l'indique bien Machiavel, les grands condottieres du siècle suivant sortirent des rangs de son armée (chapitre XII).

BENTIVOGLI, Annibal I, seigneur de Bologne (?-1443). Revenu d'exil en 1438, Annibal lutta sans succès contre les Visconti et perdit le pouvoir (1442). Rentré à Bologne, il fut promptement assassiné (chapitre XIX).

BENTIVOGLI, Annibal II, condottiere (1469-1540). Avec l'aide des Français, Annibal put entrer dans la cité de Bologne. Mais après quelques mois, il dut abandonner le pouvoir et rentrer à Ferrare (chapitre XIX).

BENTIVOGLI, Jean II, seigneur de Bologne (1443-1508). Fils d'Annibal I, Jean prit le pouvoir en 1462. Il chercha par tous les moyens à conserver son pouvoir, entre autres, contre les menées de César Borgia ; mais il dut céder devant les armées de Jules II et des Florentins (1506). Il se retira à Ferrare (chapitres III, XIX et XXV ; voir aussi *Discours* III 44).

BENTIVOGLI, Sante, seigneur de Bologne (1426-1462). Fils naturel d'un fils du fondateur de la dynastie des Bentivogli, Sante gouverna Bologne avec sagesse jusqu'à sa mort (chapitre XIX).

BERGAMO, voir Colleoni, Barthélémy.

BERNABO, voir Visconti, Bernabo.

BORGIA, César, duc de Valentinois (1475-1507). Fils d'Alexandre VI, César fut dirigé par son père vers la vie ecclésiastique, pour laquelle il n'avait aucun goût, et devint cardinal à dix-huit ans. Il est réputé avoir tué son frère en 1497. Quoi qu'il en soit, il déposa l'habit ecclésiastique en 1498 et se lança dans la carrière militaire à la place de son frère. Avec l'aide de Louis XII et de son père, il conquit rapidement la Romagne (1500-1503). Mais certaines de ses entreprises furent bloquées par le veto français. Il élimina l'opposition à l'intérieur de son territoire par le guet-apens de Senigallia (1503). La mort subite d'Alexandre VI fit crouler ses plans de stabilisation de son pouvoir. Il fut arrêté par Jules II, réussit à s'échapper à Naples (1504), fut arrêté par les Espagnols et exilé en Espagne. Il s'échappa à nouveau et mourut à la guerre en Espagne (chapitres III, VII, VIII, XI, XIII, XVII, XX et XXVI ; voir aussi *Discours* I 38 ; II 24 ; III 27).

BRACCIO, voir Fortebraccio.

BUSSONE, François, dit le Carmagnole, aventurier (1380-1432). Le Carmagnole, après avoir fait la guerre sous Facino Cane, se mit au service de Philippe-Marie Visconti, duc de Milan, jusqu'en 1421. Il abandonna ce dernier, devint le chef de troupes vénitiennes et attaqua son ancien maître. Après avoir subi quelques défaites, le Carmagnole fut emprisonné, jugé, condamné à mort et décapité (chapitre XII ; voir *Discours* II 18).

C

CAMERINO, voir Varano, Jules César da.

CASTRACANI, Castruccio, homme politique italien (1280-1328). Après une carrière militaire européenne, Castracani prit le contrôle de Lucques, sa ville natale. Il fut nommé duc de Lucques par l'empereur Louis de Bavière (*La Vie de Castruccio Castracani*).

CARACALLA, Antonin, empereur romain (186-217). Ayant reçu le titre de César (196), puis d'Auguste (198), Caracalla tua son frère et multiplia les actes de violence au début de son règne (211). Son pouvoir était fondé sur les soldats dont il augmenta le salaire. Il multiplia les expéditions militaires jusqu'en 217 où il fut tué par Macrin (chapitre XIX ; voir aussi *Discours* III 6).

CARMAGNOLE, voir Bussone, François.

CÉSAR, Jules (102-44 av. J.-C.). Né d'une ancienne famille noble de Rome, Jules César, membre de la faction démocratique, se distingua dans les diverses charges politiques et militaires qu'il reçut (80-60). Il contrôla la politique de Rome, avec l'aide de Crassus et de Pompée, lesquels furent éliminés plus tard (53 et 48). Il fit la conquête de la Gaule (58-51), ce qui assura la sécurité de l'Italie pour des siècles, sans parler d'autres avantages. Après avoir vaincu Pompée et les forces aristocratiques et sénatoriales, César fut le maître incontesté de Rome. Il mourut assassiné par des nobles qui voulaient le rétablissement de la république. S'il ne put porter le nom de roi, il donna son nom à ceux qui seraient les rois de Rome et de l'Empire par la suite (chapitre XIV et XVI ; voir aussi *Discours* I 10, 17, 33, 34, 37, 46 et 52 ; III 6, 13 et 24).

CHARLES VII, roi de France (1403-1461). Son père étant devenu fou, Charles dut quitter Paris. Malgré qu'il ait été déshérité, il se fit proclamer roi (1422) et lutta contre les Anglais qui contrôlaient alors plusieurs régions de France. Avec l'aide de Jeanne d'Arc, il libéra toute la France sauf la ville de Calais (1453). Craignant d'être empoisonné par son fils, il mangea tellement peu en ses derniè-res années qu'il mourut, dit-on, de langueur (chapitre XIII).

CHARLES VIII, roi de France (1470-1498). Arrivé au pouvoir en 1491, après la régence de sa sœur, Charles se tourna immédiatement vers les conquêtes italiennes. S'étant assuré la neutralité des grandes puissances européennes et ayant reçu le soutien de Ludovic Sforza qui trouva à son tour un appui chez les Français, il attaqua l'Italie en 1494. Il la traversa d'un coup, sans presque rencontrer de résistance, et entra à Naples en 1495. Une ligue de plusieurs États italiens et étrangers fut formée et Charles fut promptement chassé de l'Italie. Il perdit Naples aux mains des troupes espagnoles. Il mourut accidentellement avant d'avoir pu organiser une deuxième expédition (chapitres III, XI et XII ; voir aussi *Discours* I 56 ; II 12, 16 et 14 ; III 43).

CHIRON, monstre mythologique grec. Chiron fut un centaure qui défendit la cause des hommes, en particulier en éduquant certains héros comme Asclépios, Jason et Achille (chapitre XVIII).

COLLEONI, Barthélémy, condottiere (1400-1476). Ayant appris le métier des armes sous Braccio, puis sous Muzio Sforza, Colleoni servit les Visconti (1442-1447) et François Sforza (1451-1454) contre les Vénitiens ; il appuya aussi les Vénitiens contre les ducs de Milan (chapitre XII).

COLONNA, voir Orsini.

COMMODE, empereur romain (161-192). Fils de Marc-Aurèle, Commode partagea le pouvoir avec son père pendant quelques années avant d'être empe-reur à plein titre (180). Il réagit vigoureusement contre un conjuration (182) en punissant tous les coupables, dont sa propre sœur. L'empire connut beaucoup de difficultés financières et militaires sous son règne. Mais Commode abandonna ces préoccupations pour les spectacles des gladiateurs. Il fut étranglé par un athlète du nom de Narcisse, qui était ligué avec certains citoyens dont l'exécu-tion avait été ordonnées par l'empereur (chapitre XIX ; voir aussi *Dis-cours* III 6).

CONIO, voir Barbiano, Albéric de.

CONSTANTINOPLE, voir Jean VI Cantacuzène.

CYRUS, roi de Perse (?-528 av. J.-C.). Fils de Cambyse I, Cyrus est considéré comme le fondateur de l'empire perse. Ayant succédé à son père en 558, il détrôna Astyage, roi des Mèdes. Il fit face à une coalition de plusieurs puissances dont la Lydie ; il écrasa l'armée de Crésus, roi de la Lydie, et soumit ainsi plusieurs cités grecques. Cyrus vainquit ensuite les Égyptiens et les Babyloniens (538). Il s'établit sur un territoire immense, ce qui lui valut le titre de roi du monde (chapitres VI, XIV, XVI et XXVI ; voir aussi *Discours* II 12 et 13 ; III 20, 22 et 39).

D

DARIUS I, roi des Perses (?-485 av. J.-C.) Étant monté sur le trône en 552 après avoir tué l'usurpateur Gaumate, Darius étendit l'empire perse vers l'est et vers l'ouest, et le stabilisa au moyen de réformes administratives (création des satrapies). Vers 500, les villes grecques d'Ionie se révoltèrent ; mais dès 499, Darius en avait repris le contrôle. Il tenta alors de conquérir la Grèce continentale, mais ses armées furent vaincues en 490 par Miltiade à Marathon (chapitre VII ; voir aussi *Discours* II 31).

DARIUS III, roi de Perse (?-330 av. J.-C.). Ayant succédé à son père Artaxerxès III en 335, Darius ne sut empêcher l'invasion des Grecs dirigés par Alexandre. Vaincu en 333, puis en 331, il fut assassiné à Ecbatane par son satrape Besso. Alexandre fit rendre des honneurs royaux au corps de Darius et fit supplicier l'assassin (chapitre IV ; voir aussi *Discours* II 10).

DIDON, héroïne légendaire. Ayant été chassée de Tyr, son pays d'origine, Didon se rendit en Lybie où elle installa ses sujets dans une nouvelle cité appelée Carthage. Selon Virgile, Énée débarqua sur ces terres, reçut l'hospitalité de Didon, fut son amant et la quitta pour aller en Italie. Didon se suicida. (chapitre XVII ; voir aussi *Discours* II 8).

E

ÉPAMINONDAS (418-362 av. J.-C.). Né d'une famille thébaine noble, Épaminondas, le philosophe, se rallia à l'œuvre de Pélopidas lorsque celui-ci eut abattu les oligarques et rétabli la république. Général en chef de l'armée thébaine, il infligea une défaite cuisante aux Spartiates à la bataille de Leuctres (317). Il passa sa vie à lutter contre les Spartiates et les Athéniens et à faire de Thèbes une force politique majeure. Épaminondas mourut à la bataille de Mantinée, où ses armées vainquirent les Spartiates et les Athéniens, devenus des alliés (chapitre XII ; voir aussi *Discours* I 17 et 21 ; III 14, 18 et 38).

ESTE, Hercule d'(1431-1505), et **Alphonse d'** (1476-1534). Le premier, succédant à son frère, devint duc de Ferrare en 1471. Il dut lutter de 1482 à 1484 contre les Vénitiens ; il céda un peu de territoire à ceux-ci en 1484. Sa politique en fut une de prudence et non de *virtù*. Alphonse d'Este épousa, en secondes noces, Lucrèce Borgia. Il dut défendre son territoire contre les Vénitiens et surtout contre les papes Jules II et Léon X. Il perdit une grande partie de son territoire en 1510 aux mains de Jules II qui l'excommunia. Il reprit son territoire des mains de Léon X en 1523 et en 1527. En 1530, moyennant une somme importante, ses possessions lui furent définitivement retournées. – Machiavel confond (volontairement ?) les deux hommes au chapitre II, puis parle d'Hercule au chapitre III et d'Alphonse au chapitre XIII (voir aussi, pour ce dernier, *Discours* III 6).

EUFFREDUCCI, Oliveretto, dit de Fermo, condottiere (1475-1502). Soldat sous Paul Vitelli, Oliveretto, pris à solde par sa cité, fut élu prieur de Fermo et lutta aux côtés de César Borgia. Il maîtrisa Fermo, le 26 décembre 1501, au moyen de la ruse et de la violence. Il fut étranglé, avec plusieurs autres, lors du guet-apens de Senigallia, la nuit du 31 décembre 1502 (chapitre VIII et *Description*).

F

FABIUS MAXIMUS, général romain (275-203 av. J.-C.). Envoyé comme ambassadeur auprès des Carthaginois (218), Fabius retourna à Rome et conseilla au Sénat de leur déclarer la guerre. Nommé dictateur lors de la descente d'Annibal, il serra de près l'armée carthaginoise sans jamais l'attaquer, car il voyait qu'elle était supérieure aux forces romaines. La défaite de Cannes en 216 démontra la sagesse de son attitude. Pendant les dernières années de sa vie, il fut l'adversaire politique de Scipion qui voulait porter la guerre en Afrique (chapitre XVII ; voir aussi *Discours* I 53 ; II 24 ; III 9, 10, 34 et 40).

FAENZA, voir Manfredi, Astorre.

FERDINAND II D'ARAGON, dit le Catholique, roi d'Espagne (1452-1516). Fils de Jean II d'Aragon, Ferdinand épousa Isabelle de Castille, ce qui lui permit, une fois sur le trône (1479), de commencer l'unification de la péninsule ibérique et la stabilisation de son pouvoir sur elle. En 1492, il arracha Grenade des mains des Arabes. Sa politique extérieure fut en grande partie tournée contre le royaume de France. En 1495, il reprit Naples que Charles VII, roi de France, avait conquis au désavantage de Ferdinand, roi de Naples. Après le traité de Grenade (1500), le roi espagnol put unir ce royaume à sa couronne. Il lutta à nouveau contre les Français en Italie en 1504, puis contre les Vénitiens en 1508-1509. Après la mort d'Isabelle, il dut céder la régence de Castille à Philippe le Beau. Mais il put bientôt reprendre le pouvoir intégral pour ne le céder qu'à sa mort à son petit-fils, Charles I, roi d'Espagne (chapitres I, III, XII, XIII, XVIII, XXI et XXV ; voir aussi *Discours* I 29 ; III 6).

FERMO, voir Euffreducci.

FERRARE, voir Este.

FORLI, voir Riario, Catherine Sforza.

FORTEBRACCIO, André, dit Braccio, condottiere (1368-1424). Braccio était de la famille des Fortebraccio de Montone. Il fit la guerre pour Ladislao de Naples et pour l'antipape Jean XXIII. Il conquit Pérouse et presque toute l'Ombrie. Il mourut d'une blessure reçue lors d'une bataille contre les armées de la famille Sforza. – Machiavel semble inclure sous ce nom les deux successeurs de Braccio, Nicolas Piccinino (1386-1444) et surtout Nicolas Fortebraccio (?-1435), l'un qui lutta longtemps contre François Sforza, et l'autre qui s'impliqua dans les affaires de l'Église (chapitre XII).

FLORENCE. Durant la Renaissance, l'histoire de Florence fut inextricablement liée à celle de la famille des Médicis. De 1434 à 1530 – sauf quelques brèves périodes dont la plus longue fut celle de 1494-1512 – les Médicis dirigèrent, à la manière de princes absolus, les affaires de la *république*. À partir de 1530, Florence devint officiellement une principauté dont les Médicis furent les chefs.

G

GONZAGA II, François, marquis de Mantoue (1466-1519). Ayant succédé à son père en 1484, François eut fort à faire pour garder son petit État. C'est lui qui dirigea la ligue des États italiens qui chassèrent Charles VIII d'Italie. Il se fit ainsi une réputation de grand chef militaire. Lorsque Louis XII vint en Italie, il se mit à son service pour quelque temps (chapitre III).

GRACQUE, Tibère et **Caius,** frères et membres de la famille des Sempronius, famille noble de Rome (163-132 et 154-121 av. J.-C.). Tibère connut d'abord la vie militaire. Élu tribun du peuple en 133, il fit passer la loi agraire qui limitait la quantité de terre qu'un citoyen pouvait posséder. Il fut tué par les partisans des riches et des sénateurs. Caius connut, lui aussi, la vie militaire ; il fut questeur et proquesteur en Sardaigne. Élu tribun du peuple en 123, il fit passer une autre loi agraire et plusieurs lois favorables à la plèbe romaine et italienne. En raison des tactiques sénatoriales, il ne réussit pas à conserver son poste et vit le début d'une sorte de contre-réforme qui vint annihiler son travail législatif. Poussé à la révolte ouverte, il fut mis à mort en 121, après une courte bataille (chapitre IX ; voir aussi *Discours* I 37).

GUIDOBALDO, voir Montefeltro, Guidobaldo de.

H-J

HAWKWOOD, John, aventurier anglais (1320-1394). John Hawkwood vint en Italie en 1360, après avoir participé à la guerre de Cent Ans en France. Il fit la guerre au service de Pise, de Bernabo Visconti, de l'Église ; il s'établit à Florence et empêcha la prise de la ville par les Visconti (chapitre XII).

HÉLIOGABALE, Marc-Aurèle, empereur romain (204-222). Cousin de Caracalla, Héliogabale accéda à l'empire en raison des machinations de sa mère et des erreurs de Macrin. Après avoir associé son cousin Alessian (Alexandre) à son administration, il tenta de le faire assassiner. Mais il fut lui-même assassiné (chapitre XIX).

HIÉRON II, tyran de Syracuse (306-215 av. J.-C.). Après une vie militaire active, Hiéron fut élu chef de l'armée, puis stratège de la cité. Il dut lutter contre les mercenaires d'Agathocle, le roi précédent, et contre les Carthaginois. Les Romains l'obligèrent à signer un traité de paix aux conditions difficiles. Archimède, le grand géomètre, vécut sous son règne (chapitres VI et XIII ; voir aussi la lettre dédicatoire des *Discours*).

JEAN VI CANTACUZÈNE, empereur de Constantinople (1292-1383). Général sous Andronicos III, Jean se révolta contre Jean V et se fit proclamer empereur à sa place (1347). Mais cela se fit au prix d'une alliance avec les Turcs qui purent ainsi maîtriser une partie des territoires de l'Empire. Il fut déposé en 1354 (chapitre XIII).

JEANNE II, reine de Naples (1371-1453). Étant montée sur le trône en 1404, à la mort de son fils, Jeanne dut épouser Jacques Bourbon qui la traita comme une prisonnière. Après une révolte des nobles qui chassèrent le roi (1412), elle subit quelque temps l'influence d'un Jean Caracciolo. L'histoire du royaume de Naples sous Jeanne peut se résumer sur le plan politique au problème de la succession et de l'héritier de Jeanne : elle adopta Alphonse V d'Aragon, le répudia pour adopter Louis III d'Anjou, répudia ce dernier reconnaître à nouveau Alphonse V et, enfin, proclama Louis III son fils adoptif. Ce fut finalement Alphonse qui prit le pouvoir après la mort de Jeanne. Sur le plan militaire, le royaume de Naples fut ensanglanté par les forces de Muzio Sforza qui était du parti angevin et par celles de Braccio du parti de la famille d'Aragon (chapitre XII).

JULES II (1445-1513). Né Julien della Rovere, il fut nommé évêque puis cardinal – sous le titre de Saint-Pierre-ès-Liens – selon la volonté de son oncle Sixte IV. Il fut exilé de Rome par Alexandre VI et fut un partisan ouvert des ennemis de ce pape. Il fut acclamé pape en 1503. S'étant défait de César Borgia, le fils naturel d'Alexandre VI, il travailla au rétablissement de la force temporelle de l'Église. Il reprit un à un les territoires de l'Église (le Pérugin, Bologne, la Romagne), établit la Ligue Sainte pour lutter contre la France, perdit une bataille très importante à Ravenne (1512), mais fut sauvé par les circonstances, entre autres, par la mort de Gaston de Foix, le chef des armées françaises. Il fut un important mécène (parmi les artistes illustres qu'il aida, il faut mentionner Bramante, Raphaël et Michelange). Il travailla aussi au développement et à la réforme spirituelle de l'Église (chapitres II, III, VII, XI, XIII, XVI et XXV ; voir aussi *Discours* I 27 ; II 10, 22 et 24 ; III 9 et 44).

JULIEN, Marc, empereur romain (133-193). Sénateur noble et riche, Julien avait connu une carrière politique brillante. Il acheta le titre d'empereur que les soldats prétoriens offraient aux enchères (193). Il fut tué par ceux qui l'avaient mis au pouvoir, alors que Septime Sévère marchait sur Rome à la tête de ses légions (chapitre XIX).

L

LÉON X (1475-1521). Né Jean de Médicis, ce fils de Laurent le Magnifique fut destiné dès son enfance à une carrière ecclésiastique. Cardinal à treize ans, il reçut une éducation classique de la part des plus grands humanistes de son temps.

Il participa à l'exil des Médicis pendant les années 1494-1512. Il fut élu pape en 1513, puis devint prêtre et évêque. Léon X se consacra à la stabilisation des États pontificaux et italiens et à l'accroissement de la force politique de la famille des Médicis ; cette double entreprise fut assez mal réussie. Ce fut sous son règne que Luther fit éclater le scandale des indulgences, d'où naquit le protestantisme (chapitre XI ; voir aussi *Discours* II 22).

LORCA, Ramiro de (?-1502). Il fut un partisan de César Borgia dès les débuts militaires de celui-ci en 1498. Fait, avec un autre, lieutenant général de la Romagne en 1501, il fut emprisonné le 22 décembre 1502 et tué le 26 du même mois (chapitre VII).

LOUIS XI, roi de France (1423-1483). Étant monté sur le trône en 1461, Louis XI dut lutter contre les familles nobles de France pour conserver son pouvoir et, plus tard, l'accroître. Son adversaire principal fut Charles le Téméraire, duc de Bourgogne, lequel fut tué lors de la bataille de Nancy (chapitre XIII).

LOUIS XII (1462-1515). Cousin de Charles VIII, Louis XII lui succéda sur le trône de France en 1498. Il épousa la veuve de son cousin, Anne de Bretagne, après que son premier mariage fut déclaré nul par Alexandre VI. Sa politique extérieure fut toute tournée vers l'Italie, surtout Milan et Naples. Allié des Vénitiens, favorisé par le pape et son fils César Borgia, il prit (1499), perdit, puis reprit (1500) Milan. Il conquit rapidement Naples. Il partagea ce royaume avec Ferdinand II, roi d'Espagne, puis le perdit à l'avantage des Espagnols (1504). Il participa à la Ligue de Cambrai contre les Vénitiens (1508), fut victorieux et acquit à nouveau du territoire. Mais il vit soudain se dresser contre lui la Ligue Sainte (1511) dont Jules II était l'inspirateur. Défait de justesse à Ravenne (1512), Louis dut se retirer de Milan, où rentra Maximilien Sforza (chapitres III, VII, XII et XIII ; voir aussi *Discours* I 38 ; II 15, 22 et 24 ; III 15).

LUC, voir Rinaldi.

LUDOVIC, voir Sforza, Ludovic.

M

MACHIAVEL, Nicolas (1469-1527). Né à Florence, fils de Bernard Machiavel, un Florentin de moyens modestes, Nicolas Machiavel connut, en sa jeunesse, le règne de la famille de Médicis, puis la république chrétienne du frère Jérôme Savonarole. Après la chute de ce dernier, il devint secrétaire de la seconde chancellerie en 1498 et, en conséquence, s'occupa de l'administration d'un très grand nombre de questions de politique intérieure et extérieure pendant plus de quatorze ans. Cependant, son rôle politique ne se limita pas à celui d'un administrateur efficace. Il fut envoyé par la république auprès de plusieurs gouvernements et hommes d'État, dont la France (4 fois), le pape (2 fois), César Borgia (2 fois), Maximilien (2 fois), pour ne mentionner que les plus importants. De plus, lorsque Pierre Soderini fut nommé gonfalonier à vie, c'est-à-dire chef d'État perpétuel, Machiavel, que Soderini respectait beaucoup, sut avoir une influence plus directe sur les affaires de Florence. Il fut chargé, en particulier, de créer une armée proprement florentine, idée qu'il avait promue et défendue depuis longtemps. Lors du rétablissement des Médicis (1512), Machiavel fut démis de ses fonctions, emprisonné, torturé et enfin relâché. Il semble que ses grandes œuvres : *Le Prince*, les *Discours sur la première décade de Tite-Live*, *La Mandragore*, *L'Art de la guerre*, soient toutes de cette période difficile, où Machiavel est incapable de trouver grâce auprès d'un gouvernement dirigé par les Médicis qui lui sont hostiles. À partir de 1519, sa situation changea lentement ; il fut réhabilité, surtout par Jules de Médicis qui devint le pape Clément VII. Machiavel se lia d'amitié avec François Guichardin, Florentin comme lui, homme politique puissant et grand historien, et travailla avec ce dernier à la défense de la patrie lors des événements qui menèrent au sac de Rome (1527). Mort cette même année, il fut enterré dans l'église de Santa Croce. C'est là qu'on trouve un monument qui lui est dédié et qui porte l'inscription : « Aucun éloge n'est égal à un nom si grand ».

MARC OPELLIO MACRIN, empereur romain (164-218). Après une carrière administrative à Rome, Macrin organisa un complot contre Caracalla (217). Quoiqu'il ait été reconnu empereur par le Sénat, il ne sut pas conserver le soutien des soldats. Lorsqu'on proclama Héliogabale empereur, Macrin fut capturé et mis à mort (chapitre XIX ; voir aussi *Discours* III 6).

MARC-AURÈLE, dit le philosophe, empereur romain (121-180). Fils adoptif d'Antonin, lui-même fils adoptif d'Adrien, Marc-Aurèle, à la mort de son « grand-père » (138), se prépara au rôle éventuel qu'il aurait à remplir en exécutant les charges qui lui furent confiées par son « père » Antonin. En 161, il monta sur le trône et, selon les vœux d'Adrien, partagea le pouvoir avec son frère adoptif, Lucius Verus. Il régna seul après la mort de ce dernier en 169. Dès le début, il dut stabiliser l'Empire qui connut ici et là des insurrections ou des invasions. Mais avec l'aide de ses corégents, Marc-Aurèle sut régler ses problèmes et régner glorieusement (chapitre XIX ; voir aussi *Discours* I 10).

MARRANES, nom donné aux Juifs et aux Arabes qui furent contraints d'embrasser la foi catholique et qui souvent demeuraient secrètement fidèles à leur foi. En 1482, l'Inquisition fut instituée pour découvrir et punir ces faux chrétiens. En 1492, Ferdinand II expulsa environ cent mille Marranes de l'Espagne. Ils étaient souvent de riches commerçants (chapitre XXI).

MANFREDI, Astorre III, seigneur de Faenza (?-1502). Encore adolescent, celui-ci fut froidement étranglé par César Borgia (chapitre III).

MALATESTA, Pandolphe, seigneur de Rimini (1475-1534). Dernier de la dynastie des Malatesta, Pandolphe succéda à son père, mort en 1482. Il perdit quelque temps son État à l'avantage de César Borgia en 1503. Ce n'est qu'en 1528 que le pape Clément VII prenait définitivement possession de sa seigneurie, à laquelle il avait déjà renoncé d'ailleurs (chapitre III).

MAXIMILIEN I, empereur du Saint Empire romain germanique (1459-1519). Devenu empereur en 1493 à la mort de son père, Maximilien eut beaucoup de difficulté à imposer sa volonté à l'intérieur de l'Empire en raison de la résistance des nobles allemands. En conséquence, il essuya plusieurs échecs sur le plan international. Il ne sut pas entrer en Italie en 1496; la Suisse se libéra définitivement de l'Empire en 1499 ; une expédition sur le territoire vénitien fut un échec en 1508 ; il connut un demi-succès contre Venise en 1509, mais en raison de l'aide française; en 1516, il ne réussit pas à arracher Milan des mains françaises et dut restituer ses conquêtes vénitiennes de 1509. Cependant, son petit-fils Charles devait hériter à la fois du trône espagnol et du Saint-Empire (chapitre XXIII ; voir aussi *Discours* II 11).

MAXIMIN dit Le Thrace, empereur romain (173-238). Né d'une famille de bergers, Maximin fit son chemin à travers les rangs militaires. Les soldats qu'il commandait tuèrent Alexandre et l'acclamèrent empereur (235). Obligé de faire la guerre, entre autres contre les Germains (235-238), il n'apparut jamais à Rome, mais y fit assassiner un grand sombre de citoyens. Il fut mis à mort par ses propres soldats, alors qu'il assiégeait Aquilée en vue de rentrer à Rome qui s'était révoltée (chapitre XIX ; voir aussi *Discours* I 10).

MÉDICIS, Laurent de (1492-1519). Né à Florence, Laurent connut très jeune l'exil et vécut de nombreuses années à Rome. Après le rétablissement du régime des Médicis, il fut placé à la tête du gouvernement de Florence par son oncle, le pape Léon X. Son destin politique fut, d'ailleurs, toujours lié aux volontés de ce dernier. Il fut nommé successivement capitaine général de l'Église, puis de Florence, et enfin, en 1516, duc d'Urbin. Il mourut en 1519, sans avoir fait ses preuves (lettre dédicatoire et chapitre XXVI).

MOÏSE étant l'un des personnages les mieux connus de l'Histoire sainte, on ne peut que renvoyer le lecteur aux pages pertinentes de l'*Exode* où sont décrits la vie et les grands gestes du libérateur du peuple hébreux (chapitre VI et XXV ; voir aussi *Discours* I 1 et 9 ; II 8 ; III 30).

MONTEFELTRO, Guidobaldo de, duc d'Urbin (1472-1508). Ayant perdu son duché aux mains de César Borgia en 1502, Guidobaldo l'acquit à nouveau à la mort d'Alexandre VI. Comme il n'eut pas d'enfant de son mariage avec Élisabeth Gonzaga, il légua son territoire à son neveu François della Rovere (chapitre XX ; voir aussi *Discours* II 24).

N

NABIS, tyran de Sparte (?-192 av. J.-C.). Ayant pris le pouvoir en 206, Nabis fut d'abord l'allié des Romains contre Philippe V, roi de Macédoine, puis l'allié de Philippe contre les Romains. Ceux-ci vainquirent Philippe et s'attaquèrent au territoire de Nabis, lui enlevant tout, sauf la ville de Sparte. Il mourut lors d'une bataille contre Philopœmen, alors qu'il avait tenté de s'attaquer à la ligue achéenne (chapitre IX et XIX ; voir aussi *Discours* I 10 et 40 ; III 6).

O

OLIVERETTO, voir Euffreducci.

Les **ORSINI** et les **COLONNA** étaient les deux familles nobles les plus importantes du territoire romain ; les uns et les autres étaient parmi les plus grands condottieres de la Renaissance. On peut signaler en particulier : Nicolas Orsini, comte de Pitigliano (1442-1510) ; Jean-Baptiste Orsini, cardinal, empoisonné par Alexandre VI (?-1503) ; Jules Orsini, condottiere empoisonné à la demande d'Alexandre VI et de Charles VIII (?-1497) ; Paul Orsini, seigneur de Limentana, étranglé par César Borgia ; (?-1503) ; François Orsini, duc de Gravina, capturé par César Borgia et étranglé (?-1502) ; Prospère Colonna, condottiere qui connut une vie militaire très active (1452-1523) ; Fabrizio Colonna, condottiere que Machiavel met en scène dans son *Art de la guerre* (?-1520) ; Jean Colonna, cardinal. – Machiavel parle de ces deux familles aux chapitres VI et XI, puis de Nicolas Orsini, en particulier, au chapitre XII ; la famille Orsini fut la cible principale des Borgia, comme le montre la *Description*.

P

PERTINAX, Publius, empereur romain (126-193). Ayant gravi les échelons de l'armée, Pertinax fut gouverneur de province, puis gouverneur de Rome sous Commode. Après l'assassinat de ce dernier (192), il accepta le pouvoir impérial. Pertinax mit en branle plusieurs réformes et tenta de limiter le rôle de l'armée dans les affaires politiques de Rome. Il fut tué par la garde prétorienne en émeute, alors qu'il prenait la parole pour calmer les esprits (chapitre XIX ; voir aussi *Discours* I 10).

PESARO, voir Jean Sforza.

PÉTRARQUE, François, grand érudit et grand poète italien (1304-1374). Auteur des *Rime*, consacrées à une énigmatique Laura, ses poèmes, particulièrement ses sonnets, furent pour les hommes de la Renaissance le sommet de la poésie (chapitre XXVI).

PETRUCCI, Pandolphe, seigneur de Sienne (1452-1512). Étant arrivé au pouvoir à la suite de quelques meurtres, Petrucci sut résister à l'offensive des Borgia. À la mort d'Alexandre VI, et à la suite de la disparition de César Borgia, il prit le contrôle définitif de sa seigneurie et put la léguer intacte à ses descendants (chapitres XX et XXII et *Description* ; voir aussi *Discours* III 6).

PHILIPPE, duc de Milan, voir Visconti, Philippe-Marie.

PHILIPPE II, roi de Macédoine (382-336 av. J.-C.). À la mort de son père (369), il y eut une dure lutte pour la succession ; mais, enfin, en 365, son frère

Perdicas III prit le trône. À la mort de ce dernier (359), Philippe assuma la régence. Sa première tâche fut d'éliminer les nombreux prétendants au trône et de stabiliser le royaume menacé par les peuples qui l'entouraient. En 354, Philippe devint officiellement le roi de Macédoine, quoique, selon de droit héréditaire, le trône revenait à Aminte, le fils de Perdicas. De 354 à 346, il étendit son territoire en Thessalie et en Grèce, malgré l'opposition d'Athènes menée par l'orateur Démosthènes. En 338, avec la victoire de Chéronée, Philippe prenait le contrôle de la Grèce. Il se tourna alors contre les Perses. Mais il mourut assassiné en 336 avant d'avoir pu mettre son projet à exécution. Ce fut son fils Alexandre qui devait conquérir l'empire perse (chapitres XII et XIII et *La Vie de Castruccio Castracani* ; voir aussi *Discours* I 20, 26 et 59; II 13 et 28 ; III 6).

PHILIPPE V, roi de Macédoine (237-179 av. J.-C.). Ayant reçu de son prédécesseur Antigone III un royaume qui avait commencé à rétablir son hégémonie sur la Grèce (220), le jeune roi subit assez tôt des revers qui désagrégèrent la ligue hellénique dominée par le royaume macédonien. S'étant mêlé à la guerre romano-carthaginoise, Philippe vit les Romains prêter main forte à certains rebelles, dont les Étoliens. Après avoir établi la paix avec les Romains (205) et connu quelques succès militaires contre le royaume d'Égypte, Philippe fut vaincu plusieurs fois par les Romains (199-197). Lorsque les Étoliens se tournèrent contre les Romains, il devint un partisan de Rome et fit quelques conquêtes que les Romains l'obligèrent à abandonner (192-189). La fin de la vie de Philippe fut tout occupée par l'organisation d'une résistance grecque aux envahisseurs romains sous l'égide du royaume de Macédoine (chapitres III et XXIV ; voir aussi *Discours* I 31 ; II 1 et 4 ; III 10 et 37).

PHILOPŒMEN (252-183 av. J.-C.). Général en chef de la ligue achéenne, Philopœmen eut comme adversaires principaux les tyrans de Sparte, Macanidas et Nabis. Il travailla à l'unification de la Grèce pour s'opposer aux efforts militaires romains et macédoniens (chapitre XIV).

PIOMBINO, voir Appiani, Jacob IV.

PITIGLIANO, voir Orsini, Nicolas.

PYRRHUS, roi d'Épire (319-272 av. J.-C.). Pyrrhus ne réussit à s'établir fermement sur le trône héréditaire qu'en 297, après de nombreuses péripéties. Il tenta d'abord de se soumettre un grand territoire qui incluait la Macédoine, la Thessalie et les îles ioniennes. Mais ce vaste empire s'effrita rapidement (284). Il chercha ensuite à conquérir la *Magna Grœcia*, menacée par le développement de Rome (281). Pyrrhus remporta des victoires coûteuses contre les Romains (280 et 279). Il fut obligé de quitter l'Italie et se tourna vers la Sicile (278), puis de nouveau vers l'Italie (275) où il fut défait. Il retourna en Épire et tenta une conquête de la Macédoine (chapitre IV ; voir aussi *Discours* II 1 ; III 20 et 21).

R

RIARIO, Catherine Sforza (1463-1509). Fille illégitime de Galeozzo Maria Sforza, Catherine épousa Jérôme Riario, seigneur de Forli, et conserva le domaine pour ses fils après le meurtre de son époux en 1488 (chapitres III et XX ; voir aussi *Discours* III 1).

RIARIO, Jérôme, seigneur de Forli (1443-1488). Ayant épousé Catherine Sforza, fille naturelle du duc de Milan, Jérôme Riario reçut le territoire d'Imola du pape Sixte IV qui le lui avait acheté. En 1480, il prit Forli, puis tenta d'augmenter et de raffermir son pouvoir par la guerre. La mort de Sixte IV l'obligea à se retirer à Forli où il fut tué (chapitre XX ; voir aussi *Discours* III 6).

RIMINI, voir Malatesta, Pandolphe.

RINALDI, Luc, évêque de Trieste. Machiavel a rencontré cet ambassadeur de Maximilien et lui a parlé, semble-t-il, lors de sa légation auprès de l'empereur en 1508 (chapitre XXIII).

ROMULUS, fondateur de Rome selon diverses légendes romaines. Nés d'une vierge vestale et du dieu Mars, semble-t-il, Romulus et son frère Rémus auraient été nourris par une louve. Ayant rétabli leur père sur le trône d'Albe, les deux frères décidèrent de fonder Rome. À la suite d'une querelle, Romulus tua Rémus. Après une vie militaire très active, il serait disparu mystérieusement. On a dit qu'il était monté parmi les dieux (chapitre VI ; voir aussi *Discours* I 1, 2, 9-11, 19 et 49 ; III 1).

ROUEN, voir Amboise, Georges d'.

S

SAINT-SÉVERIN, Robert de, condottiere (1418-1487). S'étant mis au service de François Sforza (1443-1464), Robert de Saint-Séverin fut un partisan de Ludovic Sforza, lorsque celui-ci conquit Milan (1479). Il passa ensuite aux Vénitiens, dont il guida les armées lors de l'échec contre Ferrare en 1482 (chapitre XII).

SAVONAROLE, Jérôme (1452-1498). Devenu dominicain en 1475, Savonarole prêcha une première fois à Florence en 1481, mais sans avoir beaucoup de succès. Les thèmes de ses sermons étaient la corruption du monde et de l'Église, l'imminence d'un ordre nouveau qui suivrait les punitions divines et le rétablissement moral du peuple. En 1491, il retourna à Florence et connut cette fois un succès remarquable. En 1494, Charles VIII descendit en Italie alors que Savonarole avait prédit qu'un « Cyrus » punirait l'Italie. Le peuple de Florence chassa les Médicis et Savonarole devint, à toutes fins utiles, le chef de la république. Ses sermons lui attirèrent de nombreuses condamnations de la part du pape Alexandre VI, qui l'excommunia enfin en 1497. Sa position à l'intérieur de Florence se détériora rapidement. Il fut pendu et brûlé sur la place publique (chapitre VI et XII ; voir aussi *Discours* I 11, 45 et 56 ; III 30 ; et la lettre de Machiavel du 9 mars 1498).

SCALI, Georges (?-1382). Riche citoyen de Florence et chef de la plèbe, il fut pris et décapité après le tumulte des Ciompi (chapitre IX ; voir aussi *Histoire de Florence* II, 18-20).

SCIPION, Publius Cornelius, dit le Premier Africain (236-183 av. J.-C.). Grand général romain, Scipion dut faire face à plusieurs reprises aux armées carthaginoises : en Espagne (210-206), puis en Afrique (204-202), où il conquit Carthage. Sa carrière politique se fonda sur l'énorme popularité que ses victoires lui valurent. Il participa aussi à la guerre entre Rome et Antiochus, roi de la Syrie (192-189). Vers la fin de sa vie, il se vit attaquer à Rome par les nobles qui s'inquiétaient de la puissance énorme et continue de la famille des Scipions (chapitres XIV et XVII et *La Vie de Castruccio Castracani* ; voir aussi *Discours* I 10, 11, 29, 58 et 60 ; II 12 et 32 ; III 1, 9, 10, 20, 21, 31 et 34).

SÉVÈRE, Septime, empereur romain (146-211). De 171 à 180, Septime Sévère reçut diverses charges politiques dont l'importance, de l'une à l'autre, alla grandissant. À la mort de Marc-Aurèle il commença une carrière militaire et administrative hors de Rome. À la mort de Pertinax, il fut proclamé empereur par ses troupes. Il se défit de ses adversaires soit en les écrasant (Niger), soit en s'accordant avec eux (Albin). En 197, il se débarrassa d'Albin avec difficulté et put régner seul. Son administration fut caractérisée par son attitude favorable envers les armées et, à travers elles, envers les provinces. Il dirigea plusieurs opérations militaires qui visaient à stabiliser le pouvoir romain dans les provinces limitrophes. Il mourut durant une campagne en Angleterre après, dit-on, que son fils, Caracalla, eut tenté de le faire empoisonner (chapitre XIX ; voir aussi *Discours* I 10 ; III 6).

SFORZA, François (1401-1466). Fils illégitime de Muzio Sforza, homme militaire italien, François Sforza connut, lui aussi, très tôt, la vie militaire. À la suite de victoires militaires, il acquit un certain domaine et un certain prestige en Italie. Il se mit au service de Philippe-Marie Visconti, duc de Milan et, après plusieurs années, épousa la fille de ce dernier (1441). À la mort de Visconti, Milan se déclara république. Mais, peu de temps après, Sforza entra à Milan et se fit nommer duc (1450). Il tenta à plusieurs reprises d'agrandir son territoire. Les dernières années de sa vie le virent établi sûrement et paisiblement sur son domaine (chapitres I, VII, XII, XIV et XX ; voir aussi *Discours* II 24).

SFORZA, Jean, seigneur de Pesaro (1466-1510). Descendant d'une des branches illégitimes des la dynastie Sforza, il fut surtout célèbre pour avoir été un des époux de Lucrèce Borgia. Le mariage fut annulé par le pape Alexandre VI, père de la jeune épouse (chapitre III).

SFORZA, Ludovic Marie, dit le More (1452-1508). Quatrième fils de François Sforza, Ludovic devint le duc de Milan en 1494 à la suite de multiples tentatives (conjurations, coups militaires, empoisonnement). D'abord l'allié de Charles VIII, roi de France, il s'allia par la suite aux autres puissances italiennes pour chasser les Français de l'Italie (1495). Lorsque Louis XII entra en Italie pour prendre Milan, Ludovic s'enfuit en Allemagne (1499). Il put reprendre le pouvoir l'année suivante grâce à une armée mercenaire ; mais celle-ci le trahit et le livra aux Français la même année. Il mourut prisonnier en France (chapitre III, VII, XIV et XXIV ; voir aussi *Discours* II 15 ; III 11).

SFORZA, Muzio Attendolo, condottiere (1369-1424). S'étant consacré très jeune à la carrière militaire, Muzio Sforza fit la guerre pour le duc de Milan, les Florentins (1402 et 1405), le duc d'Anjou (1411), la reine de Naples (1412), et ainsi de suite. Son principal adversaire était Braccio (chapitre XII).

SIXTE IV (1414-1484). Né François della Rovere, il fut élu ministre général des Franciscains, puis cardinal, et enfin pape (1471). Sixte IV pratiqua le népotisme de manière systématique. Il s'allia aux Orsini pour écraser les Colonna. Il tenta à plusieurs reprises de coaliser les princes européens contre les Turcs. Sixte IV fut un grand mécène ; on lui doit plusieurs des richesses artistiques qui se trouvent à Rome (chapitre XI ; voir aussi *Discours* II 11 et 24).

T

THÉSÉE, héros mythique. Fils d'Égée, Thésée, racontent les légendes, accomplit de nombreux exploits qui vidèrent l'Attique des monstres et des brigands qui terrorisaient la population. Il dut défendre son droit au trône d'Athènes en tuant ou en chassant cinquante adversaires. Après avoir mis à mort le Minotaure, Thésée succéda à son père. Il réunit les différents dèmes ou bourgs de l'Attique, la province d'Athènes ; pour cette raison, il est considéré comme le véritable fondateur d'Athènes (chapitres VI et XXVI ; voir aussi *Discours* I 1).

V

VARANO, Jules César de, seigneur de Camerino (?-1502). Ayant repris la seigneurie ancestrale en 1444, Jules est surtout connu pour les efforts qu'il fit pour embellir sa cité. Il fut étranglé avec ses trois fils par César Borgia (chapitre III).

VENAFRO, Antoine Giordani de (1459-1530). Il fut professeur à Sienne, puis conseiller de Pandolphe Petrucci. Machiavel l'a rencontré lors d'une de ses légations au service de la république de Florence (chapitre XXII et *Description*).

VENISE. Il serait impossible de faire ici une histoire des activités de la république de Venise en ces temps: la matière serait trop longue et trop variée. Il est du moins nécessaire de dire qu'après avoir été une grande puissance maritime, militaire et commerciale, Venise se vit faiblir à la fin du quinzième siècle. Elle participa cependant à tous les mouvements politiques et militaires de l'Italie du temps de Machiavel ; il semble clair qu'elle visait à unifier l'Italie d'alors sous sa domination. Elle fut attaquée en 1509 par la Ligue de Cambrai qui réunissait toutes les puissances de l'Italie et même quelques-unes de l'Europe. Mais après une défaite majeure, elle put regagner lentement ses territoires originaux.

VIRGILE, Publius, poète latin (70-19 av. J.-C.). Après avoir tenté une carrière comme orateur, Virgile se tourna vers l'étude de la philosophie et vers la poésie. Il écrivit les *Bucoliques*, les *Géorgiques* et l'*Énéide*, une épopée qui décrit les circonstances qui précédèrent et entourèrent le débarquement d'Énée, héros troyen, sur les plages de l'Italie (chapitre XVII ; voir aussi *Discours* I 21 et 54).

VISCONTI, Bernabo (1323-1385). À la mort de Jean Visconti (1354), Bernabo hérita du pouvoir avec ses deux frères. À la mort de l'un d'eux (1355), Bernabo reçut la partie orientale du territoire milanais. Son règne connut plusieurs moments difficiles en raison des ligues qui se formaient hors de l'État contre la famille Visconti. Il fut un seigneur dur ; sa manière bizarre de punir les délits et de récompenser les actes valeureux de ses sujets a fait légende (chapitre XXI ; voir aussi *Discours* II 13).

VISCONTI, Philippe-Marie, duc de Milan (1392-1447). Après le meurtre de son frère Jean-Marie, duc de Milan, Philippe, qui possédait déjà la ville de Pavie, conquit Milan et se fit déclarer seigneur de la ville (1412). Il réussit à accroître considérablement son pouvoir, au point où les autres États italiens se liguèrent contre le sien. Ce furent surtout les Vénitiens qui s'acharnèrent à l'affaiblir, avec succès d'ailleurs (chapitre XII ; voir aussi *Discours* I 17 ; II 18 et 25).

VITELLI, Nicolas, seigneur de Città di Castello (?-1497). Plusieurs fois chassé du pouvoir (1462 et 1474), Nicolas était le père de Paul et Vitellozzo (chapitre XX).

VITELLI, Paul, (?-1499). Condottiere payé par les Florentins, allié par mariage à la famille des Orsini, Paul fut mis à mort pour trahison lorsqu'il manqua de conquérir la ville de Pise (chapitres VIII et XII et *Description*).

VITELLI, Vitellozzo, seigneur de Città di Castello (?-1502). Condottiere payé par les Florentins, puis par César Borgia, Vitellozzo fut assassiné à Senigallia (chapitre VIII et *Description*).

X

XÉNOPHON, philosophe et général grec (430-354 av. J.-C.). Né d'une famille athénienne aristocratique, Xénophon fut un disciple de Socrate. Il participa à l'expédition de Cyrus contre Artaxerxès, roi de Perse, et aida à faire sortir de la Perse les troupes grecques pourchassées par leurs ennemis (401-399). Xénophon accompagna le roi spartiate Agésilas en Asie contre les Perses et en Grèce contre les Athéniens et les Thébains. Il se retira à Scillonte et, plus tard, à Corinthe où, semble-t-il, il écrivit ses grandes œuvres, dont *La Cyropédie*, une description de l'éducation et du règne de Cyrus, roi de Perse. Il est possible de lire l'œuvre de Machiavel comme une réponse systématique à la pensée politique et morale de Xénophon (chapitre XIV ; voir aussi *Discours* II 2 et 13 ; III 20, 22 et 39).

BIBLIOGRAPHIE

LEFORT, Claude. *Le Travail de l'œuvre : Machiavel*, Paris, Gallimard, 1972.

MANENT, Pierre. *Naissances de la politique moderne*, Paris, Payot, 1977.

RIDOLFI, Roberto. *Vita di Niccolò Machiavelli*, Firenze, Sansoni, 1978.

RUSSO, Luigi. *Machiavelli*, Bari, Laterza, 1957.

SASSO, Gennaro. *Niccolò Machiavelli : storia del suo pensiero politico*, Napoli, Istituto per gli studi storici, 1958.

STRAUSS, Leo, *Thoughts on Machiavelli*, Illinois, Glencoe, The Free Press, 1958 ; en traduction française : *Pensées sur Machiavel*, traduit par M.-P. Edmond et Thomas Stern, Paris, Payot, 1982.

AGMV
MARQUIS
Québec, Canada
1999